国际高中
AP化学教程

郑凌睿 ◎ 编著

四川大学出版社

图书在版编目（CIP）数据

国际高中 AP 化学教程：汉文、英文 / 郑凌睿编著. — 成都：四川大学出版社，2023.3
ISBN 978-7-5690-6049-2

Ⅰ.①国… Ⅱ.①郑… Ⅲ.①化学－高等学校－入学考试－美国－自学参考资料－汉、英 Ⅳ.①O6

中国国家版本馆 CIP 数据核字（2023）第 050375 号

书　　名	国际高中 AP 化学教程 Guoji Gaozhong AP Huaxue Jiaocheng
编　　著	郑凌睿
选题策划	侯宏虹　唐　飞
责任编辑	唐　飞
责任校对	刘柳序
装帧设计	墨创文化
责任印制	王　炜
出版发行	四川大学出版社有限责任公司 地址：成都市一环路南一段 24 号（610065） 电话：（028）85408311（发行部）、85400276（总编室） 电子邮箱：scupress@vip.163.com 网址：https://press.scu.edu.cn
印前制作	四川胜翔数码印务设计有限公司
印刷装订	四川五洲彩印有限责任公司
成品尺寸	185 mm×260 mm
印　　张	15
字　　数	339 千字
版　　次	2023 年 4 月 第 1 版
印　　次	2023 年 4 月 第 1 次印刷
定　　价	60.00 元

本社图书如有印装质量问题，请联系发行部调换

版权所有 ◆ 侵权必究

前言

　　Advanced Placement（AP）课程是美国大学理事会 CollegeBoard 在高中阶段开设的具有大学水平的课程，对应成绩在出国留学方面一般有以下三个作用：

　　（1）若学生就读的高中提供 AP 课程，其成绩单上的该科平时成绩会专门注明为"AP 课程"，具有更高的含金量。

　　（2）AP 官方成绩可以作为海外大学申请时的补充材料，证明学生有高于同龄人的学习能力。

　　（3）部分大学（特别是美国大学）的基础课程可以被相应的 AP 成绩抵换，缩短本科学制，节省学费。

　　AP 化学不是中国考生传统优势科目，这不仅与语言对考生的挑战有关，也与国内相关知识体系存在一定的断层有关。目前市面上的国内外 AP 化学教材形式更加接近备考突破教材，普遍存在章节顺序不够合理、知识点分散、措辞不够通俗等不足，并且虽然经常再版，但并未针对官方最新考纲进行相应修订，存在知识遗漏或知识冗余。

　　高中阶段的学科教学注重对兴趣的培养、知识体系的搭建和抽象理解，不同于短平快、注重解题得分的培训教学，因此备考教材并不适用。在大部分美国高中的课程设置中，没有国家统一指定的教材，而是一般使用不针对 AP 考试的美国各类高中教材。AP 化学课程是独立于高中化学课程的。因此在国内国际高中的 AP 课程教学中，更需要避免将之上成培训课程。

本书旨在保留目前市面上 AP 化学教材的优点的同时，尽可能改进其欠缺之处，并对国际高中 AP 化学课程提供教学参考。本书的章节顺序经过重新编排，更加符合知识构建的逻辑性、连贯性，同时也标注了对应的官方考纲（网址：https://apcentral.collegeboard.org/media/pdf/ap-chemistry-course-and-exam-description.pdf）知识点，便于查阅官方题库进行练习。在表述严谨的基础上尽可能语言平实，在较为抽象的概念解释上进行恰当的类比，降低学习难度。除了重点词汇、公式总结外，每个小节中还包含直接对应考纲内容的【考点简述】，帮助建立知识结构的【知识详解】。具有较强知识基础、语言基础或复习冲刺的学生可以通过阅读【考点简述】和【公式总结】进行快速熟悉考点或回顾知识，其余学生则可以通过精读从零开始学习。

希望本书能够对 AP 化学课程的教授和 AP 化学考试的准备提供帮助。

最后，非常感谢支持本书出版的四川大学出版社，以及国内对 AP 教学进行本土化研究的前辈、同行们。

编者

2023 年 3 月

目录

第一章 原子结构与元素周期表
　　Atomic Structure and the Periodic Table ……………………………（ 1 ）
第一节　原子的构成
　　Components of An Atom ………………………………………………（ 1 ）
第二节　元素周期表与元素周期律
　　The Periodic Table and Periodic Trends ………………………………（ 11 ）

第二章 原子间的互动——化学键
　　Interactions Between Atoms - Chemical Bonding ……………………（ 22 ）
第一节　化学键的形成
　　Formation of Chemical Bonds …………………………………………（ 22 ）
第二节　分子结构
　　Molecular Structures ……………………………………………………（ 30 ）

第三章 由微观到宏观——物质
　　From Micro to Macro - Matters …………………………………………（ 50 ）
第一节　物质的状态、转化与性质
　　States of Matter, Phase Change, and Properties ………………………（ 50 ）

第二节　分子间作用力
　　　　　Intermolecular Forces ································（61）

第三节　简单无机化合物的命名
　　　　　Nomenclature of Simple Inorganic Compounds ··············（68）

第四节　简单有机分子的命名、结构与物理性质
　　　　　Nomenclature, Structures, and Physical Properties of
　　　　　Simple Organic Molecules ···························（72）

第四章　化学反应
　　　　Chemical Reactions ·······························（80）

第一节　变化与其表示方法
　　　　　Changes and Their Representations ··················（80）

第二节　常见化学反应
　　　　　Common Chemical Reactions ·······················（83）

第五章　化学中的定量分析——化学计量学
　　　　Quantitative Analysis in Chemistry - Stoichiometry ········（89）

第一节　实验数据采集与科学计算法
　　　　　Experimental Data Collection and Scientific Calculations ········（89）

第二节　质谱法、相对质量与摩尔数
　　　　　Mass Spectroscopy, Relative Mass, and Moles ············（96）

第三节　化学方程式中的计量
　　　　　Amounts in Chemical Equations ·····················（102）

第四节　成分分析
　　　　　Composition Analysis ··························（105）

第六章　"自由"的粒子——气体
　　　　"Free" Particles - Gases ·························（112）

第七章　均匀混合物——溶液
　　　　Homogeneous Mixtures - Solutions ···················（118）

第一节　溶液的制备与分离
　　　　　Preparation and Separation of Solutions ···············（118）

第二节　光谱分析
　　　　　Spectroscopy ······························（121）

第八章 化学中的能量变化——热力学
Energy Change in Chemistry – Thermodynamics ·········· (129)

第一节 热量与温度
Heat and Temperature ·········· (129)

第二节 焓变
Enthalpy Change ·········· (133)

第三节 熵、熵变与自发性
Entropy, Entropy Change, and Spontaneity ·········· (139)

第九章 化学反应的快慢——动力学
Rate of Reactions – Kinetics ·········· (144)

第一节 反应速率与碰撞理论
Reaction Rates and Collision Theory ·········· (144)

第二节 速率方程与反应级数
Rate Law and Reaction Order ·········· (149)

第三节 基元反应与反应机理
Elementary Reactions and Reaction Mechanisms ·········· (155)

第十章 宇宙的"偏爱"——化学平衡
Favorability of the Universe – Chemical Equilibria ·········· (161)

第一节 可逆反应与平衡
Reversible Reactions and Equilibria ·········· (161)

第二节 勒夏特列原理
Le Châtelier's Principle ·········· (168)

第三节 沉淀溶解平衡
Solubility Equilibria ·········· (173)

第十一章 酸与碱
Acids and Bases ·········· (177)

第一节 酸性、碱性与中性
Being Acidic, Basic, or Neutral ·········· (177)

第二节 酸碱性与热力学
Acidiy/Basicity and Thermodynamics ·········· (183)

第三节 pH 计算与缓冲剂
pH Calculations and Buffers ·········· (188)

第四节 酸碱中和滴定
　　　　Acid-Base Titrations ……………………………………………（192）

第十二章　化学能与电能——电化学
　　　　Chemical Energy and Electric Energy-Electrochemistry ……………（200）

第一节 原电池
　　　　Galvanic Cells …………………………………………………（200）

第二节 电解池、电解与电量计算
　　　　Electrolytic Cells, Electrolysis, and Calculations ………………（208）

第十三章　实验操作
　　　　Practicals ………………………………………………………（212）

第一节 常用玻璃仪器
　　　　Common Glass Apparatus In Laboratory ………………………（212）

第二节 配制溶液
　　　　Preparation of Solutions ………………………………………（216）

第三节 水合盐中水含量的测定
　　　　Determination of the Water Content in Hydrated Salts …………（218）

第四节 物理分离法
　　　　Physical Separation Methods …………………………………（219）

第五节 重结晶
　　　　Recrystallization ………………………………………………（222）

第六节 层析法
　　　　Chromatography ………………………………………………（223）

第七节 吸光光度法
　　　　Spectrophotometry ……………………………………………（225）

第八节 热力计实验
　　　　Calorimetry ……………………………………………………（226）

第九节 滴定法
　　　　Titration ………………………………………………………（228）

第一章 原子结构与元素周期表
Atomic Structure and the Periodic Table

第一节　原子的构成
Components of An Atom

考纲定位

1.5 Atomic Structure and Electron Configuration

重点词汇

1. Atom 原子
2. Nucleus 原子核（复数：nuclei）
3. Electron 电子
4. Proton 质子
5. Neutron 中子
6. Mass number 质量数
7. Nuclear charge 核电荷数
8. Element 元素，单质
9. The Periodic Table 元素周期表
10. Atomic number 原子序数
11. Isotope 同位素
12. Electrostatic attraction 静电吸引力
13. Coulomb's law 库仑定律
14. Electron shell 电子壳层
15. Energy level 能级
16. Valence electron 价电子
17. Core electron/inner electron 内层电子
18. Subshell 电子亚层
19. Sublevel 亚能级
20. Orbital 轨道
21. Shielding effect 屏蔽效应
22. Effective nuclear charge 有效核电荷数
23. Energy overlap 能级交错
24. Paired 成对的
25. Unpaired 未成对的
26. Ground state 基态
27. Excited state 激发态
28. Electron configuration 电子排布
29. Anion 阴离子
30. Cation 阳离子
31. Transition metal 过渡金属

考点简述

Atomic Structure:

1. An ***atom*** is composed of a small-sized, positively charged ***nucleus*** and negatively charged ***electrons*** surrounding it.

2. The nucleus is composed of positively charged ***protons*** and electrically neutral ***neutrons***.

3. A proton carries a relative charge of +1, an electron carries a relative charge of -1, and a neutron carries no charge.

4. The relative mass of a proton or a neutron is about 1, and the relative mass of an electron is approximately 1/1837 which is almost negligible.

5. The ***mass number*** of an atom equals its total number of protons and neutrons.

6. An atom has equal number of protons and electrons.

7. The ***nuclear charge*** of an atom equals its number of protons.

Types of Atoms - Elements:

1. The number of protons of an atom defines its identity—the ***element*** it belongs to.

2. ***The Periodic Table*** arranges elements by their ***atomic numbers*** which equals the numbers of protons of their atoms.

3. Atoms with the same number of protons but different numbers of neutrons are called ***isotopes*** of each other.

Electron Configuration:

1. In an atom, electrons are bound by the nucleus through ***electrostatic attraction*** which is governed by ***Coulomb's law***.

2. Electrons in an atom exist in ***electron shells*** or ***energy levels*** which are at different distances from the nucleus.

3. Electrons in the outermost shell are called ***valence electrons***, and other electrons are called ***core electrons*** or ***inner electrons***.

4. Shells are numbered from inside out, denoted by n. Each shell contains one or more ***subshells*** or ***sublevels***, denoted by s, p, d, and f, with each containing 1, 3, 5, and 7 ***orbitals***. Each orbital holds a maximum of 2 electrons. The first shell ($n=1$) has an s-subshell, denoted by 1s; the second shell ($n=2$) has an s-subshell and a p-subshell, denoted by 2s and 2p; the third shell ($n=3$), has an s-subshell, a p-subshell, and a d-subshell, denoted by 3s, 3p, and 3d; the fourth shell ($n=4$) has an s-subshell, a p-subshell, a d-subshell, and an f-subshell, denoted by 4s, 4p, 4d, and 4f, and so on.

5. Electrons in outer shell experience ***shielding effect*** from the electrons in inner shells.

The electrons are attracted by **effective nuclear charge** instead of the actual nuclear charge.

6. The energies possessed by electrons in different subshells from the lowest up is: 1s < 2s < 2p < 3s < 3p < 4s < 3d < 4p < 5s < 4d < 5p < 6s... An **energy overlap** occurs starting from $n = 4$.

7. The two electrons in the same orbital are **paired**, and an electron is **unpaired** if it occupies an orbital by itself.

8. In **ground state**, electrons fill the atomic orbitals in such a way so that the overall energy is the lowest. They achieve this by:

(1) filling into the empty orbitals with lowest energy first.

(2) filling into an empty orbital within a subshell before having to pair with another electron.

9. In **excited state**, one or more electrons may have jumped to a higher energy level.

10. The **electron configuration** shows how electrons are positioned in an atom or ion.

11. An **anion** has more electrons than its atom, and a **cation** has less electrons than its atom. Electrons are added to or removed from the outermost shell of the atom. However, when **transition metals** form cations, $(n-1)$d electrons may be lost after ns electrons are lost.

知识详解

一、原子的结构——亚原子粒子（subatomic particle）

原子由原子核和电子构成，原子核由质子和中子构成①，这三种粒子被统称为"亚原子粒子"。中学阶段常使用的近似模型是丹麦物理学家尼尔斯·玻尔于1913年提出的"太阳系模型"，如图1-1所示。可以看到，由质子和中子紧密结合而构成的原子核位于整个原子的中心，而电子围绕在原子核周围。

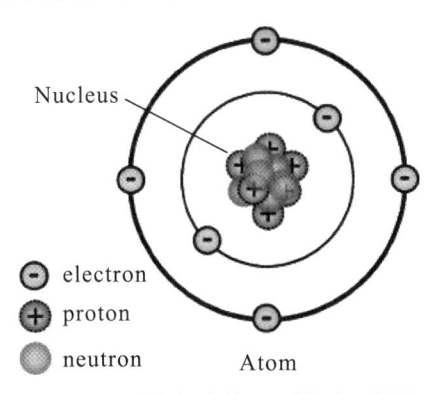

图1-1 玻尔提出的原子模型示意图

---

① ^{1}H 的原子核仅含有1个质子，没有中子。

一个质子带 1 个单位①的正电荷，中子不带电，因此原子核总体带正电，并且"核电荷数"等于质子数。一个电子带 1 个单位的负电荷，这解释了电子为什么可以被束缚在原子内围绕原子核存在——带负电的它们受到带正电的原子核的静电吸引力。原子都是总体不带电的，而质子所带的正电荷必须与电子所带的负电荷相抵消，因此一个原子中的电子数也等于质子数。

质子和中子的相对质量②约为 1，电子的相对质量约为 1/1837，几乎可以忽略，因此原子核几乎占据了整个原子的全部质量，见表 1-1。一个原子中的质子数 Z 加中子数 N 就近似等于整个原子的相对质量，称作"质量数"，符号为 A。质量数必为整数。

$$A = Z + N \approx \text{relative mass of the atom}$$

表 1-1　三种亚原子粒子的基本信息

	Relative Mass	Relative Charge	Position
Proton	1	+1	In the nucleus
Neutron	1	0	In the nucleus
Electron	1/1837 or negligible	-1	Around the nucleus

二、原子的种类——元素

所有的原子都是由质子、中子和电子构成，各亚原子粒子的数量差异导致了原子的不同。

质子数决定了其所属的元素，元素就是具有相同质子数的一类原子的总称。比如，氮元素是所有含有 7 个质子的原子的总称，所有含有 7 个质子的原子都属于氮元素。

元素周期表是按照各元素原子的质子数从小到大来排列的，所以质子数也就等于该原子所属元素在元素周期表中的排位，即"原子序数"。元素周期表也因此可以用于在知道质子数的情况下查阅元素符号，或在知道元素符号的情况下查阅其原子的质子数。

若某原子的质子数和中子数已知，它就可以用符号 $^A_Z X$ 来表示。由于在元素周期表中，元素符号和原子序数（质子数）是一一对应的，所以也可以在写符号时省略质子数 Z，直接表示为 $^A X$ 或 $X - A$。比如一个含有 6 个质子、7 个中子的原子一定属于第六号元素碳，因此可表示为 $^{13}_6 C$、^{13}C、$C-13$。该符号不直接表示中子数，需要用质量数 A 减去质子数 Z 计算。

相同元素的原子一定具有相同数量的质子数，因此一定具有相同数量的电子数，但中子数可以不同。比如，氢元素在元素周期表中排第一位，因此所有氢原子一定含有 1 个质子和 1 个电子，但是自然界中实际上存在三种氢原子，分别是氕 ^1_1H、氘 ^2_1H、氚 ^3_1H，分别含有 0、1、2 个中子。这样质子数相同（属于相同元素）、中子数不同的原

---

① 为方便计算，人们将 1.602×10^{-19} C 的电荷定为 1 个单位。
② 相对质量是指与 ^{12}C 原子质量的 1/12（约 1.66×10^{-27} kg）相比所得的数值。

子互称为"同位素"。

三、电子的"住所"——电子层与亚层

静电力,又称库仑力(Coulombic force),是指静止带电体之间的相互作用力,可近似理解为携带电荷的粒子之间同性相斥、异性相吸的力。它的大小可由库仑定律描述:

$$F_{\text{Coulombic}} \propto \frac{q_1 q_2}{r^2}$$

式中,q_1 和 q_2 是两个点电荷的带电量,r 是两个点电荷之间的距离。简单来说,两个带相反电荷的物体所携带电荷越多,距离越近,它们之间的吸引力越大。

原子内部就有这样的受力关系:电子由于受到原子核的静电吸引,围绕在原子核周围。但是在含有多个电子的原子里,并不是所有电子都"生而平等"——它们与原子核的距离不尽相同,加上其他原因,也会具有不同的能量。原子中,电子分别位于不连续的"电子层"中,这些电子层由于具有不同的能量,因此也叫作"能级"。它们由内到外编号,表示为 $n = 1, 2, 3, 4, 5, 6, 7, \cdots$,如图1-2所示。

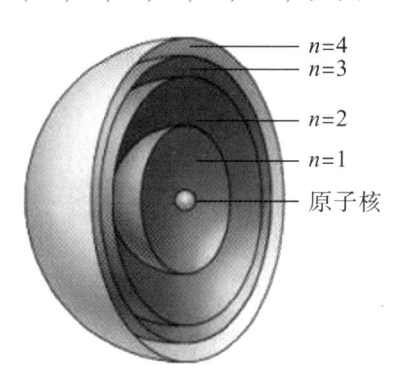

图1-2 电子层示意图

电子层中的每一层内部由一个或多个"亚层"组成,亚层目前有 s、p、d、f 四种,分别各含有 1、3、5、7 个能量相同的"轨道",每一个轨道最多可以容纳 2 个电子。而电子层中所含的亚层数量由 n 决定:第一层($n=1$)是最内层,仅含有 s 亚层,写作 1s;第二层($n=2$),含有 s 和 p 亚层,写作 2s 和 2p;第三层($n=3$),含有 s、p 和 d 亚层,写作 3s、3p 和 3d;第四层及以上($n \geq 4$),均含有 s、p、d、f 亚层,写作 ns、np、nd 和 nf。不同电子层、亚层、轨道与电子情况见表1-2。

表 1-2 不同电子层、亚层、轨道与电子情况

n	Subshell	Number of orbitals	Maximum number of electrons	
1	1s	1	2	2
2	2s	1	2	8
	2p	3	6	
3	3s	1	2	18
	3p	3	6	
	3d	5	10	
4	4s	1	2	32
	4p	3	6	
	4d	5	10	
	4f	7	14	

由表 1-2 可以看出，每层电子层最多可排布 $2n^2$ 个电子。

电子层由内而外，n 从 1 开始越来越大，距离原子核越来越远；在每一层内，s、p、d、f 亚层到原子核的距离也有小幅度的增长①。将此现象代入库仑定律中可以得出，电子层与亚层由内到外，受到原子核的吸引力束缚越来越小，处于其中的电子所含的能量越来越大，即能量从小到大排列：1s < 2s < 2p < 3s < 3p < 3d < ⋯。

但是距离不是影响电子层与亚层能量的唯一因素。图 1-3a 是钠原子的核外电子排布。想象一个虚构的原子，如图 1-3b 所示，像钠原子一样有带 11 个正电荷的原子核，含有一个电子，该电子和原子核的距离等于钠原子中第三层电子和原子核的距离，那么这个电子所受到的来自原子核的吸引力和钠原子第三层电子所受到的原子核的吸引力是否一样？

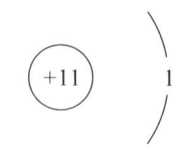

图 1-3a 钠原子结构示意图　　图 1-3b 假想原子结构示意图

如果仅考虑库仑定律，q_1、q_2 与 r 的值都相等，因此它们所受到的吸引力应该是相等的，但实际上并不相等。在钠原子中，第一层的 2 个电子与第二层的 8 个电子挡在原子核与第三层电子之间，这两层共 10 个电子所带的负电荷对第三层电子有排斥力，因此钠原子中第三层电子所受到的原子核吸引力比它在这个位置上本应受到的吸引力要

---

① 实际上，电子层与亚层是形状结构复杂的空间结构，其与原子核的距离并不是点对点的距离，但此处仅作近似理解。

小。这种现象称为内层电子对外层电子的"屏蔽效应"。换句话说，第三层电子所"感受"到的核电荷数实际上小于 11 个正电荷，而屏蔽效应影响后电子所"感受"到的被削弱后的核电荷数叫作"有效核电荷数"，它小于原本的核电荷数。

屏蔽效应与距离对电子层与亚层能量的影响是相辅相成的①。电子层越靠外，与原子核的距离越远，同时也意味着内层电子越多，屏蔽效应越强。两个因素都会导致外层电子能量比内层更大，但它们是独立的，不能混为一谈。

1. 电子的排布规律

一般来说，自然界的物质都倾向处于能量最低、最稳定的状态，原子也是一样。假如把电子层与亚层看作"空房子"，而电子要依次"住"进去，那么为了达到能量最低的状态，电子将会从能量最低的亚层轨道开始填入，填满后按电子层与亚层的能量从小到大的顺序继续填入下一层，这种现象称作"构造原理（aufbau principle）"。按照构造原理排列的电子被称作处于"基态"，它们所在的原子也处于基态，而电子因为吸收外界辐射等原因"跃迁（jump）"到更高能量的轨道后，被称作处于"激发态"。电子"居住"的情况叫作"电子排布"。

比如，如果用方框来表示电子轨道，箭头表示电子，第五号元素硼的基态电子排布能量图（energy diagram）如图 1-4 所示。

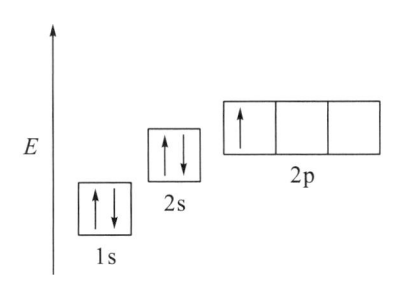

图 1-4　硼的基态电子排布能量图

一个轨道最多容纳 2 个电子，处于同一个轨道的两个电子被称为是"成对的"，它们必须具有相反的自旋方向②（用方向不同的箭头来表示）。比如，图 1-4 中 1s 轨道中的 2 个电子和 2s 轨道中的 2 个电子都是成对的，而 2p 轨道中的 1 个电子是"未成对的"。

第六号元素碳的前 5 个电子的排布和硼相同，但是第 6 个电子应该填入第一个 2p 轨道和已有电子成对，还是单独占据另一个 2p 轨道呢？实验证明，当电子填入能量相同的轨道（即同一亚层的轨道）时，优先以自旋相同的方式分别占据不同的轨道，因为这种排布方式使原子的总能量最低，这种规律被称作"洪特规则（Hund's rule）"。因

---

① 亚层和亚层之间的屏蔽效应不明显，大部分情况下仅讨论电子层之间的屏蔽。
② 这个现象被称作泡利不相容原理（Pauli's exclusion principle），现阶段不作研究，仅需了解其结论，即一个轨道最多容纳 2 个电子。

此碳的基态电子排布能量图如图1-5所示。

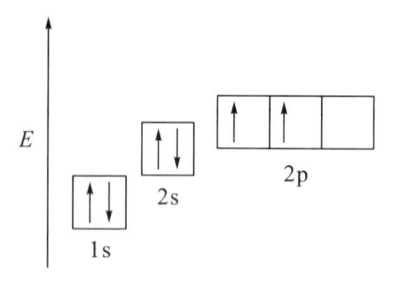

图1-5 碳的基态电子排布能量图

思考1-1

Please complete the energy diagrams of the electron configurations of the following elements, assuming both atoms are in the ground state:

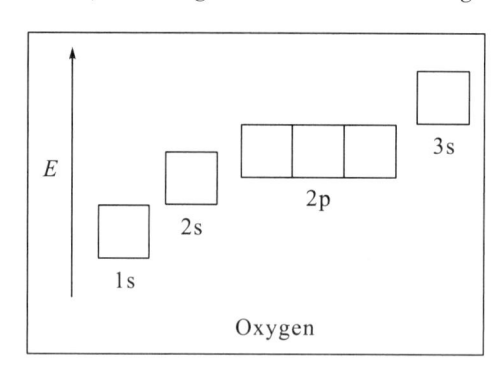

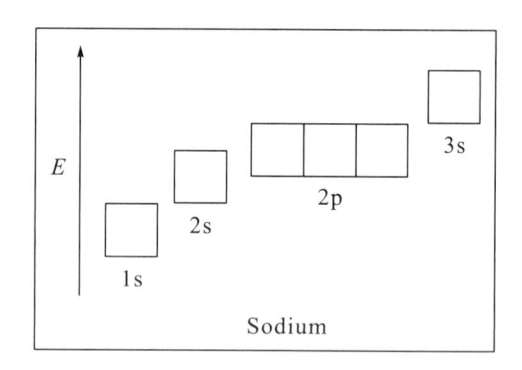

能量图是表示原子电子排布的方式之一，电子排布式则更加简便和常用，即把电子亚层从内向外排列写出，并在亚层右上角写上该亚层所含的电子数。比如钠的电子排布式为$1s^22s^22p^63s^1$。更加简便的写法是在元素周期表中找到目标元素上一周期的稀有气体（noble gas）元素，由于基态下目标元素原子的电子一定是在前面元素原子的电子排布基础上依次增加的，所以目标元素的电子排布中和它上一周期稀有气体X的电子排布相同的部分就可以用［X］来表示。比如钠的电子排布简式为［Ne］$3s^1$。

思考1-2

Please complete the electron configurations of the first eighteen elements:

Element	Electron Configuration	Abbreviated Electron Configuration
H		
He		
Li		
Be		
B		
C		
N		
O		
F		
Ne		
Na		
Mg		
Al		
Si		
P		
S		
Cl		
Ar		

2. 能级交错

从第十九号元素钾开始，亚层轨道的能量开始变得复杂起来：钾的电子排布式是 $1s^22s^22p^63s^23p^64s^1$。注意到第 19 个电子填入了 4s 轨道而非 3d 轨道，其原因是第四层能量最低的 4s 轨道的能量低于第三层能量最高的 3d 轨道，此处发生了"能级交错现象"，如图 1-6 所示。也就是说，并不是 n 较大的电子层里的所有轨道能量都高于 n 较小的电子层里的所有轨道能量。

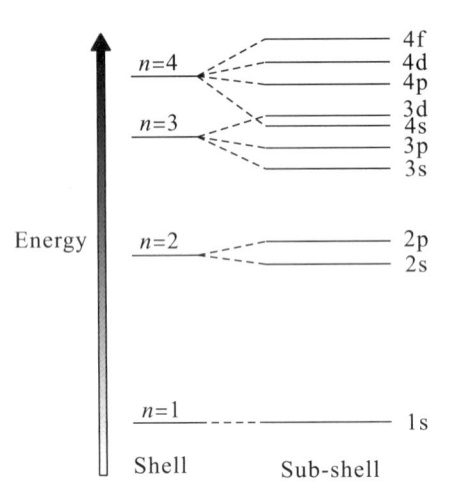

图 1-6 亚层能量图

图 1-7 是亚层能量从小到大的顺序记忆表，可以用来帮助准确地写出电子排布式。比如，第二十六号元素铁的电子排布式为 $1s^22s^22p^63s^23p^64s^23d^6$，但是在排布完成后，习惯上会将相同电子层的亚层写在一起，即 $1s^22s^22p^63s^23p^63d^64s^2$。

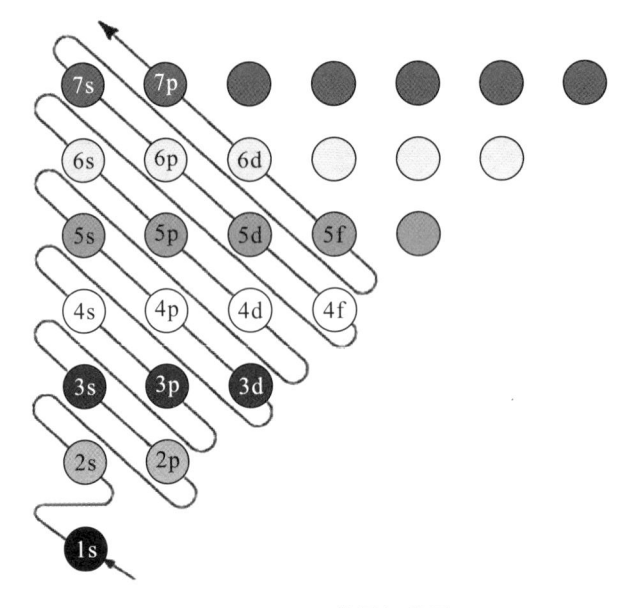

图 1-7 亚层能量规律图

3. 离子（ion）的电子排布式

原子中能量最高的电子位于最外电子层，一般称其为"价层（valence shell）"，其中的电子称为"价电子"，它们在化学反应中最容易和其他物质相互作用，决定了元素的化学性质。其余电子被统称为"内层电子"，它们产生的屏蔽效应增大了价电子的能量，间接地影响了元素的化学性质。

一般来说，阴离子在原子的基础上向价层增加了电子，阳离子在原子的基础上从价层减少了电子。比如，第七号元素氮的电子排布式为 $1s^22s^22p^3$，价电子数为 5 个，氮离子 N^{3-} 的电子排布式为 $1s^22s^22p^6$，价电子数为 8 个；第二十号元素钙的电子排布式为 $1s^22s^22p^63s^23p^64s^2$，价电子数为 2 个，钙离子 Ca^{2+} 的电子排布式为 $1s^22s^22p^63s^23p^6$，价电子数为 8 个（原次外层）。

过渡金属[①]离子的情况稍有不同，它们的电子排布以 $(n-1)d$ 亚层结尾，这一亚层和 ns 亚层同样被视为价层，并且在形成阳离子时可被失去，只不过顺序在 ns 亚层之后。比如，第二十七号元素钴的电子排布式为 $1s^22s^22p^63s^23p^64s^23d^7$，亚钴离子 Co^{2+} 的电子排布式为 $1s^22s^22p^63s^23p^63d^7$，钴离子 Co^{3+} 的电子排布式为 $1s^22s^22p^63s^23p^63d^6$。注意到虽然 3d 轨道的能量高于 4s 轨道，但是失去电子时首先失去 ns 轨道的 2 个电子，然后再开始失去 $(n-1)d$ 轨道的电子。

【公式汇总】

1. For an atom,

$$Mass\ number(A) = number\ of\ protons(Z) + number\ of\ neutrons(N)$$

$$Mass\ number(A) \approx relative\ mass\ of\ the\ atom$$

$$Number\ of\ protons = nuclear\ charge = atomic\ number = number\ of\ electrons$$

2. $F_{Coulomb} \propto \dfrac{q_1 q_2}{r^2}$

第二节　元素周期表与元素周期律
The Periodic Table and Periodic Trends

考纲定位

1.6 Photoelectron Spectroscopy
1.7 Periodic Trends

重点词汇

1. Relative atomic mass 相对原子质量
2. Period 周期
3. Group 族
4. Main-group/representative group elements 主族元素
5. Inner-transition metal 内过渡金属
6. Periodic trend 元素周期律
7. Atomic radius 原子半径（复数：radii）
8. Ionization energy 电离能
9. Photoelectron spectroscopy 光电子能谱法

---

① 过渡金属的定义国际上有不同标准，此处指第 3~12 族元素（除内过渡金属外）。

10. Binding energy 结合能
11. Electron affinity 电子亲合能
12. Electronegativity 电负性

考点简述

Structure of the Periodic Table:

1. The Periodic Table provides the symbol (sometimes the name), the atomic number, and the ***relative atomic mass*** (RAM) of an element.

2. Each row of the Periodic Table is called a ***period***, and each column is called a ***group***. There are 7 periods and 18 groups in the current Periodic Table.

3. Elements in the same period have the same number of shells, and they have n shells if they are in period n. From left to right, elements in the same period have increasing number of valence electrons.

4. Elements in group 1, 2, and 13~18 are called ***main-group elements*** or ***representative elements***. Elements in group 3~12 are called transition metals, and lanthanides and actinides are called the ***inner-transition metals***.

5. Elements in the same group have the same number of valence electrons, so they have similar chemical properties and tend to form analogous compounds. Elements in nA group has n valence electrons.

The Periodic Trends of Main-Group Elements:

1. The ***periodic trends*** are governed by the strengths of electrostatic attraction between the nucleus and electrons which is determined by the nuclear charge, distance between the nucleus and target electrons, and shielding effect.

2. ***Atomic radii*** (AR) decrease across a period and increase down a group.

3. ***Ionization energy*** (IE) is the minimum energy required to remove the most loosely bound electron of an isolated gaseous atom or cation. The successive IEs for a given atom increase when electrons are removed one by one, with a drastic increase when removing the first electron from a new shell.

4. First IEs generally increase across a period and decrease down a group. However, there are two deviations in the trend across a period:

(1) The first IEs of group 3 elements are lower than those of group 2 elements.

(2) The first IEs of group 16 elements are lower than those of group 15 elements.

5. ***Photoelectron spectroscopy*** (PES) measures the ***binding energies*** and relative number of electrons in each subshell.

6. ***Electron affinity*** (EA) is the amount of energy released when an electron is attached

to a neutral atom in the gaseous state to form an anion. EAs generally increase across a period and decrease down a group, with several exceptions.

7. **Electronegativity**（EN）is a measure of the ability of an atom to attract shared electrons in a covalent bond to itself. ENs increase across a period and decrease down a group.

知识详解

一、元素周期表的结构

元素周期表的每个方格中，一般都标有原子序数、元素符号、元素名称和相对原子质量等，如图1-8所示。

图1-8 元素周期表中的铁元素

注意到大部分元素的相对原子质量都是小数。在第一节中提到，相对原子质量约等于质量数，而质量数是整数，为什么大部分元素的相对原子质量并不近似等于整数呢？这是因为元素的相对原子质量是该元素在自然界中稳定存在的所有同位素相对原子质量的加权平均数。虽然每种同位素的相对质量约为整数，但最终的计算结果不一定是整数。

元素周期表按照原子序数（质子数）从小到大的顺序排列各元素，并把电子层数目相同的元素排成横行，再把最外层电子数相同的元素排成纵列，各元素核电荷数和各电子层所含电子总数的原子结构示意图如图1-9所示。

图1-9 1~18号元素的原子结构示意图

元素周期表目前有 7 个横行，18 个纵列，如图 1－10 所示。每一个横行叫作一个“周期”，每一个纵列叫作一个“族”。

Key: relative atomic mass / symbol / name / atomic (proton) number

1 (1)	2 (2)	(3)	(4)	(5)	(6)	(7)	(8)	(9)	(10)	(11)	(12)	3 (13)	4 (14)	5 (15)	6 (16)	7 (17)	0 (18)
							1.0 H hydrogen 1										4.0 He helium 2
6.9 Li lithium 3	9.0 Be beryllium 4											10.8 B boron 5	12.0 C carbon 6	14.0 N nitrogen 7	16.0 O oxygen 8	19.0 F fluorine 9	20.2 Ne neon 10
23.0 Na sodium 11	24.3 Mg magnesium 12											27.0 Al aluminium 13	28.1 Si silicon 14	31.0 P phosphorus 15	32.1 S sulfur 16	35.5 Cl chlorine 17	39.9 Ar argon 18
39.1 K potassium 19	40.1 Ca calcium 20	45.0 Sc scandium 21	47.9 Ti titanium 22	50.9 V vanadium 23	52.0 Cr chromium 24	54.9 Mn manganese 25	55.8 Fe iron 26	58.9 Co cobalt 27	58.7 Ni nickel 28	63.5 Cu copper 29	65.4 Zn zinc 30	69.7 Ga gallium 31	72.6 Ge germanium 32	74.9 As arsenic 33	79.0 Se selenium 34	79.9 Br bromine 35	83.8 Kr krypton 36
85.5 Rb rubidium 37	87.6 Sr strontium 38	88.9 Y yttrium 39	91.2 Zr zirconium 40	92.9 Nb niobium 41	96.0 Mo molybdenum 42	[96] Tc technetium 43	101.1 Ru ruthenium 44	102.9 Rh rhodium 45	106.4 Pd palladium 46	107.9 Ag silver 47	112.4 Cd cadmium 48	114.8 In indium 49	118.7 Sn tin 50	121.8 Sb antimony 51	127.6 Te tellurium 52	126.9 I iodine 53	131.3 Xe xenon 54
132.9 Cs caasium 55	137.3 Ba barium 56	[138.9] La* lanthanum 57	178.5 Hf hafnium 72	180.9 Ta tantalum 73	183.8 W tungsten 74	186.2 Re rhenium 75	190.2 Os osmium 76	192.2 Ir iridium 77	195.1 Pt platinum 78	197.0 Au gold 79	200.6 Hg mercury 80	204.4 Tl thallium 81	207.2 Plb lead 82	209.0 Bi bismuth 83	[209] Po polonium 84	[210] At astatine 85	[222] Rn radon 86
[223] Fr francium 87	[226] Ra radium 88	[227] Ac† actinium 89	[267] Rf rutherfordium 104	[270] Db dubnium 105	[269] Sg seaborgium 106	[270] Bh bohrium 107	[270] Hs hassium 108	[278] Mt meitnerium 109	[281] Ds darmstadtium 110	[281] Rg roentgerium 111	[285] Cn copernicium 112	[286] Nh nihonium 113	[289] Fl flerovium 114	[289] Mc moscovium 115	[293] Lv livermorium 116	[294] Ts tennessine 117	[294] Og oganesson 118

*58–71 Lanthanides	140.1 Ce cerium 58	140.9 Pr prasedymium 59	144.2 Nd naodymtium 60	[145] Pm promethium 61	150.4 Sm samarium 62	152.0 Eu europium 63	[157.3] Gd gadolinium 64	158.9 Tb terbium 65	162.5 Dy dysprosium 66	164.9 Ho holmium 67	167.3 Er erbium 68	168.9 Tm thulium 69	173.0 Yb ytterbium 70	175.0 Lu lutetium 71
†90–103 Actinides	232.0 Th thorium 90	231.0 Pa protactinium 91	238.0 U uranium 92	[237] Np neptunium 93	[244] Pu plutonium 94	[243] Am americium 95	[247] Cm curium 96	[247] Bk berkelium 97	[251] Cf californium 98	[252] Es einsteinium 99	[257] Fm fermium 100	[258] Md mendelevium 101	[259] No nobelium 102	[262] Lr lawrencium 103

图 1－10　元素周期表

周期的序数就是该周期元素所具有的电子层数，并且从左到右原子序数递增，价电子数也递增，因此同周期元素在化学性质上存在一定的递变趋势。

族有不同的分类方法，最常见的是将族分为主族（1、2、13～18 族）和过渡金属（3～12 族）：

（1）主族共含有 8 个族，从左到右常被写作ⅠA～ⅧA 族，罗马数字也可用阿拉伯数字代替，其中ⅧA 族也常被称为 0 族。一般提到第某族（group *n*）都默认指主族，比如第 5 族（group 5）一般指第 15 族（ⅤA 族），而不是左数第 5 纵列。

（2）元素周期表中有些族的元素有特别的名称，如第 1 族（除氢外）叫作碱金属（alkali metal）元素，第 2 族叫作碱土金属（alkaline earth metal）元素，它们统称主族金属（representative metal）元素。第 7 族叫作卤族（halogen）元素，0 族叫作稀有气体元素。

（3）过渡金属中有镧系和锕系两组特殊的元素，它们的电子排布以（$n-2$）f 结尾，有时被称作内过渡金属。

主族序数就是该族元素的价电子数，并且从上到下电子层数递增，因此同族元素的化学性质相似，并倾向于形成相似的化合物。当然，由于屏蔽效应和与原子核间的距离影响，从上到下价电子能量增大，因此也存在一定的化学性质递变趋势。

1. 元素周期表的区块（block）

如果将元素周期表中所有元素的电子排布式写出来，可以发现：第 1～2 族元素能

量最高的亚层都为 ns 亚层；第 3~12 族元素都为 $(n-1)$d 亚层；第 13~18 族元素都为 np 亚层（除氦外）；镧系和锕系元素都为 $(n-2)$f 亚层①。根据此特性，元素周期表可以分为不同的区块，其中第 1~2 族元素和氦元素所在的区块为 s 区（s-block），第 3~12 族元素所在的区块为 d 区（d-block），第 13~18 族元素（除氦外）所在的区块为 p 区（p-block），镧系和锕系元素所在的区块为 f 区（f-block），如图 1-11 所示。

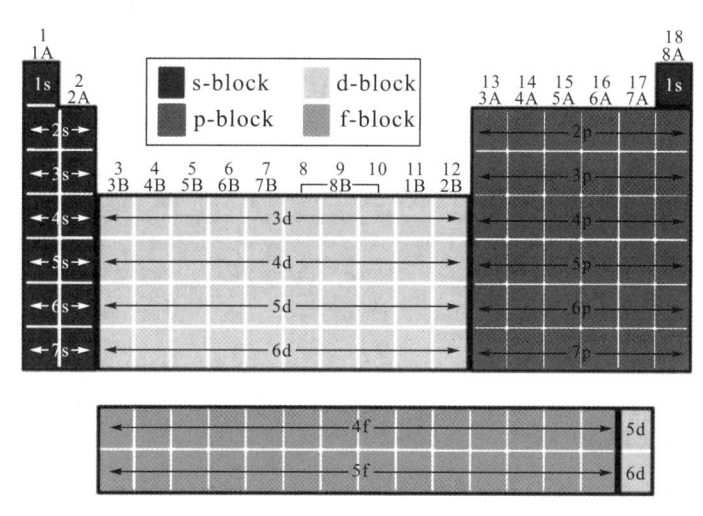

图 1-11　元素周期表的区块

区块可以辅助快速写出元素的电子排布简式。由于能级交错现象，s 区和 p 区元素的电子排布式结尾总是 ns 和 np，d 区元素的电子排布式结尾总是 $(n-1)$d，f 区元素的电子排布式结尾总是 $(n-2)$f。要确定某元素的电子排布简式，只需找到它上一周期的稀有气体元素，然后顺着元素周期表往后数，每经过一格 s 区，则增加 1 个 ns 电子；每经过一格 d 区，则增加 1 个 $(n-1)$d 电子；每经过一格 p 区，则增加一个 np 电子。比如，第四十九号元素 In 的电子排布式为 $[Kr]5s^2 4d^{10} 5p^1$。当然，排布完成后可以按照惯例交换顺序为 $[Kr]4d^{10} 5s^2 5p^1$。

2. 金属（metal）与非金属（nonmetal）元素

元素周期表中，金属元素与非金属元素有明显的分界线，如图 1-12 所示。分界线左边为金属元素（除氢外），它们的单质一般具有金属光泽，具有延展性，是热和电的良导体，在化学反应中一般失去电子，形成阳离子；分界线右边为非金属元素，它们的单质性质各不相同，但在与金属的化学反应中一般得到电子，形成阴离子；在分界线附近的一些元素，如硅、锗、砷、锑、碲，既具有金属的一些性质（如有光泽、可导电），又具有非金属的一些性质（如具有脆性），被称为"类金属（metalloid 或 semimetal）"。

---

① 原子序数越大，原子的电子情况越复杂，与构造原理不符合的情况越多。现阶段仅讨论一般规律。

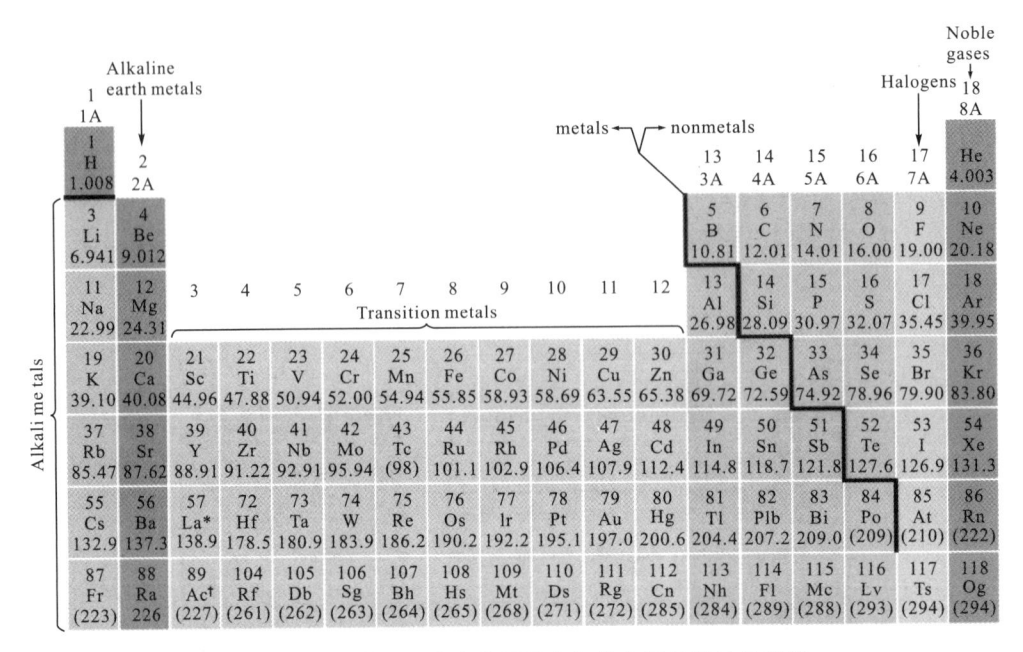

图1-12 元素周期表中金属元素与非金属元素的分界线

二、主族元素周期律

由于元素周期表中的周期和族的排列方式，各主族元素原子最外层电子与原子核之间的静电吸引力呈现周期性的变化，因此元素的一些性质也出现了递变趋势（比如原子半径、第一电离能、电子亲合能、电负性等）。该吸引力的大小受三个因素影响：核电荷数（质子数）、最外层电子与原子核的距离（电子层数）、屏蔽效应（内层电子数）。当核电荷数和电子层数/屏蔽效应发生冲突时，电子层数/屏蔽效应对吸引力的影响更大。

1. 原子半径

核电荷数越大，对电子的静电吸引力越大，将电子"吸得更紧"，原子半径越小；电子层数越多，最外层电子与原子核的距离越远，原子半径越大；电子层数越多的同时还意味着内层电子越多，屏蔽效应越强，最外层电子受到的"束缚"越小，有效核电荷数越小，原子半径越大。

（1）同一周期从左到右，原子半径逐渐减小。这是因为同一周期元素的原子的价电子都位于同一电子层，与原子核的距离、受到的屏蔽效应都相似，但是从左到右核电荷数逐渐增加，有效核电荷数也逐渐增加，导致原子核对价电子的静电吸引力逐渐增强。

（2）同一族从上到下，原子半径逐渐增加。这是因为从上到下，同一族元素的原子的电子层数逐渐增加，价电子与原子核的距离逐渐增加，同时受到的屏蔽效应逐渐增强。虽然核电荷数也在增加，但是不足以抵消距离与屏蔽效应的影响，因此有效核电荷数仍然逐渐减小，原子核对价电子的静电吸引力逐渐减弱。

离子半径（ionic radius）也可用相同的分析方法进行比较。比如，钠原子 Na 比钠离子 Na⁺ 的半径大，因为在质子数相同的情况下，Na 的电子层数多一层；氧离子 O²⁻ 比氟离子 F⁻ 的半径大，因为在电子排布相同的情况下，O²⁻ 的质子数更少。像这样电子排布相同的不同粒子，被称作等电子粒子（isoelectronic particles）。

如果质子数与电子层数都相等，就需要考虑价层内部的排斥。比如，硫离子 S²⁻ 比硫原子 S 的半径大，因为 S²⁻ 有 8 个价电子，但 S 只有 6 个价电子，导致 S²⁻ 的价层中价电子间的排斥力更大，半径更大。

2. 电离能

电离能是从气态原子或阳离子中移除一个电子所需要的最小能量，即移除自身能量最高的电子所需要的能量。电离需要克服原子核与电子之间的静电吸引力，因此该过程必为吸热过程，电离能的值必为正值[①]，并且原子核与目标电子间的静电吸引力越大，电离能越大。

对于一个原子，其电子从能量最高（最外层）的开始，可以一个接一个地被移除，每次所需的能量分别被称作第一电离能、第二电离能、第三电离能，以此类推。其对应的方程式可写作：

$$M(g) \longrightarrow M^+(g) + e^-$$
$$M^+(g) \longrightarrow M^{2+}(g) + e^-$$
$$M^{2+}(g) \longrightarrow M^{3+}(g) + e^-$$
......

一个原子的连续电离能逐渐增大，即第一电离能 < 第二电离能 < 第三电离能 < ……，因为随着电子一个个地被移除，同一电子层中电子间的排斥力减小，导致最外层电子与原子核的距离减小，静电吸引力增大。

当一个原子的一层电子全部被移除后，移除位于下一层的第一个电子所需的能量会陡增，因为此电子与原子核的距离相比于上一层减小很多，受到的屏蔽效应更弱，所以与原子核间的静电吸引力强很多。比如，某元素原子的连续电离能见表 1-3。

表 1-3 某元素原子的连续电离能

	First	Second	Third	Fourth	Fifth	Sixth
IE（kJ/mol）	1090	2350	4610	6220	37800	47000

该元素必为第 4 族元素，因为其第五电离能陡增，说明第 5 个电子位于次外层，最外层有 4 个电子。

对于不同元素的原子，其第一电离能具有以下规律：

（1）同一周期从左到右，第一电离能总体逐渐增大。

[①] 惯例上，吸热过程中，系统吸收能量，能量增加，能量变化为正值；放热过程中，能量变化为负值。

（2）同一族从上到下，第一电离能逐渐减小。

该规律取决于原子核与被移除电子间的吸引力，其解释与原子半径的分析一致。

但是，同一周期从左到右的增大趋势有两处例外，即第3族元素的第一电离能小于第2族元素（如铍和硼、镁和铝），第6族元素的第一电离能小于第5族元素（如氮和氧、磷和硫），如图1-13所示。

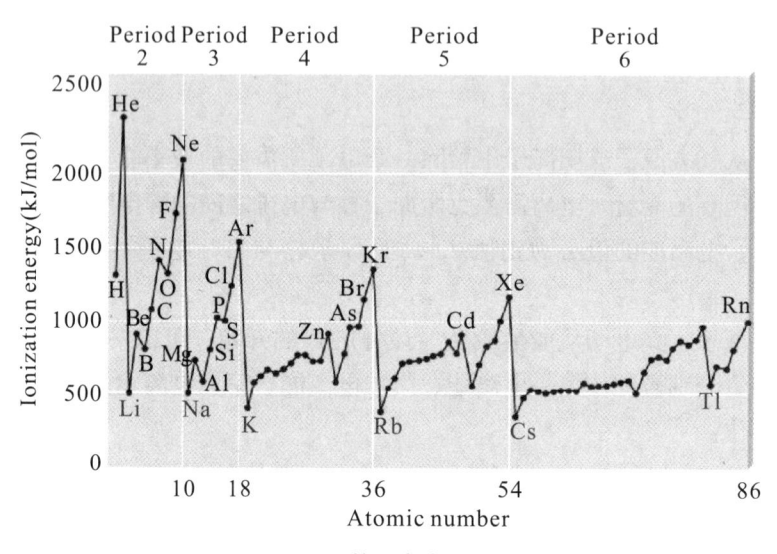

图1-13 第一电离能趋势图

注意到之前的趋势所考虑的因素只有核电荷数、距离和屏蔽效应，只与电子层有关，未考虑亚层，而这两处例外就是亚层电子带来的。

（1）以镁和铝为例，镁原子中能量最高的电子位于3s亚层，而铝原子中能量最高的电子位于3p亚层，如图1-14a所示。虽然铝原子比镁原子多一个质子，两者都具有3个电子层，但是铝的3p亚层中的电子仍然比镁的3s亚层中的电子受到更强的屏蔽效应，能量更高，更容易移除，导致电离能更小。其他周期同理。

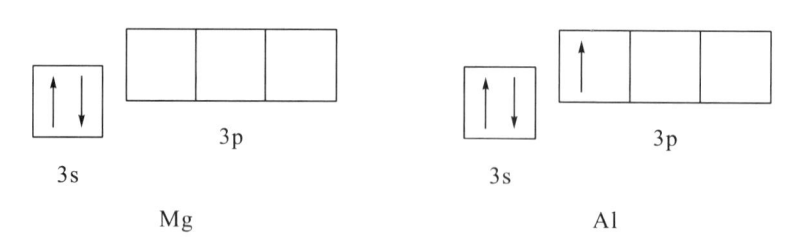

图1-14a 镁和铝的价电子能量图

（2）以磷和硫为例，虽然磷原子和硫原子中能量最高的电子都位于3p亚层，但硫原子中能量最高的电子是成对的，处于同一轨道的成对电子互相排斥，更容易移除，而磷原子的3p亚层中不存在这一现象，如图1-14b所示。因此硫原子的第一电离能低于磷原子。其他周期同理。

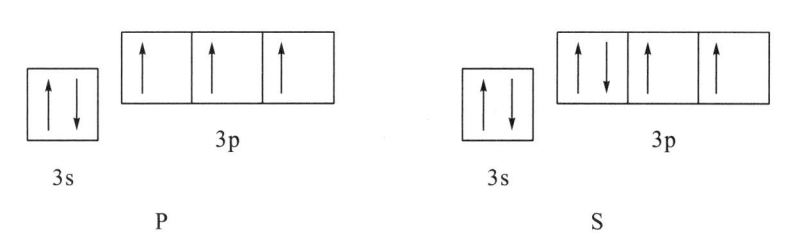

图1-14b　磷和硫的价电子能量图

光电子能谱法利用光电效应，以电磁辐射的方式向原子提供能量，可以有选择地移除某亚层的电子。移除原子某亚层电子所需的最小能量称为该亚层电子的"结合能"。与电离能相似①，结合能也为正值，并且随着原子核与目标电子间的静电吸引力的增强而增大。

测量结合能后，绘制出的光电子能谱包含一个或数个"峰"，每个峰代表一个亚层。峰的 x 坐标为结合能，x 轴的值左大右小，以模拟原点为原子核、结合能更大的亚层离原子核更近的形态；峰的高度为该亚层电子的相对数量。氧原子的光电子能谱如图1-15所示。

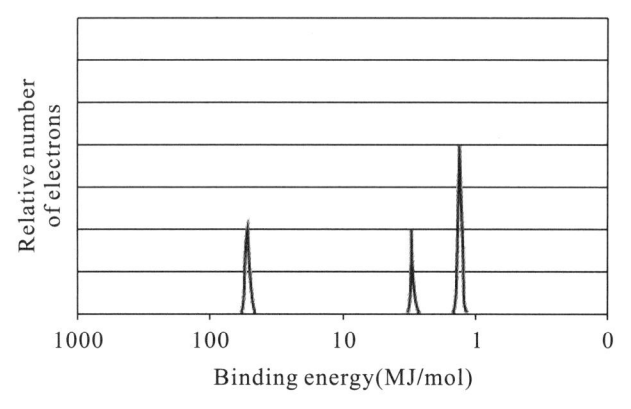

图1-15　氧原子的光电子能谱

一个完整的光电子能谱中，从左到右，峰分别代表1s、2s、2p等，除最右侧的峰（能量最高的亚层）可能未填满外，其他亚层一定已被填满，其相对高度可用来测算能量最高的亚层中含有的电子数量，并以此确定元素身份。

---

① 结合能是指直接从原子中移除某亚层电子所需要的能量，电离能是指移除原子或离子中能量最高的电子所需要的能量，两者的区别在于内层结合能的测量不需要先移除外层电子。

思考 1-3

Identify the two elements present in the following superimposed photoelectron spectra and explain the difference in binding energy of the same subshell of the two elements.

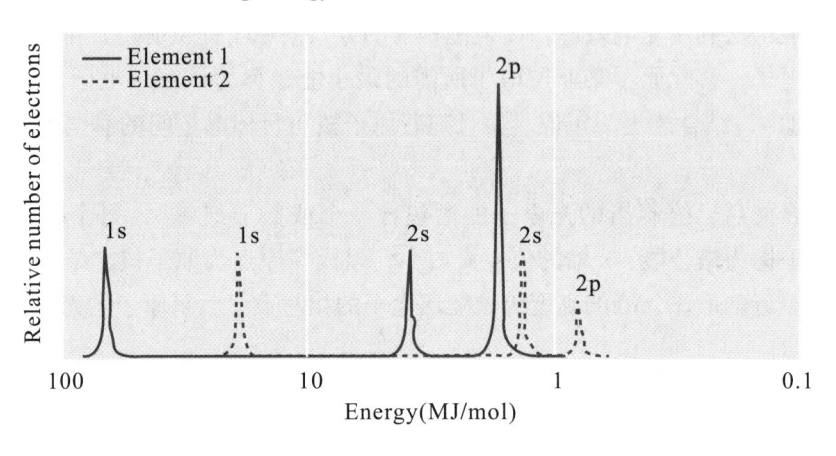

3. 电子亲合能

电子亲合能是当一个电子与一个气态原子结合形成阴离子时，原子放出的能量。其对应的方程式可写作：

$$X(g) + e^- \longrightarrow X^-(g)$$

电子亲合能值的正负与惯例相反，即放出能量对应的能量变化为正值，吸收能量对应的能量变化为负值。因此更大的电子亲合能意味着原子更"喜欢"接受一个电子，因为其过程放出能量更多，形成阴离子后能量更低、更稳定。电子亲合能的趋势不明显，因各种原因导致多处例外，如图 1-16 所示。

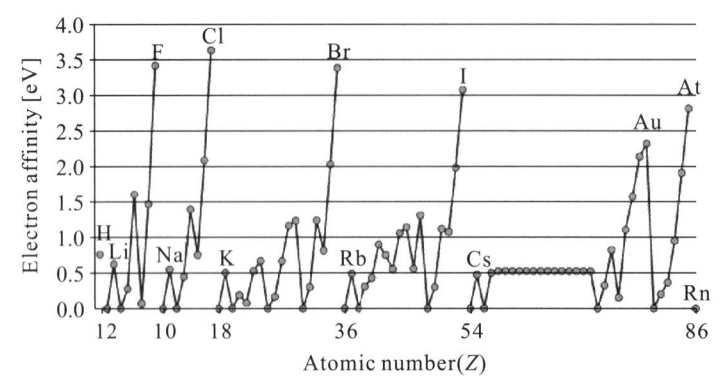

图 1-16 电子亲合能趋势图

但总体趋势如下：

（1）同一周期从左到右，电子亲合能逐渐增大。

（2）同一族从上到下，电子亲合能逐渐减小。

该规律取决于原子核与添加的电子间的吸引力，其解释与原子半径的分析一致。

但是，同一族从上到下的减小趋势有一处典型例外，即第三周期元素的电离能普遍大于第二周期元素，这是由于第二周期元素仅有2个电子层，空间狭小，导致电子间的排斥力较大，更不易接受额外电子。因此元素周期表中，电子亲合能最大的元素是氯。

4. 电负性

有时，两个原子会共用价电子，形成"共价键（covalent bond）"以达到能量更低的状态。共用的价电子会同时被两个原子核吸引，而电负性就是用来描述原子对共用电子的吸引能力的。美国化学家莱纳斯·鲍林测量了元素周期表中除了稀有气体以外的元素对共用电子的吸引能力，并用0.7~4.0之间的数字来代表各元素的电负性，如图1-17所示。

H 2.1																	He
Li 1.0	Be 1.5											B 2.0	C 2.5	N 3.0	O 3.5	F 4.0	Ne
Na 0.9	Mg 1.2											Al 1.5	Si 1.8	P 2.2	S 2.5	Cl 3.0	Ar
K 0.8	Ca 1.0	Sc 1.3	Ti 1.5	V 1.6	Cr 1.6	Mn 1.5	Fe 1.8	Co 1.8	Ni 1.8	Cu 1.9	Zn 1.6	Ga 1.6	Ge 1.8	As 2.0	Se 2.4	Br 2.8	Kr
Rb 0.8	Sr 1.0	Y 1.2	Zr 1.4	Nb 1.6	Mo 1.8	Tc 1.9	Ru 2.2	Rh 2.2	Pd 2.2	Ag 1.9	Cd 1.7	In 1.7	Sn 1.8	Sb 1.9	Te 2.1	I 2.5	Xe —
Cs 0.7	Ba 0.9	La~Lu 1.1~1.2	Hf 1.3	Ta 1.5	W 1.7	Re 1.9	Os 2.2	Ir 2.2	Pt 2.2	Au 2.4	Hg 1.9	Tl 1.8	Pb 1.8	Bi 1.9	Po 2.0	At 2.2	Rn —
Fr 0.7	Ra 0.9	Ac~No 1.1~1.7															

图1-17 元素的电负性值

（1）同一周期从左到右，电负性逐渐增大。

（2）同一族从上到下，电负性逐渐减小。

该规律取决于原子核与共价键中的电子对间的吸引力，其解释与原子半径的分析一致。

元素周期表中，电负性最大的元素是F。

第二章 原子间的互动——化学键
Interactions Between Atoms – Chemical Bonding

第一节 化学键的形成
Formation of Chemical Bonds

考纲定位

1.8 Valence Electrons and Ionic Compounds

2.1 Types of Chemical Bonds

2.2 Intramolecular Force and Potential Energy

重点词汇

1. Ionic bond 离子键
2. Covalent bond 共价键
3. Single/double/triple bond 单键/双键/三键
4. Bond order 键级
5. Partial positive/negative charge 部分正/负电荷
6. Polar 极性的
7. Polarity 极性
8. Nonpolar 非极性的
9. Metallic bond 金属键
10. Delocalized electron 离域电子
11. Lattice energy 晶格能
12. Bond length 键长
13. Bond energy/enthalpy 键能

考点简述

Types of Chemical Bonds:

1. An ***ionic bond*** is formed by electron transfer between elements with large electronegativity difference (ΔEN), typically between a metal and a nonmetal.

2. When forming ions, main-group metals lose their valence electrons to achieve the electron configuration of the noble gas in the last period, and main-group nonmetals gain electrons to achieve the electron configuration of the noble gas in the current period.

3. A ***covalent bond*** is formed by electron sharing between elements with moderate to zero ΔEN, typically between two nonmetals.

4. Two, four, or six electrons may be shared to form a ***single***, ***double***, or ***triple bond*** by two atoms for them to achieve the electron configuration of noble gases, whose ***bond orders*** are assigned 1, 2, or 3.

5. Shared electrons in a covalent bond are attracted more to the atom with greater EN, which develops a ***partial negative charge***, δ^-, on this atom, and a ***partial positive charge***, δ^+, on the other atom. Such covalent bond is called a ***polar*** covalent bond. The ***polarity*** of a bond increases with increasing ΔEN. On the other hand, electrons in a covalent bond between two atoms of elements with minimal or zero ΔEN are shared equally, and the bond is called a ***nonpolar*** covalent bond.

6. There is not a specific boundary between polar covalent bonds and ionic bonds. Ionic character of a polar covalent bond increases with the increase in ΔEN. The best way to determine the type of bonding is to examine the properties of the compound, e.g., electrical conductivity when molten.

7. ***Metallic bonds*** are formed inside metals. The valence electrons of metal atoms are shared throughout the whole structure, forming a sea of ***delocalized electrons***. After losing the valence electrons, metal atoms become metal cations and are immersed in the sea of electrons.

Strengths of Chemical Bonds:

1. ***Lattice energy*** measures the strengths of ionic bonding and is positively related to the amount of charge on the ions and negatively related to the ionic radii.

2. The strengths of metallic bonding are positively related to the amount of charge on the metal cation, and negatively related to the ionic radii of the metal cation.

3. When forming a covalent bond, two atoms achieve the lowest energy state at which the attractive and repulsive forces balance. The distance between the two atoms at this state is called the ***bond length***, and the energy required to separate them is called the ***bond energy*** or ***bond enthalpy***.

4. Generally, bond energy is positively related to the bond order, and negatively related to the bond length.

5. Bond length is positively related to the atomic radii.

知识详解

一、化学键的形成"动机"

一些生活中常见的化学物质，如氯化钠 NaCl、水 H_2O、氧气 O_2 等，都是双原子或多原子化合物或单质，但是稀有气体分子却是由单个原子构成的，比如氦气 He、氩气 Ar 等。为什么在常态下，稀有气体的单个原子可以稳定存在，而其他元素的原子需要组合呢？

通过分析电子排布可知，稀有气体元素的原子中的电子层都被充满，这使得这些原子本身处于能量较低、较稳定的状态，可以单独存在。而其他元素的原子最外层没有被充满，因此为了达到稳定的状态，它们倾向于通过得失或共用价电子的方式使自己的电子排布与稀有气体一样。得失或共用电子后，粒子间产生的作用力就叫作"化学键（chemical bond）"。

同族元素的价电子数相同，因此它们倾向于形成相似的单质或化合物。比如，卤族元素的单质都是双原子分子 X_2，碱土金属元素的氢氧化物通式为 $M(OH)_2$，等等。

1. 离子键

以氯化钠 NaCl 为例，根据钠的核外电子排布，要达到稀有气体的稳定结构，要么失去 1 个电子成为氖的电子排布，要么得到 7 个电子成为氩的电子排布，很明显失去 1 个电子更"轻松"。同样地，氯需要得到 1 个电子成为氩的电子排布。因此钠 Na 与氯气 Cl_2 反应时，钠价层上的 1 个电子转移到氯的价层上，形成带正电荷的钠离子 Na^+ 和带负电荷的氯离子 Cl^-，并通过静电作用结合在一起，形成与钠和氯气性质完全不同的氯化钠。

这种带相反电荷离子之间的相互作用叫作"离子键"。离子键的形成过程可被分为三个阶段：电子转移（electron transfer）、离子形成（ion formation）、静电作用（electrostatic interaction），如图 2-1 所示。

通常情况下，金属（易失电子）与非金属（易得电子）之间形成离子键，生成"离子化合物（ionic compound）"。主族金属元素一般失去最外层电子，达到其上一周期稀有气体元素的电子排布，因此第 1、2、3 族的金属分别失去 1、2、3 个电子，形成带 +1、+2、+3 电荷的阳离子；主族非金属元素得到电子，达到当前周期稀有气体元素的电子排布，因此第 5、6、7 族的非金属分别得到 3、2、1 个电子，形成带 -3、-2、-1 电荷的阴离

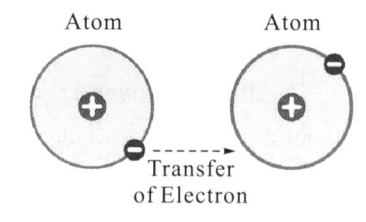

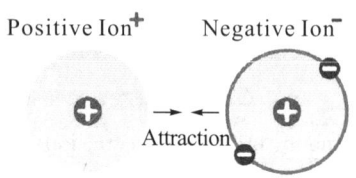

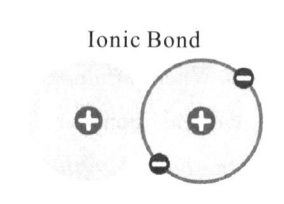

图 2-1 离子键的形成过程

子。离子化合物化学式代表阴、阳离子数量的最简整数比，由电荷平衡所决定（离子化合物总体不带电）。

离子化合物的形成可以用"电子式（electron-dot diagram）"表示。比如，氯化钠的形成过程可表示为：

$$Na\times + \cdot \ddot{\underset{\cdot\cdot}{Cl}}: \longrightarrow Na^+[:\ddot{\underset{\cdot\cdot}{Cl}}:]^-$$

电子式是指在元素符号周围用"·"或"×"来表示原子的价电子。上、下、左、右四个方向，每个方向最多画 2 个电子，共 8 个位置。需要注意的是，在画电子时，优先占用每个方向，再将电子配对，这是为了符合洪特规则，正确展示出成对与未成对电子[1]，其中未成对电子更易参与化学键的形成。比如，氮原子的电子式写作 $\cdot\dot{N}\cdot$，而不是 $:\dot{N}\cdot$。

金属阳离子失去所有价层电子，其电子式只需在元素符号右上角标明电荷；非金属阴离子得到电子成为最外层含有 8 个电子的稳定结构，其电子式需要写上 8 个价电子，打上方括号，并在右上角标明电荷。

离子键的本质是带相反电荷离子之间的静电作用力，因此其强度可用库仑定律描述：

$$F_{\text{Coulombic}} \propto \frac{q_1 q_2}{r^2}$$

阴、阳离子所携带的电荷越强，距离越近，作用力越强。需要注意的是，库仑定律将两个离子视作没有体积的点电荷，所以此处离子间的距离定义为原子核间的距离，与离子半径正相关。

离子键的强度由"晶格能"来衡量，即离子化合物变成气态阳离子和阴离子所吸收的能量，其对应的方程式可写作：

$$M_nX_m(s) \rightarrow nM^{m+}(g) + mX^{n-}(g)$$

因此，晶格能（离子键强度）与离子所带电荷数呈正相关，与离子半径呈负相关。当离子电荷与离子半径冲突时，离子键强度受离子所带电荷数影响更大，因此在比较两种离子化合物的晶格能时，优先考虑离子所带的电荷数差异，如图 2-2 所示。

---

[1] 电子式与电子排布对成对电子与未成对电子的展示有时不一致，是因为在形成分子时原子轨道情况发生了变化。

	Larger anions →			
	F⁻	Cl⁻	Br⁻	I⁻
Larger cations ↓ Li⁺	−1031	−848	−803	−759
Na⁺	−918	−788	−742	−705
K⁺	−817	−711	−679	−651
Rb⁺	−783	−685	−656	−628
Cs⁺	−747	−661	−635	−613

	Larger anions →	
	O²⁻	S²⁻
Larger cations ↓ Be²⁺	−4443	−3832
Mg²⁺	−3791	−3299
Ca²⁺	−3401	−3013
Sr²⁺	−3223	−2848
Ba²⁺	−3054	−2725

图 2-2 阴、阳离子分别带 **1** 个电荷的晶格能（左）和 **2** 个电荷的晶格能（右）

2. 金属键

在金属单质内部，不存在电子的转移，因为所有金属原子都"希望"失去电子。事实上，金属原子"贡献"出价电子供整个结构共用，不再固定在原子中，最终这些价电子融合为一片"离域电子海"，并且可以自由移动。金属原子从而形成金属阳离子，达到稀有气体的电子排布。金属内部可粗略地描述为金属阳离子"浸泡"在电子海中，如图 2-3 所示，而带正电的阳离子与带负电的电子海之间的静电作用力即是"金属键"。

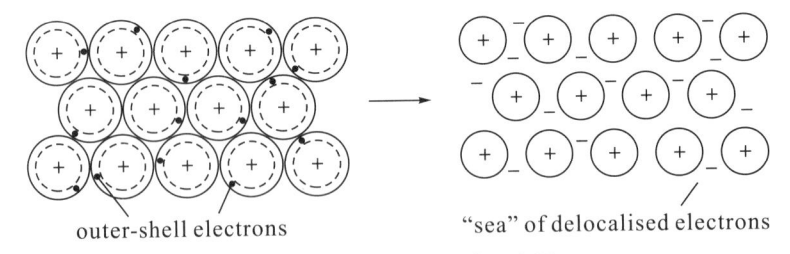

图 2-3 金属键的形成示意图

金属键也可用库仑定律描述：金属阳离子所带电荷越大，意味着离域电子数量越多，金属键越强；金属阳离子半径越小，金属键越强。与离子键相同，当金属阳离子电荷与金属阳离子半径冲突时，金属键受离子所带电荷数影响更大。

3. 共价键

有的时候，原子间并不转移电子，而是通过共用电子的方法达到和稀有气体一样的电子排布。以氯分子 Cl_2 为例，当两个氯原子相遇时，它们都"希望"得到 1 个电子，"不想"失去电子，所以无法进行电子转移。因此它们选择各提供 1 个未成对电子共同使用，形成 1 个"共用电子对（bonding/shared pair of electrons）"，而两个原子各自剩下的 3 个未参与成键的电子对被称作"未成键电子对（nonbonding/unshared pair electrons）"或"孤对电子（lone pair electrons）"，这样两个氯原子就都形成了稳定结构，达到氩的电子排布，如图 2-4 所示。

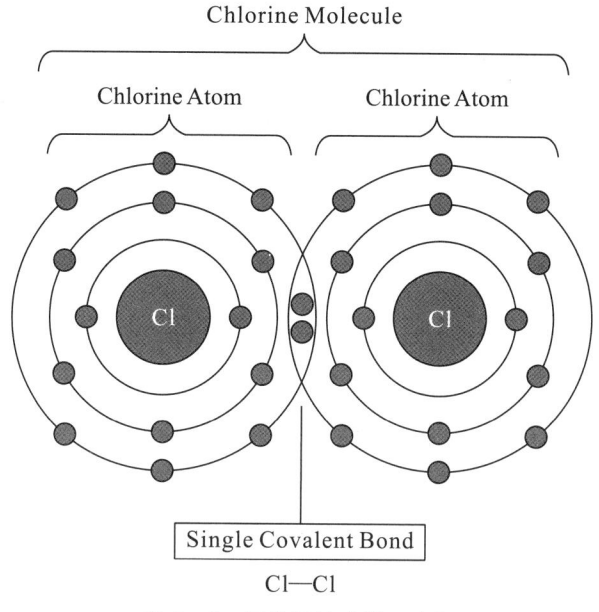

图 2-4 氯分子的成键示意图

或用电子式表示：

$$\overset{\times\times}{\underset{\times\times}{\times}}\text{Cl}\overset{\times}{} + \cdot\overset{..}{\underset{..}{\text{Cl}}}: \longrightarrow \overset{\times\times}{\underset{\times\times}{\times}}\text{Cl}\overset{\times}{\underset{..}{:}}\overset{..}{\underset{..}{\text{Cl}}}:$$

带负电的共用电子对位于两个原子之间，受到两个原子核的吸引力，因此像"桥梁"一样把两个原子"绑定"在一起，生成"分子（molecule）"。像氯分子这样，原子间通过共用电子对所形成的相互作用就叫作"共价键"。

有的时候，为了达到稀有气体的电子排布，两个原子需要共用两对，甚至三对电子。比如 O_2，$\overset{\times}{\underset{\times}{\text{O}}}::\overset{..}{\underset{..}{\text{O}}}$；$N_2$，$\overset{\times}{\underset{\times}{\text{N}}}\vdots\vdots\overset{..}{\underset{..}{\text{N}}}$。一对共用电子叫作一个"单键"，两对为"双键"，三对为"三键"，或者说"键级"分别为 1、2、3[①]。

除了电子式，分子常用路易斯结构式（Lewis diagram）来表示，即用一根短线"—"表示 1 对共用电子，孤对电子可以省略（但不推荐）。比如 H—H，$\overset{..}{\underset{..}{\text{O}}}=\overset{..}{\underset{..}{\text{O}}}$，$:N\equiv N:$。

通常情况下，同种或不同种非金属之间形成共价键，生成单质分子、分子化合物或"多原子离子（polyatomic ion）"。

1）共价键的种类

电负性是原子吸引共用电子对的能力。

相同的非金属元素的电负性相同，对共用电子对的吸引能力相同。因此共用电子对位于两原子核"正中"，均匀分布其间，而成键的原子不显电性，这样的共价键叫作"非极性共价键"，简称"非极性键（nonpolar bond）"。H_2、O_2、N_2 中的共价键都是非

[①] 键级的定义较为复杂，此处仅展示最常见共价键的整数键级。

极性键。

不同种原子形成共价键时，因为原子电负性不同，共用电子对偏向电负性大的一方，所以电负性大的原子一端电子密度较大，显负电，而电负性小的原子一端电子密度较小，显正电。例如，氯化氢分子 HCl 中，氯的电负性比氢强，共用电子对偏向氯原子，氯原子相对显负电，氢原子则相对显正电。像这样共用电子对偏移的共价键叫作"极性共价键"，简称"极性键（polar bond）"。H_2O、CO_2 中的共价键都是极性键。

2）键长与键能

在离子键中，最主要的作用力是带相反电荷的离子之间的静电吸引力，但是在共价键中，存在以下多种作用力：

（1）一个原子的原子核与另一个原子的电子之间的吸引力。

（2）两个原子核之间的排斥力。

（3）一个原子的电子与另一个原子的电子之间的排斥力。

如图 2-5 所示，当两个原子的距离非常远时，两者之间没有任何作用力，不妨把此时的系统总势能定为 0。当两个原子开始靠近时，两者之间的吸引力会占据主导，顺应这种吸引力使得系统总势能下降，变得更加稳定。当两个原子继续靠近时，排斥力开始增大，直到超过吸引力，导致合力为排斥力，这时再继续减小距离就需要对抗排斥力，使得系统总势能上升，直到两个原子距离趋近于 0。因此一定有一个原子间距离，让排斥力和吸引力平衡，即合力为 0，使得系统总势能最低。

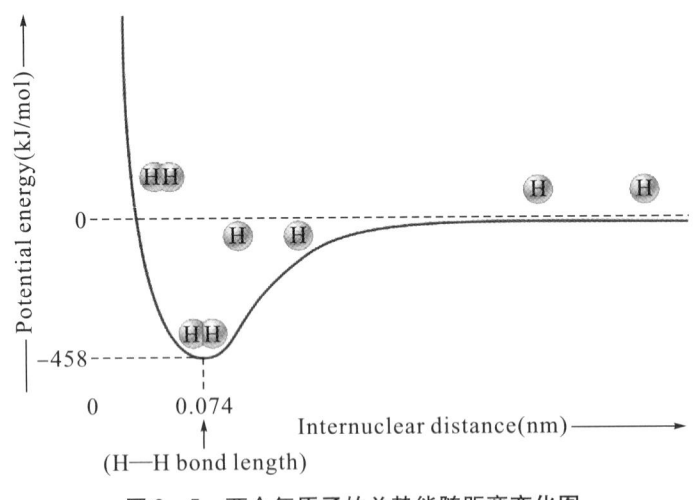

图 2-5 两个氢原子的总势能随距离变化图

之前提到，原子成键的目的是达到能量最低、最稳定的状态。因此共价键形成于两原子总势能最低的时候，此时两原子核间的距离称为"键长"；而此时系统总势能的绝对值称为"键能"，因为只要外界向系统提供该能量，就可以使系统总势能变为 0，即两个原子相距非常远——共价键完全断裂。

一般来说，键能与键级呈正相关，因此三键的键能大于双键，双键的键能大于单键。同时，在键级一定的情况下，键能与键长一般呈负相关，越长的键越弱，并且键长与原子半径呈正相关；在两原子相同的情况下，键级与键长一般呈负相关，单键长于双键，双键长于三键。

上述关系可在表2-1中得到证明。

表2-1 常见共价键的键能

Single Bonds				Multiple Bonds	
H—H	432	N—H	391	I—I	149	C═C	614
H—F	565	N—N	160	I—Cl	208	C≡C	839
H—Cl	427	N—F	272	I—Br	175	O═O	495
H—Br	363	N—Cl	200			C═O*	745
H—I	295	N—Br	243	S—H	347		1072
		N—O	201	S—F	327	N═O	607
C—H	413	O—H	467	S—Cl	253	N═N	418
C—C	347	O—O	146	S—Br	218	N≡N	941
C—N	305	O—F	190	S—S	266		891
C—O	358	O—Cl	203			C≡N	615
C—F	485	O—I	234	Si—Si	340		
C—Cl	339			Si—H	393		
C—Br	276	F—F	154	Si—C	360		
C—I	240	F—Cl	253	Si—O	452		
C—S	259	F—Br	237				
		Cl—Cl	239				
		Cl—Br	218				
		Br—Br	193				

Bond	Bond Type	Bond Length(pm)	Bond Energy(kJ/mol)
C—C	Single	154	347
C═C	Double	134	614
C≡C	Triple	120	839
C—O	Single	143	358
C═O	Double	123	745
C—N	Single	143	305
C═N	Double	138	615
C≡N	Triple	116	891

*C═O(CO$_2$)=799；
图中数值单位为kJ/mol。

这些关系都可以在势能图中靠曲线最低点的位置体现。

二、化学键的"同根同源"——离子键与共价键的关系

实际上，仅根据元素身份（金属或非金属）来确定化学键的种类是一种粗略的方法，因为该方法主要靠金属与非金属的电负性差异一般较大总结而来，并不全面，有很多例外情况出现（比如氯化铝AlCl$_3$是分子化合物）。

以两个原子A和B之间形成一个共价单键为例，不妨将其类比为A与B对共用电子对的"拔河"，把电负性比作原子的"力气"。当A的"力气"远大于B（一般来说$\Delta EN > 1.7$）时，共用电子对被"拉"向A，直到共用电子对完全属于A。共用电子对中的1个电子本就属于A，因此A净得到1个电子，成为带1个负电荷的阴离子A$^-$。同时，B净失去1个电子，成为带1个正电荷的阳离子B$^+$。然后两个携带相反电荷的离子受到静电作用，最终形成的是离子键而非共价键。

而如果两个原子的"力气"差距不大，共用电子对就无法被其中一方得到或失去，而是位于两原子之间。假如两原子是同种元素（$\Delta EN = 0$）或者电负性差异非常小（一般来说$\Delta EN < 0.4$），共用电子对就会位于两原子的"正中间"，形成非极性键。

假如电负性差异既没有大到能发生电子得失，又没有小到几乎无差异，那么共用电子对仍会位于两原子之间，但是距离上更靠近电负性大的一端，产生两个"极(dipole)"。这种电子对"不均匀共用"所形成的就是极性键。由于共用电子对的偏移，电负性更大的原子会带"部分负电荷"，用δ^-表示。不带完整的1个负电荷是因为它并没有完全得到共用电子对。同时，电负性更小的原子会带"部分正电荷"，用δ^+表示。

可以看到，离子键和共价键的形成本质上是一样的，其关键在于电负性差异。离子键与共价键之间并没有明确的界限，而是连续、过渡的，如图2-6所示。

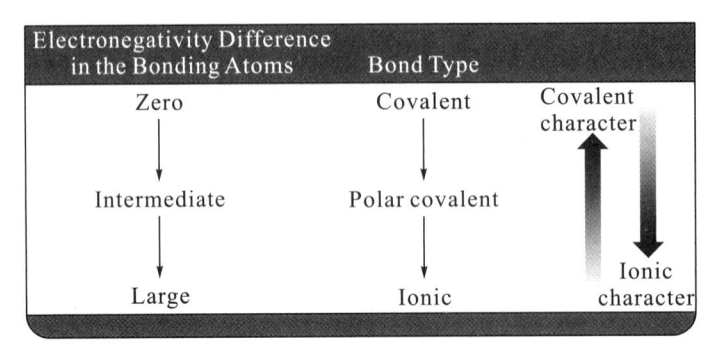

图2-6 共价键与离子键之间的过渡关系

换句话说，除了当两原子完全相同，形成的是100%共价键外，其余所有的共价键都有"离子键的特性（ionic character）"，或者说所有离子键都有"共价键的特性（covalent character）"。

ΔEN 越大，键的"极性"越大，离子键特性占比越多，δ^- 和 δ^+ 越强。根据元素周期律，一般来说，ΔEN 与元素在元素周期表中的距离（特别是横向距离）正相关。主族金属一般在元素周期表靠左的位置，主族非金属靠右，这就是金属元素与非金属元素之间一般形成离子键、非金属元素与非金属元素之间一般形成共价键的原因，同时也是气态氯化铝是分子化合物的部分原因。

ΔEN 的大小也是主观的，因此最准确地判断键的种类的方法是测试化合物的性质，比如熔融状态下的导电性等。

第二节　分子结构
Molecular Structures

考纲定位

2.5 Lewis Diagrams

2.6 Resonance and Formal Charge

2.7 VSEPR and Bond Hybridization

重点词汇

1. Octet rule 八隅体规则
2. Lewis diagram 路易斯结构式
3. Bonding pair 成键电子对
4. Lone pair 孤对电子

5. Formal charge 形式电荷
6. Resonance 共振
7. Free radical 自由基
8. Valence shell electron pair repulsion theory 价层电子对互斥理论
9. Electron domain 电子域
10. Dipole moment 偶极矩
11. Hybridization 杂化

考点简述

Lewis Diagrams:

1. Most atoms in molecules obey the *octet rule*.

2. *Lewis diagrams* of molecules display the distribution of valence electrons as *bonding pair* and *lone pair* electrons within a molecule.

Determining the Most Stable Structure:

1. *Formal charge* is used to determine the most stable Lewis structure.

2. *Resonance* is used as a refinement to the Lewis structure when several equivalent Lewis structures may be drawn.

3. Species containing an unpaired electron are called *free radicals*, and they cannot be accurately described by a Lewis diagram.

Molecular Geometry:

1. *Valence shell electron pair repulsion* (VSEPR) theory predicts bond angles and molecular shapes by assuming *electron domains* (lone pairs and bonding pairs) around the central atom repel each other.

2. A molecule containing nonpolar bonds only is a nonpolar molecule, and a molecule containing polar bonds may also be a nonpolar molecule due to the cancellation of *dipole moments*. A molecule with a nonzero dipole moment is a polar molecule.

3. An atom is sp^3 *hybridized* if there are 4 electron domains around it in a molecule, sp^2 hybridized if there are 3 electron domains around it, and sp hybridized if there are 2 electron domains around it.

知识详解

一、路易斯结构式

分子化合物常用路易斯结构式来表示，它展示了分子中原子价电子的分布情况，将分子中的价层电子分为成键电子对与孤对电子。分子的形成大多满足了原子的"八隅体规则"，即最外层电子达到8个（氢最外层达到2个），与稀有气体相同，但也有

例外。

比如 BF_3、$AlCl_3$ 和 $BeCl_2$ 的路易斯结构式如图 2-7 所示。

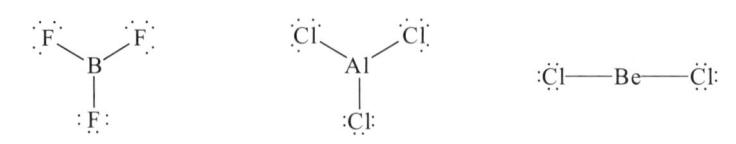

图 2-7 BF_3、$AlCl_3$ 和 $BeCl_2$ 的路易斯结构式

中心原子的周围不满 8 个电子，处于"电子缺失（electron deficient）"的状态，它们在化学反应中容易接受一对外来的孤对电子形成"配位键（co-ordinate bond 或 dative covalent bond）①"。

又比如 SF_6、PCl_5 的路易斯结构式如图 2-8 所示。

图 2-8 SF_6、PCl_5 的路易斯结构式

中心原子的周围超过了 8 个电子。第三周期及以后元素的原子可以处于"超价（hypervalent）"的状态，因为从第三周期开始，元素开始有 d 亚层容纳更多的电子②。

当知道某分子或多原子离子的化学式时，即可尝试画出它的路易斯结构式：

（1）确定中心原子。

①如果分子内某元素的原子只有 1 个，它很有可能是中心原子。

②碳通常是中心原子，它的 4 个价电子会形成 4 个共价键。

③氢不可能是中心原子，它的 1 个价电子只能形成 1 个共价键。

④卤素一般不是中心原子，它们常用一个未成对电子形成 1 个共价键，并余下 3 对孤对电子。

⑤卤素和氧结合时可以是中心原子，比如 ClO_4^- 的路易斯结构式如图 2-9 所示。

图 2-9 ClO_4^- 的路易斯结构式

⑥氧通常不是中心原子，它用 2 个未成对电子形成 2 个共价键，并余下 2 对孤对电子。

---

① 配位键的形成是共用电子对由一个带有孤对电子的原子提供，与一个电子缺失的原子成键；共价键是两个电子各提供 1 个电子。配位键仅形成过程不同，形成后与共价键的键长、键能相同。

② 第三周期元素有 3d 亚层，但其中没有电子，在电子排布式中不体现。

⑦氮可以是中心原子，它用3个未成对电子形成3个共价键，并余下1对孤对电子。

（2）计算分子内所有原子的价电子之和。如果是多原子离子，还要根据所带电荷加减相应的电子数。

（3）将电子优先排列在非中心原子上以满足八隅体规则（或满足氢的两个电子），并保证其中一对电子是与中心原子的成键电子对。

（4）检验中心原子是否满足八隅体规则（除非是例外情况）：

①如果中心原子满足，但仍有价电子剩下，将剩下的价电子加到中心原子上作为中心原子的孤对电子。

②如果中心原子未满足，但价电子已经用完，则将非中心原子的孤对电子移动至中心原子和非中心原子之间作为成键电子对，形成双键或三键。

以 H_2O 为例：

（1）中心原子是 O。

（2）价电子总数是 $1×2+6=8$ 个。

（3）优先满足非中心原子 H 的 2 个电子，用掉 4 个价电子。

（4）还剩 4 个价电子，加到中心原子 O 上作为 2 对孤对电子。

H_2O 的路易斯结构式绘制流程如图 2-10 所示。

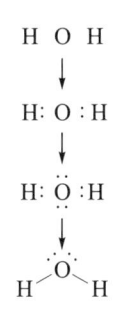

图 2-10　H_2O 的路易斯结构式绘制流程

再以 XeF_4 为例：

（1）中心原子是 Xe。

（2）价电子总数是 $7×4+8=36$ 个。

（3）优先满足 F 的 8 个电子，用掉 32 个电子。

（4）检查 Xe 是否满足 8 电子：满足。

（5）还剩 4 个价电子，加到 Xe 上作为 2 对孤对电子。

XeF_4 的路易斯结构式绘制流程如图 2-11 所示。

图 2-11 XeF₄ 的路易斯结构式绘制流程

最后以 CO_2 为例：

(1) 中心原子是 C。
(2) 价电子总数是 $6 \times 2 + 4 = 16$ 个。
(3) 优先满足 O 的 8 个电子，用掉 16 个电子。
(4) 检查 C 是否满足 8 电子：不满足，只有 4 个电子。
(5) 没有剩余的价电子，从两个 O 上各移动一对孤对电子，与 C 形成双键。

CO_2 的路易斯结构式绘制流程如图 2-12 所示。

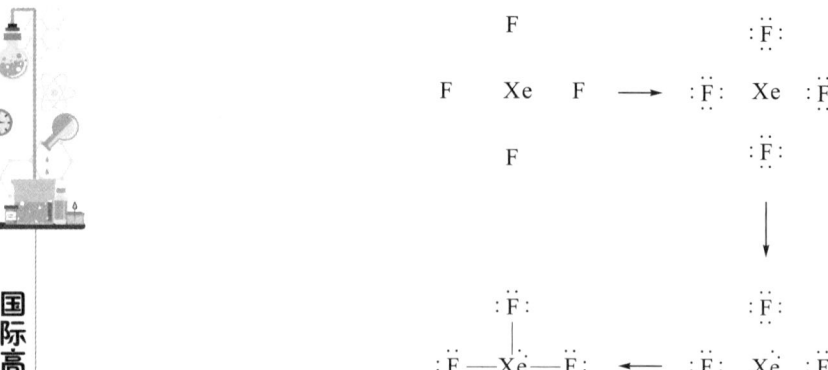

图 2-12 CO_2 的路易斯结构式绘制流程

1. 不同结构的选择——形式电荷

有的时候，根据上面学习的步骤画路易斯结构式，可能画出多个结构。

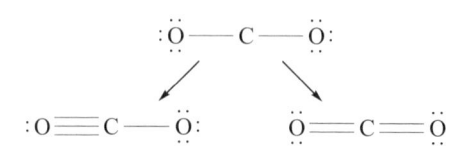

比如 CO_2，最后一步需要移动 O 的孤对电子和 C 形成多键，这时可以两个 O 一方移动一对孤对电子，形成两个双键；也可以其中一个 O 移动两对孤对电子，形成一个三键，而另一个 O 保持一个单键和 3 对孤对电子，如图 2-13 所示。那么，到底哪个结构才是正确、稳定的呢？

图 2-13 CO_2 路易斯结构式的两种可能

人们通过一些假设，根据孤对电子和成键电子的情况，给分子中的原子分配一定数量的电荷，称作"形式电荷"。形式电荷的计算方式如下：

形式电荷＝原子本身的价电子数－分子中该原子未成键电子数－$\frac{1}{2}$×分子中该原子成键电子数

分子或多原子离子中：

（1）越多原子的形式电荷为0，分子越稳定。

（2）如果需有原子的形式电荷不等于0，电负性更大的原子将携带负的形式电荷。

（3）分子中所有原子的形式电荷之和为0，多原子离子中所有原子的形式电荷之和为离子所带电荷数。

以 SO_4^{2-} 为例：

（1）S 属于第三周期元素，可以处于超价状态。因此其结构有5种可能①。

（2）计算每个原子的形式电荷，发现右下角结构有更多的0。但是，氧的电负性强于硫，负的形式电荷应该在氧上。

（3）右上角的结构是最稳定的。

SO_4^{2-} 的5种路易斯结构式的形式电荷如图2-14所示。

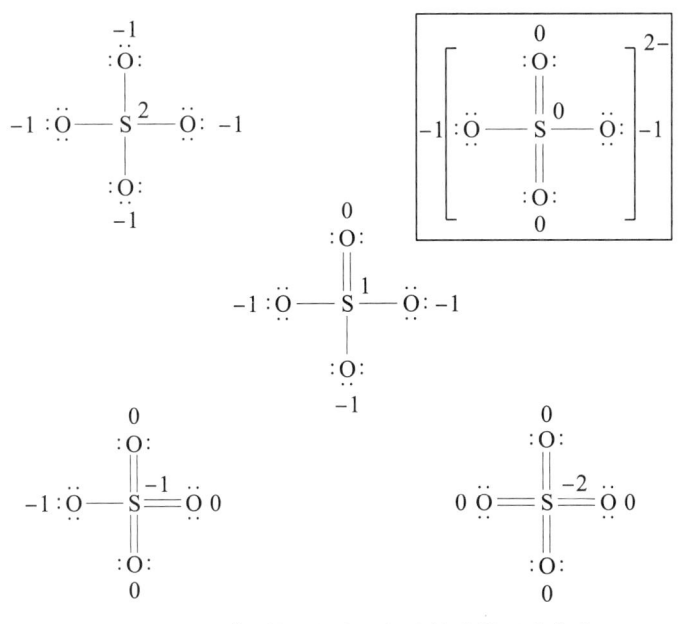

图 2-14　SO_4^{2-} 的 5 种路易斯结构式的形式电荷

再以 NOCl 为例：

（1）无法确定中心原子，因此需要列出所有可能，共6种。

（2）左边中间的结构是最稳定的。

NOCl 的6种路易斯结构式的形式电荷如图2-15所示。

---

① O 只有2个未成对电子，因此一般不形成三键。这里为了简便，省略了 O 形成三键的情况。

$$\ddot{\text{N}}=\text{O}-\ddot{\text{C}}\text{l}: \qquad :\ddot{\text{N}}-\text{O}=\ddot{\text{C}}\text{l}$$
$$-1 \quad\ 1 \quad\ 0 \qquad\qquad -2 \quad\ 1 \quad\ 1$$

$$\boxed{\ddot{\text{O}}=\text{N}-\ddot{\text{C}}\text{l}:} \qquad :\ddot{\text{O}}-\text{N}=\ddot{\text{C}}\text{l}$$
$$\ \ 0 \quad\ 0 \quad\ 0 \qquad\qquad -1 \quad\ 0 \quad\ 1$$

$$\ddot{\text{N}}=\text{Cl}-\ddot{\text{O}}: \qquad :\ddot{\text{N}}-\text{Cl}=\ddot{\text{O}}$$
$$-1 \quad\ 2 \quad -1 \qquad\qquad -2 \quad\ 2 \quad\ 0$$

图 2-15　NOCl 的 6 种路易斯结构式的形式电荷

最后以 OCN⁻ 为例：

（1）无法确定中心原子，因此需要列出所有可能，共 9 种。

（2）上边中间和右上角的结构都有 2 个 0，但氧比氮的电负性强，负的形式电荷应该在氧上。

（3）右上角的结构是最稳定的。

OCN⁻ 的 9 种路易斯结构式的形式电荷如图 2-16 所示。

$$:\text{O}=\text{C}-\ddot{\text{N}}: \qquad \ddot{\text{O}}=\text{C}=\ddot{\text{N}} \qquad \boxed{[:\ddot{\text{O}}-\text{C}\equiv\text{N}:]}$$
$$\ \ 1 \quad\ 0 \quad -2 \qquad\ \ 0 \quad\ 0 \quad -1 \qquad\quad -1 \quad\ 0 \quad\ 0$$

$$:\text{C}\equiv\text{O}-\ddot{\text{N}}: \qquad \ddot{\text{C}}=\text{O}=\ddot{\text{N}} \qquad :\ddot{\text{C}}-\text{O}\equiv\text{N}:$$
$$-1 \quad\ 2 \quad -2 \qquad\ -2 \quad\ 2 \quad -1 \qquad\ -3 \quad\ 2 \quad\ 0$$

$$:\text{C}=\text{N}-\ddot{\text{O}}: \qquad \ddot{\text{C}}=\text{N}=\ddot{\text{O}} \qquad :\ddot{\text{C}}-\text{N}\equiv\text{O}:$$
$$-1 \quad\ 1 \quad -1 \qquad\ -2 \quad\ 1 \quad\ 0 \qquad\ -3 \quad\ 1 \quad\ 1$$

图 2-16　OCN⁻ 的 9 种路易斯结构式的形式电荷

2. 等价结构的解释——共振

实验发现，如果一个分子或多原子离子可以画出多个等价（形式电荷分配相同）的路易斯结构，那么其真实结构实际上是这些结构的"平均值"或"重叠"，称为"共振"结构。参与共振结构的键有着完全相同的键长和键能，并且其键级、键长与键能将会介于单键与双键之间。

以 CO_3^{2-} 为例：

（1）根据步骤可以画出 3 种等价的结构，C═O 双键可以形成在任何一个氧和碳之间，3 种结构的形式电荷分配完全相同。

（2）真实的结构既不包含单键，也不包含双键，3 个碳氧键的键长、键能相等，介于 C—O 单键与 C═O 双键之间。CO_3^{2-} 的结构是完全对称的。

（3）共振结构一般画作如图 2-17 所示。

图 2-17 CO_3^{2-} 的共振结构示意图

同样地，O_3、SO_4^{2-} 等也存在共振结构。

有机化学中最著名的共振结构存在于苯（benzene，C_6H_6），它是由 6 个碳原子组成的平面环状分子，每个碳上有一个氢，如图 2-18 所示。曾经人们认为苯环内是碳碳单键与碳碳双键交替的结构，但经过实验分析，苯的稳定性远高于一般含有碳碳双键的分子。因为苯环内存在共振现象，所有碳碳键有着相同的键长与键能，并且介于单键与双键之间。

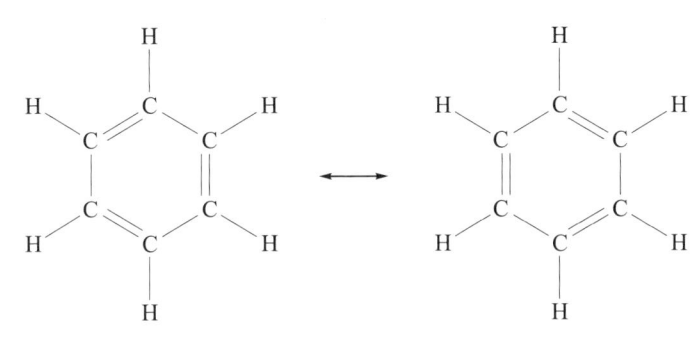

图 2-18 C_6H_6 的共振结构示意图

共振现象可以使得分子结构更加稳定。

3. 路易斯结构式的局限性

路易斯结构成功地预测了很多分子的结构，但它并不完美，特别是无法解释分子内价电子总数为奇数的分子结构，只能近似地描述。

以 NO_2 为例，按步骤最接近的结构如图 2-19 所示（还包含共振结构），其中氮不可能满足八隅体规则。

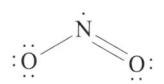

图 2-19 NO_2 的路易斯结构式示意图

像这样具有未成对电子的分子、原子或离子，叫作"自由基"，它们的化学性质特别活泼。

二、预测分子构型——价层电子对互斥（VSEPR）理论

虽然二氧化碳 CO_2 与二氧化硫 SO_2 都是三原子分子，但实验表明，CO_2 是直线型分子，键角为 180°，而二氧化硫是 V 型分子，键角约为 119°；在物理性质上，CO_2 难溶于水，而 SO_2 可溶于水（并与水反应生成亚硫酸 H_2SO_3）。通过分析两者的路易斯结

构，可以猜想是什么原因导致了它们构型的不同。

"价层电子对互斥理论"通过分子的路易斯结构中原子周围的电子对情况来解释并预测分子构型。它提出：分子内原子周围的价电子对会互相排斥，并最终形成可以使排斥力尽可能小的构型。

在路易斯结构中，分子中的价电子分为成键电子对和孤对电子。分子中原子周围的电子对，不管是成键电子对还是孤对电子，每对电子看作一个整体，称为"电子域"，电子域之间的距离将会尽可能远。值得注意的是，一个双键、一个三键或者一个共振结构中的键被视作一个电子域，即使它们含有超过两个电子。

回到 CO_2 和 SO_2 的构型。如图 2-20 所示，通过路易斯结构可以发现，CO_2 的中心原子碳的周围存在 2 个电子域（2 个双键），因此在三维空间中这 2 个电子域排斥力最小、距离最远的排列方式是夹角 180°；SO_2 的中心原子硫的周围存在 3 个电子域（2 个共振键和 1 对孤对电子），因此在三维空间中这 3 个电子域排斥力最小、距离最远的排列方式是位于一个平面，夹角 120°①。两个分子构型不同，一些性质也不同。

图 2-20　CO_2 和 SO_2 的结构示意图②

当分子中的中心原子周围分别有 2~6 个电子域时，它们的构型名称及部分键角见表 2-1。

表 2-1　分子构型及部分键角

Total Number of Electron Domains	Basic Geometry	Number of Lone Pairs	Diagram	Molecular Shape	Example
2	Linear	0	B—A—B 180°	Linear	$BeCl_2$
3	Trigonal Planar	0	120°	Trigonal Planar	BF_3
3	Trigonal Planar	1	<120°	Bent/V-Shaped/Angular	$SnCl_2$

---

① 实际键角略小于 120°。
② 共振结构中也可用虚实线表示参与共振的键。

续表

Total Number of Electron Domains	Basic Geometry	Number of Lone Pairs	Diagram	Molecular Shape	Example
4	Tetrahedral	0		Tetrahedral	CH_4
		1		Trigonal Pyramidal	NH_3
		2		Bent/ V-Shaped/ Angular	H_2O
5	Trigonal Bipyramidal	0		Trigonal Bipyramidal	PCl_5
		1		See-saw	SF_4
		2		T-shaped	ICl_3
		3		Linear	I_3^-

续表

Total Number of Electron Domains	Basic Geometry	Number of Lone Pairs	Diagram	Molecular Shape	Example
6	Octahedral	0		Octahedral	SF_6
		1		Square Pyramidal	IF_5
		2		Square Planar	XeF_4

注意到当分子内中心原子周围存在孤对电子时，剩下的键角会略小于没有孤对电子情况下的键角，这是因为成键电子对受到中心原子和非中心原子两个原子核的吸引，而孤对电子仅受中心原子的原子核吸引，在距离上更靠近中心原子，因此对其他电子域的排斥更大。此外，如果非中心原子属于两种或两种以上的元素，也可能导致键角的变化。

另外，三角双锥（trigonal pyramidal）构型中存在两种键角，即平面中三个电子域之间的120°夹角，以及垂直于该平面的两个电子域与该平面的90°夹角。当其中1~3个电子域为孤对电子时，孤对电子将会优先占据平面上的3个电子域，避免和其他电子域更多地呈排斥力更大的90°夹角。

1. 复杂分子的构型

几乎所有含碳元素的分子都是有机分子，许多有机分子都具有较复杂的结构。碳一般形成4个共价键（其中可能包含双键或三键），氢形成1个共价键，氧形成2个共价键并剩余两对孤对电子，氮形成3个共价键并剩余一对孤对电子，卤素原子形成1个共价键并剩余三对孤对电子。

当有机分子中仅含有一个碳时，它一般是中心原子。比如，CH_2Cl_2，CHF_3，CH_3OH的分子结构如图2-21所示。

图 2-21　CH_2Cl_2，CHF_3，CH_3OH 的分子结构

当有机分子中含有多个碳时，碳之间倾向于以单键、双键或三键形成链或环。比如，C_2H_6，C_2H_4，C_2H_2，CH_3CH_2OH 的分子结构如图 2-22 所示。

图 2-22　C_2H_6，C_2H_4，C_2H_2，CH_3CH_2OH 的分子结构

有机分子中的键角与表 2-1 中的分子一样，只需将任意一个原子看作中心原子，分析其周围的电子域情况即可，如图 2-23 所示。

图 2-23　CH_3CH_2OH 分子中的大致键角

2. 分子极性

共价键分为极性键与非极性键，其极性是由两个原子的电负性差异导致的，这样的差异造成了共用电子对的偏移，并在共价键两端的原子上产生了分别带部分正电和部分负电的两极。很明显，一个仅含有非极性键的分子（习惯上还包括极性极小的键，如 C—H 键）是"非极性分子"，电子在分子中均匀分布，分子作为一个整体没有带电的极。

但是，一个含有极性键的分子却并不一定是"极性分子"。因为分子的极性是分子内共价键的极性的"总和"，这就需要通过分子构型来分析了。

氟化氢分子 HF 含有极性很大的 H—F 键，是一个极性分子。因为它是一个双原子分子，仅含有一个极性键，该键导致了整个分子中电子的不均匀分布，如图 2-24 所示，其中氢一端电子密度较小，氟一端电子密度较大。

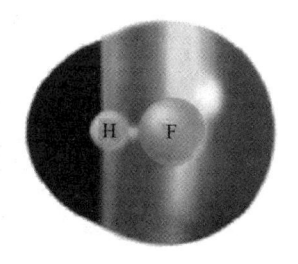

图 2-24　HF 分子中的电子分布示意图

分子或键的极性一般用"偶极矩"来表示。偶极矩是一个矢量，其大小代表极性的大小，方向是从负电中心指向正电中心。H—F 键的偶极矩就是氟化氢分子的偶极矩，如图 2-25 所示。

图 2-25　HF 分子和 H—F 键的偶极矩示意图

更直观地，想象一垂直平面，可将氟化氢分子分割为带正电的一端（氢）和带负电的一端（氟）。若把数个氟化氢分子置于一个均匀电场中，它们都将会规律排列，氢一端指向电场负极，氟一端指向电场正极，如图 2-26 所示。

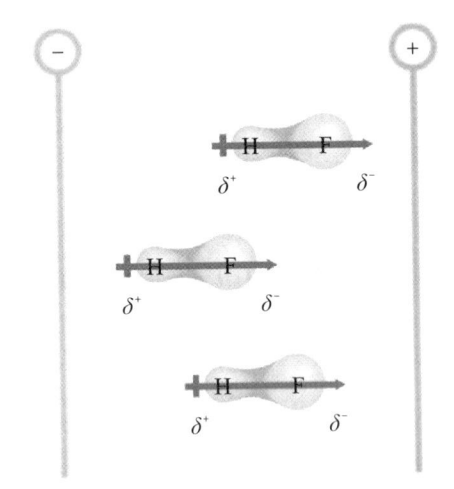

图 2-26　HF 分子在均匀电场中的统一朝向

这种在电场作用下的统一朝向是极性分子的显著特点。

但是，若画出 CO_2 分子中两个 C=O 的偶极矩，会发现它们相互抵消（矢量和为 0），如图 2-27 所示。

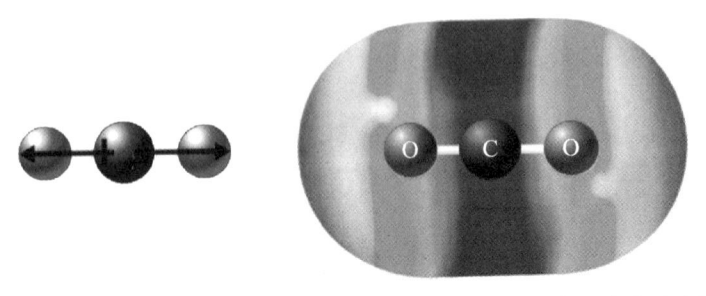

图 2-27　CO_2 分子中两个 C=O 的偶极矩示意图（左）及电子分布示意图（右）

虽然两端的氧处电子密度更大，中心的碳处电子密度更小，但是与氟化氢不同，该分子无法被一个平面切割为带正电的一端和带负电的一端。将 CO_2 分子置于电场中，它们无法具有统一的朝向。因此，虽然 C=O 是一个极性很大的键，CO_2 却是一个非极性分子，偶极矩为 0。

事实上，表 2-1 中，中心原子不含孤对电子的分子构型都是对称的，如果它们的非中心原子都是同种元素，那么该分子就是非极性分子，因为偶极矩抵消。图 2-28 提供了部分实例。

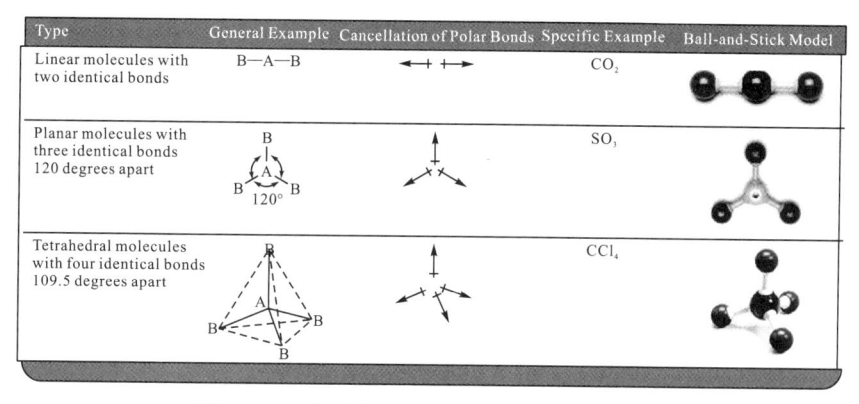

Type	General Example	Cancellation of Polar Bonds	Specific Example	Ball-and-Stick Model
Linear molecules with two identical bonds	B—A—B	↔	CO_2	
Planar molecules with three identical bonds 120 degrees apart			SO_3	
Tetrahedral molecules with four identical bonds 109.5 degrees apart			CCl_4	

图 2-28　部分含有极性键的非极性分子结构

大部分中心原子含孤对电子的构型都是不对称的，偶极矩矢量和不为 0，比如图 2-29 中的 H_2O 分子。该分子可以用一个垂直的平面分割为带正电的一端（左侧）和带负电的一端（右侧），在电场中也会有统一的朝向。

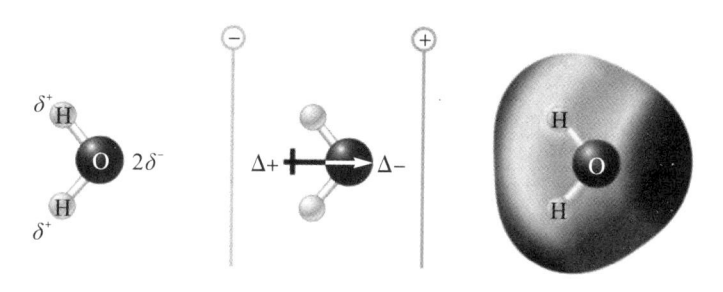

图 2-29　H_2O 分子的电荷分布、偶极矩、电场朝向、电子分布示意图

思考 2-1

Which geometries in Table 2-1 with lone pairs on the central atom are nonpolar if the noncentral atoms are of the same element? Are CH_2F_2 and C_2Cl_4 polar or nonpolar, respectively?

三、价键理论（valence bond theory）

价层电子对互斥理论是基于路易斯结构来预测分子构型的，那么这种结构的画法和电子域的概念又是基于什么理论呢？

共价键是由两个原子共用电子所形成的。具体的共用方法在科学界有许多理论解释，其中比较直观和基础的是"价键理论"。它提出，共价键是由两个原子通过"重叠（overlap）"各自含有 1 个不成对电子的原子轨道形成的。

常见的分子中的原子的价电子原本处于 s 亚层或 p 亚层的轨道，它们的大致形状如图 2-30 所示，其中原子核位于原点。

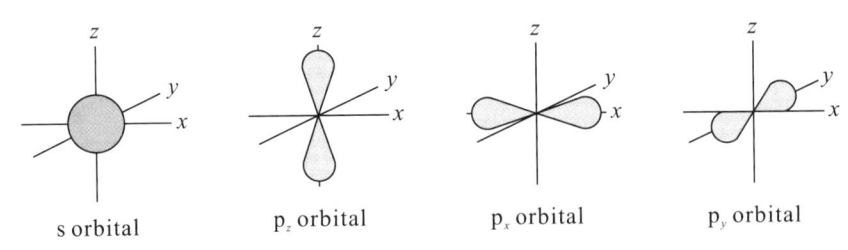

图 2-30 s 和 p 轨道的形状示意图

原子轨道的重叠方式有两种。第一种是"头碰头（head-to-head）"，这样形成的共价键被称为"σ 键（sigma bond）"。两个 s 轨道之间、一个 s 轨道和一个 p 轨道之间、两个 p 轨道正对的重叠，都会形成 σ 键，见表 2-2。

表 2-2 σ 键的形成过程

Atomic Orbitals	Overlapping Process	Example
s - orbital + s - orbital		H_2
s - orbital + p - orbital		HCl
p - orbital + p - orbital（head - to - head）		Cl_2

第二种是"肩并肩（shoulder-by-shoulder 或 parallel）"，这样形成的共价键被称为"π 键（pi bond）"。两个 p 轨道并排的重叠，会形成 π 键，见表 2-3。

表 2-3 π 键的形成过程

Atomic Orbitals	Overlapping Process
p - orbital + p - orbital (shoulder - by - shoulder)	

与 π 键相比，σ 键的重叠面积更大，键更强，因此当两个原子都使用 p 轨道进行成键时，它们优先形成 σ 键，比如 Cl_2。π 键并不会单独形成，而是在 σ 键形成之后，由剩余的 1 个或 2 个含有不成对电子的 p 轨道肩并肩重叠而成。

简单地说，常见分子中的单键都是 σ 键，双键都是由 1 个 σ 键和 1 个 π 键组成，三键都是由 1 个 σ 键和 2 个 π 键组成。

实验发现，相同两原子（比如碳碳）间的双键键能小于单键键能的两倍，这也印证了 σ 键的键能大于 π 键的理论。同时，如果仔细观察 σ 键和 π 键的轨道重叠方式，我们也可以发现，σ 键允许两端原子的旋转而自身不受影响，而 π 键由于最终的形状位于两原子核的上下两端，无法旋转。

思考 2-2

利用价键理论和分子构型知识，判断并解释以下两组分子是否是同分异构体。

(A)
```
    Br Br          Br  H
    |  |           |   |
H — C— C —H    H — C — C — Br
    |  |           |   |
    H  H           H   H
```

(B)
```
  Br     Br        Br      H
   \    /           \     /
    C= C             C = C
   /    \           /     \
  H      H         H       Br
```

价键理论解释了共价键的成因，但无法解释许多分子的构型与轨道中电子的关系。比如：碳的电子排布式为 $1s^2 2s^2 2p^2$，即价层轨道为 2s 和 2p，其中 2s 轨道中含有一对成对电子，三个 2p 轨道中有两个轨道各含有一个未成对电子，第三个 p 轨道为空轨道。按照价键理论，2s 轨道不应参与成键，两个 2p 轨道之间的夹角为 90°，分别可与一个氢的 1s 轨道重叠形成两个 σ 键，最终形成 CH_2 分子。其中，中心原子 C 上含有一对孤对电子，两个 C—H 键呈 90°。

但是，碳和氢结合所产生的最简单稳定的分子是甲烷分子 CH_4。CH_4 的构型为正四面体，4 个 C—H 键的键能与键长完全相同，两两之间的夹角为 109.5°，是一个结构对称的非极性分子。

"轨道杂化理论"在价键理论的基础上解释了此现象，即当原子形成分子时，能量相近的原子轨道会进行融合，形成新的轨道进行成键，达到最终分子能量最低的目的。在甲烷分子中，碳原子的 1 个 2s 轨道和 3 个 2p 轨道融合，形成了 4 个分布均匀（夹角为 109.5°）、能量相同的"sp^3 杂化轨道（sp^3 hybrid orbital）"，如图 2-31 所示。

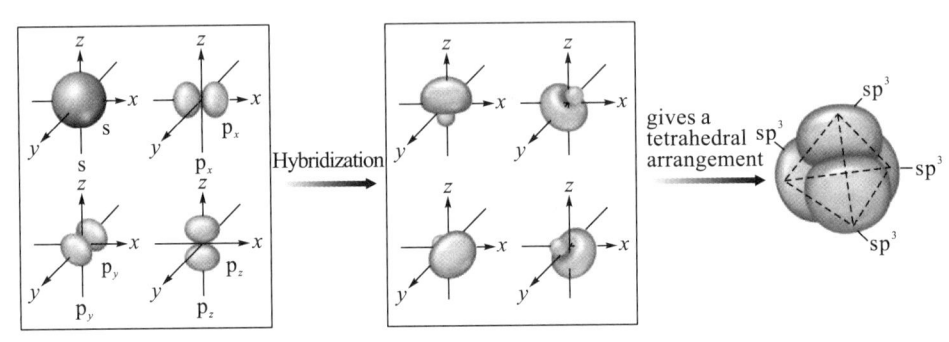

图 2-31 sp^3 杂化过程示意图

根据泡利不相容原理，碳原来的 4 个价电子现在优先占据 4 个杂化轨道而不成对。因此这 4 个杂化轨道可以与其他原子（比如 H、Cl 等）的 s 轨道或 p 轨道形成 4 个夹角为 109.5° 的 σ 键，如图 2-32 所示。

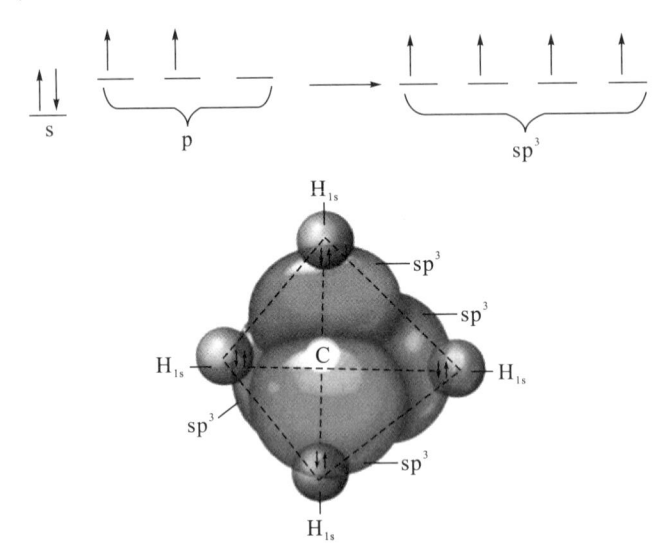

图 2-32 碳 sp^3 杂化后的价电子能量图（上）和 CH_4 分子的成键示意图（下）

这种由 1 个 s 轨道和 3 个 p 轨道参与的杂化方式被称为"sp^3 杂化（sp^3 hybridization）"。sp^3 杂化可以解释 CH_4 分子的正四面体构型。

实际上，所有主族元素原子作为分子的中心原子，且周围电子域数量为 4 个，即当基础构型（包含孤对电子的构型）为正四面体时，都是 sp^3 杂化。

思考 2-3

试用轨道杂化理论解释 H_2O、NH_3、C_2H_6 分子的构型。

相似地，当主族元素原子作为分子的中心原子，且周围电子域数量为 3 个，即基础构型为平面三角形时，属于 sp^2 杂化。原子的 1 个 s 轨道和 2 个 p 轨道融合，形成了 3 个分布均匀（同一平面夹角为 120°）、能量相同的 sp^2 杂化轨道，并且剩下 1 个垂直于该平面的 p 轨道，如图 2-33 所示。

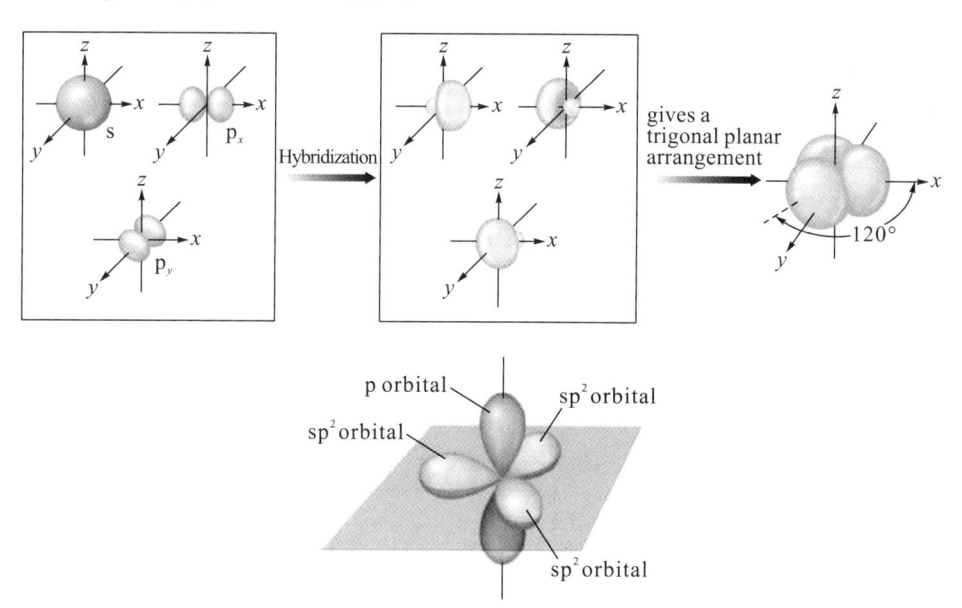

图 2-33 sp^2 杂化过程示意图（上）及杂化后轨道情况示意图（下）

乙烯分子 C_2H_4 中，六个原子共平面，且键角均约为 120°，两个碳原子周围存在 3 个电子域（2 个单键、1 个双键），因此两个 C 都是 sp^2 杂化，碳的 4 个价电子分别占据 3 个 sp^2 杂化轨道和 1 个 p 轨道，如图 2-34 所示。

图 2-34 碳 sp^2 杂化后的价电子能量图

在 C_2H_4 分子中，碳的 3 个 sp^2 杂化轨道分别与两个氢的 s 轨道和另一个碳的 sp^2 杂化轨道形成 3 个同一平面、夹角为 120°的 σ 键。同时，两个碳剩下的 p 轨道肩并肩，

形成平行于碳碳 σ 键的 1 个 π 键，如图 2-35 所示。

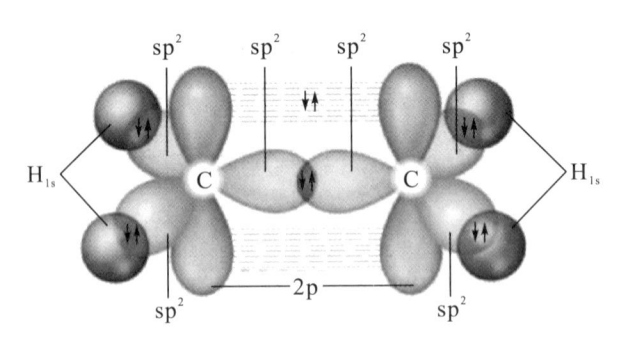

图 2-35　C_2H_4 分子的成键示意图

思考 2-4

试分析乙醛分子（CH_3CHO）中碳原子和氧原子的杂化情况。

当主族元素原子作为分子的中心原子，且周围电子域数量为 2 个，即基础构型为直线型时，属于 sp 杂化。原子的 1 个 s 轨道和 1 个 p 轨道融合，形成了 2 个分布均匀（夹角为 180°）、能量相同的 sp 杂化轨道，并且剩下 2 个垂直于该直线且相互垂直的 p 轨道，如图 2-36 所示。

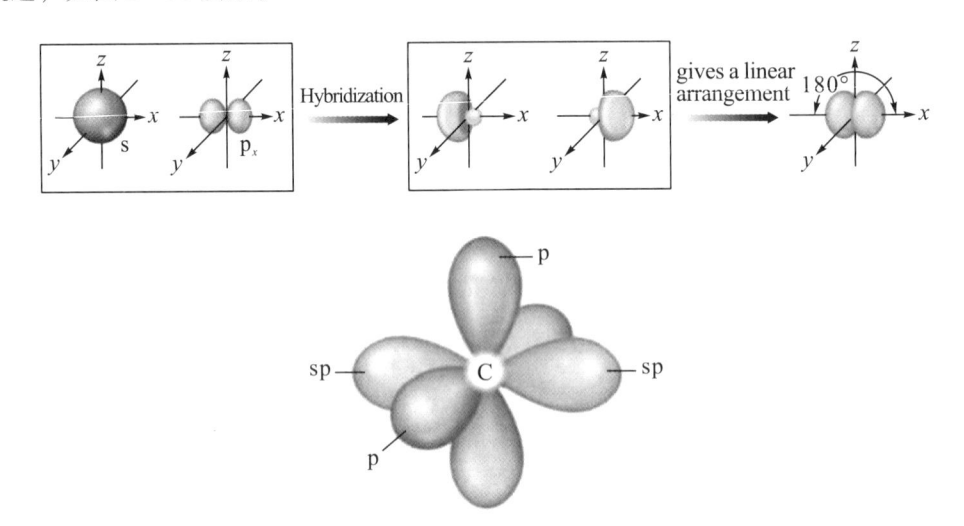

图 2-36　sp 杂化过程示意图（上）及以碳为例的杂化后轨道情况示意图（下）

乙炔分子 C_2H_2 中含有碳碳三键，并且 4 原子共直线，因此两个碳都是 sp 杂化，碳的 4 个价电子分别占据 2 个 sp 杂化轨道和 2 个 p 轨道，如图 2-37 所示。

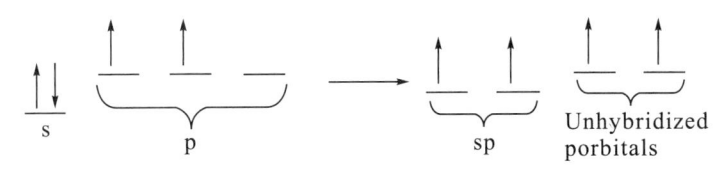

图 2-37 碳 sp 杂化后的价电子能量图

在 C_2H_2 分子中,碳的 2 个 sp 杂化轨道分别与一个氢的 s 轨道和另一个碳的 sp 杂化轨道形成 2 个夹角为 180°的 σ 键。同时,两个碳分别剩下的 2 个 p 轨道肩并肩,形成平行于碳碳 σ 键的 2 个 π 键,如图 2-38 所示。

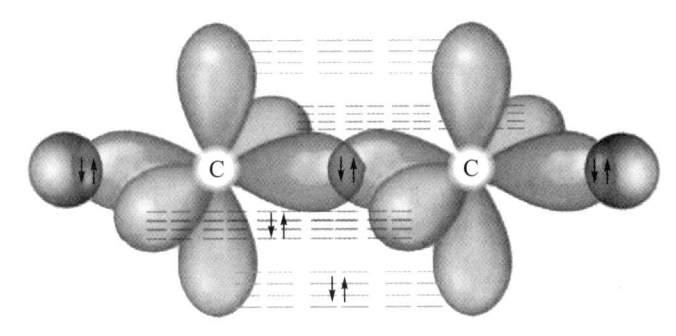

图 2-38 C_2H_4 分子的成键示意图

思考 2-5

试分析 CO_2、N_2、HCN 分子中除氢原子外的原子的杂化情况。

【公式汇总】

$$FC = number\ of\ valence\ e^- - number\ of\ nonbonding\ e^- - \frac{1}{2} \times number\ of\ bonding\ e^-$$

第三章 由微观到宏观——物质
From Micro to Macro - Matters

第一节 物质的状态、转化与性质
States of Matter, Phase Change, and Properties

考纲定位

2.3 Structure of Ionic Solids

2.4 Structure of Metals and Alloys

3.2 Properties of Solids

3.3 Solids, Liquids, and Gases

重点词汇

1. Solid 固态
2. Liquid 液态
3. Gas 气态
4. Crystalline 晶体的
5. Lattice 晶格
6. Amorphous 非晶体的
7. Molar volume 摩尔体积
8. Melting/boiling point 熔/沸点
9. Vapor pressure 蒸汽压
10. Ionic solid 离子固体
11. Metallic solid 金属固体
12. Substitutional alloy 替代合金
13. Interstitial alloy 间质合金
14. Molecular solid 分子固体
15. Network covalent solid 网状共价固体

考点简述

Three States of Matter:

1. ***Solid***, ***liquid***, and ***gaseous*** states of a substance is differed by the distance between its

particles.

2. A ***crystalline*** solid has its particles arranged regularly in a ***lattice***, while an ***amorphous*** solid has no regular arrangement of particles.

3. A substance in solid and liquid states have similar ***molar volumes***.

4. Gases can be easily compressed.

Phase Change:

1. In general, the ***melting*** and ***boiling points*** of a substance are positively related to the strength of its interparticle forces.

2. In general, the ***vapor pressure*** of a substance is negatively related to its melting and boiling points.

Types of Solids and Their Properties:

1. ***Ionic solids*** possess a lattice formed by alternating cations and anions. They have high melting and boiling points and low vapor pressures, they can only conduct electricity when molten or dissolved in water, and they are brittle.

2. ***Metallic solids*** possess a lattice formed by metal cations which are surrounded by delocalized electrons. They have high melting and boiling points and low vapor pressures, they are good conductors of electricity and heat, and they are ductile and malleable.

1) A ***substitutional alloy*** forms when atoms of the constituent elements, one of which being a metal, are of similar size.

2) An ***interstitial alloy*** forms when atoms of the constituent elements are significantly smaller than the atoms of the base metal.

3. ***Molecular solids*** possess a lattice formed by molecules. They have low melting and boiling points and high vapor pressures, and they do not conduct electricity.

4. ***Network covalent solids*** possess a lattice formed by covalently bonded atoms. They have high melting and boiling points and low vapor pressures. Most of them do not conduct electricity, and most of them are rigid and hard.

Graphite conducts electricity and is soft along a certain axis.

知识详解

一、物质的三态

人们根据研究物质的性质和宏观现象及规律，提出了"分子动理论（kinetic molecular theory，KMT）"。它认为物质是由大量微观粒子组成的，这些粒子处于不停歇的无规律热运动之中。该理论可以解释物质的三态（固态、液态、气态）所具有的特性。

1. 固体

固体拥有固定的体积和形状，这是因为构成固体的微粒紧密地堆叠在一起，它们只能在原位上振动（vibrate）。

纯净物的固体中，微粒一般是按一定的几何规律排列的，这样的固体称作"晶体"。如果把微粒简化为一个点，用假想的线将这些点连接起来，就会构成有明显规律性的空间格架，称作"晶格（lattice）"。晶格中不断重复的最小单元称作"晶胞（unit cell）"。

以氯化钠 NaCl 的固体为例，构成 NaCl 的微粒是钠离子 Na^+ 和氯离子 Cl^-，其晶胞是一个立方体，顶点上交替排列着两种离子，如图 3-1 所示。

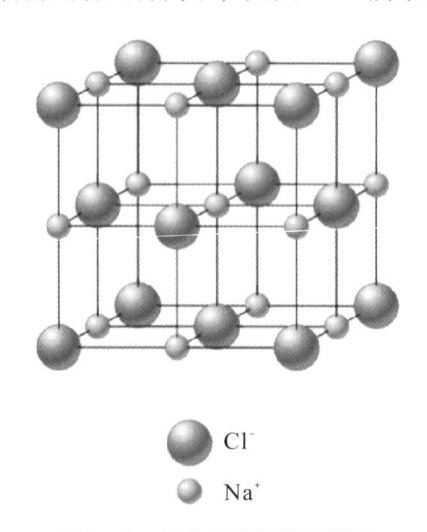

图 3-1 氯化钠的晶格示意图

很多混合物固体中的微粒没有规律地排列，这种固体称作"非晶体"。与晶体不同，非晶体没有固定的熔点，而是在加热过程中逐渐变软，然后由稠变稀，直到成为流体，比如玻璃、沥青、橡胶等。

2. 液体

液体拥有固定的体积，但没有固定的形状，这是因为构成液体的微粒虽然也是紧密接触的，但它们不再被固定在原位上，而是不断地在彼此之间运动和碰撞。

液体微粒的排列和运动在宏观上的其中一个表现是"黏度（viscosity）"。比如水和蜂蜜，就具有黏度和流动性上的较大差异。这些排列和运动受到粒子极性、相互作用力和温度等影响，也从侧面印证了分子动理论。

由于粒子间的距离差别不大，相同物质的固体与液体通常具有相似的"摩尔体积（molar volume①）"。

3．气体

气体既没有固定的体积，也没有固定的形状，这是因为构成气体的微粒之间距离很大（通常远大于微粒本身的半径），导致粒子间的作用力几乎可以忽略不计，使它们得以不断地高速运动和相互碰撞。

相对于液体和固体，气体中微粒间的空隙特别大，因此它们可以轻松地被压缩（compressed）。这也导致相同的物质，一般其固体密度＞液体密度＞气体密度②。

二、三态之间的转化——相变（phase change）

同种物质三态的区别主要在其构成粒子之间的距离和运动模式上，温度的变化直接影响粒子的平均动能，最终改变其状态。因此可以推断，粒子间作用力是影响物质熔点与沸点的主要因素之一。物质熔化、沸腾需要外界升温，向其提供能量克服粒子间作用力；物质液化、凝固需要外界降温，物质顺应粒子间作用力放出能量。也就是说，物质的熔、沸点与其构成粒子间的作用力强弱呈正相关，如图3-2所示。

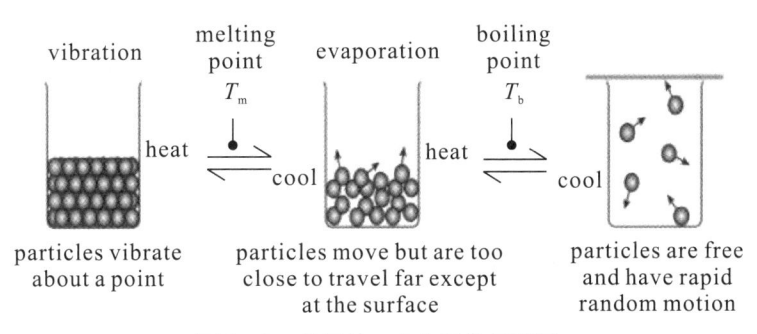

图3-2　物质的三态与转化示意图

不同类型的物质的构成粒子不同。比如分子化合物的构成粒子是分子，因此它们的固、液、气三态之间的差别主要在于分子之间的距离与运动方式，其熔、沸点随着分子间作用力的增强而升高；离子化合物的构成粒子是离子，因此它们的固、液、气三态之间的差别主要在于离子之间的距离与运动方式，其熔、沸点随着晶格能的增大而升高；金属的构成粒子是金属阳离子（与离域电子），因此它们的固、液、气三态之间的差别主要在于金属阳离子之间的距离与运动方式，其熔、沸点随着金属键强度的增加而升高。

---

① 摩尔体积是指1 mol（约6.022×10^{23}个）粒子所占据的体积。
② 由于分子间作用力导致冰中水分子间的空隙更大，液态水的密度大于冰，属于特殊情况。

特别要注意的是，分子化合物在相变过程中，其构成粒子——分子并不改变，比如冰、水、水蒸气都由水分子构成。因此分子化合物的熔、沸点与"分子内作用力（intramolecular forces）"——共价键的强弱没有关系，只与其分子间作用力有关。

影响沸点的主要因素不止粒子间作用力。在青藏高原用普通的锅是难以煮熟饭的，因为水在80℃左右就沸腾了，温度无法继续升高，必须用高压锅才能煮饭。那么同样是水，为什么在海拔不同的地区沸点不同呢？答案就是气压。这是影响物质沸点的另一重要因素。

无论温度如何，液体中，特别是液面上的粒子，总有一部分具有较高的动能，以至于可以摆脱粒子间作用力的束缚，冲出液面成为气体。在固定温度下，将水（或任意比例的液态水与水蒸气）装入一抽成真空的密闭容器中，如图3-3所示。

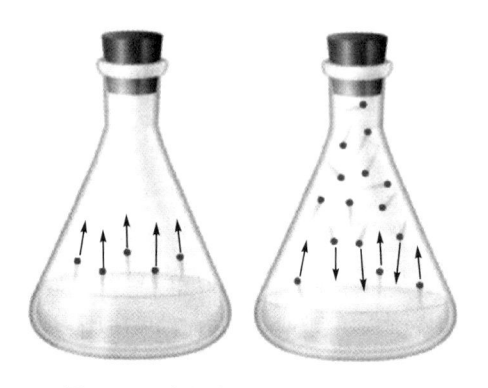

图3-3 密闭容器中水的气液平衡

位于液面的水分子会逐渐形成水蒸气进入上方的真空中。水蒸气的增加导致上方的气压增加，气态水分子也开始回到液面变回液态，并且随着气压的增加，气态水分子液化的速率逐渐增大。最终，只要容器中还存在液态水，该容器中水的汽化与液化的速率会相等，达到"气液平衡（vapor-liquid equilibrium）"，即液态水与水蒸气的量不再发生改变。此时容器中液面上方的气压称为水在该温度下的蒸汽压[①]。

因为处于平衡状态，所以蒸汽压既是气液平衡中气体的压强，又可以看作是液体向上"顶"的"力度"。因此，蒸汽压衡量了某液体的汽化倾向，并且很明显地，它随着温度的升高而增大——温度越高，粒子动能越大，向上"顶"的力度越大。

以暴露在大气中的液态水为例，液面上方的大气压向下压，阻碍着液体汽化。只要大气压大于水的蒸汽压，大气就能将水面"压住"。如果温度升高，水的蒸汽压随之增大，当液体的蒸汽压达到液面上方总气压时，粒子冲破其限制，水就会以沸腾的形式剧烈汽化，此时的温度称为此液体在该气压下的沸点。根据定义，100℃时水的蒸汽压等于1个大气压，因此在海拔为0、环境气压等于1个大气压的地带，水恰好沸腾。而在青藏高原，环境气压小于1个大气压，升温至80℃时水的蒸汽压就超过了环境气压，

---

① 除了液体汽化，固体的升华也可以用来测量该固体的蒸汽压。

开始沸腾，也就无法继续升温了。高压锅内，气压可以达到约 1.8 个大气压，水在约 120℃时才沸腾，因此可以保证在高原煮熟饭或者缩短烹饪时间。

总的来说，蒸汽压衡量了某物质在固定温度下变为气态的难易程度。相同温度下，液体越容易挣脱束缚变为气态，蒸汽压越大。因此可以推出，液体的蒸汽压与其构成粒子之间的作用力强弱呈负相关，与其沸点也呈负相关。

三、微观结构决定宏观性质——化学键与固体种类

原子间的成键类型决定了物质的结构，最终决定了其宏观性质。

纯净固体（晶体）中，粒子紧密堆叠，并且规律排列形成晶格，便于分析粒子间的相互作用，因此以固体为例，分类讨论常见的固体（晶体）种类，如离子晶体、金属晶体、分子晶体、网状共价晶体（原子晶体）。

1. 离子晶体

离子晶体的晶格由离子构成，其中阳离子与阴离子交错排列，以达到最大化吸引力、最小化排斥力的目的。比如最简单的以氯化钠 NaCl 固体为代表的立方晶格，如图 3-1 所示。

离子晶体结构中充斥着阴、阳离子间的静电作用力，需要较大的能量才能破坏其晶格，使离子移动，甚至变为气态。因此，离子化合物的熔、沸点普遍较高，并且在阴、阳离子比例相同的情况下[①]，离子化合物的熔、沸点与其离子键的晶格能呈正相关。事实上，所有的离子化合物在常温常压下都为固体。部分离子化合物的熔点见表 3-1。

表 3-1 部分离子化合物的熔点

Ionic Compound	Melting Point（℃）
NaCl	801
KCl	770
RbCl	718
MgO	2800
CaO	2572
SrO	2430
BaO	1923

电流是电荷的定向移动，因此物质要导电，就必须满足两个条件：具有带电粒子，且带电粒子可以自由移动。离子化合物是由带电荷的阴、阳离子构成的，但是在固体状态下无法导电，因为阴、阳离子无法移动，不满足第二个条件；离子化合物在熔融状态（液态）下和水溶液中可以导电，因为阴、阳离子可以自由移动，如图 3-4 所示。

---

① 实际上是晶体中粒子堆叠方式对熔、沸点有影响，但在 AP 阶段不考虑。

图 3-4　离子化合物导电原理示意图

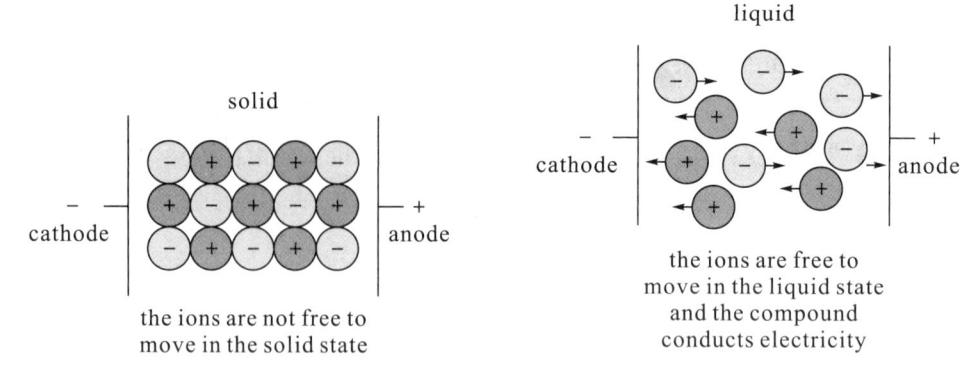

离子晶体具有"脆性（brittle）"，即在外力作用下倾向于断裂而非产生形变，比如氯化钠晶体在被按压时会碎成更细的粉末。注意不要把"脆"理解为"脆弱"，具有脆性的物质可以具有很高的强度，"脆"是指在超过其承受能力时碎裂，因此这样的物质常被形容为"硬而脆"。离子晶体的脆性是由于在外力冲击下晶格产生位移，导致带有相同电荷的离子相邻，互相排斥，最终断裂，如图 3-5 所示。

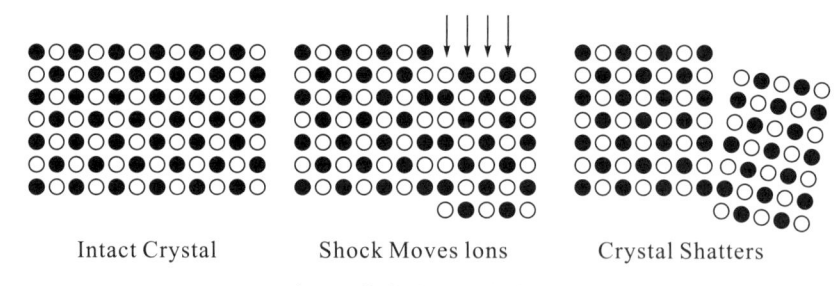

图 3-5　离子晶体在外力下碎裂的原理示意图

2. 金属晶体

金属晶体的晶格由金属阳离子构成，离域电子海围绕其周围，如图 3-6 所示。

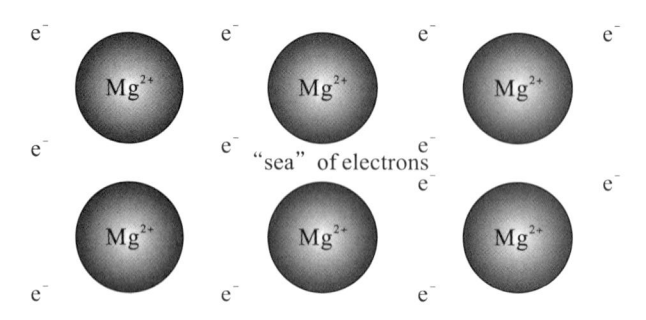

图 3-6　金属镁的内部结构示意图

每个金属原子贡献出价层电子，由整个金属结构均匀共享。金属键，即金属阳离子与离域电子之间的静电作用力，充斥在整个晶格中，并且由于离域电子可以自由移动，所以这种作用力具有"非方向性（nondirectional）"。金属一般具有较高的熔、沸点，并且一般熔、沸点与金属键强度呈正相关。在元素周期表中，除了汞在常温常压下为液态，其余金属单质均为固态。部分金属的熔点见表 3-2。

表 3-2　部分金属的熔点

Element	Melting Point（℃）
Na	98
K	63
Mg	651
Al	660
Cu	1083
Fe	1535
Ti	1675
Au	1062
Ag	961
W	3410

由于带负电的离域电子可以自由移动，所以金属（固态和液态）既可以导电，也是热的良导体（粒子动能的传导）。

金属具有"韧性""延展性（ductile/malleable）"，是"软"的。与具有脆性的离子化合物相反，金属在外力作用下倾向于变形，比如铜、铁可以被击打、压制成不同的形状。同样地，此处的"软"也不指"软弱"，很多金属和合金具有很高的强度，只是在超过其承受能力时产生形变。金属的延展性是由于金属键没有方向性，在外力作用下，金属晶格在阳离子重新排列后并未被破坏，因此可以维持形状，如图 3-7 所示。

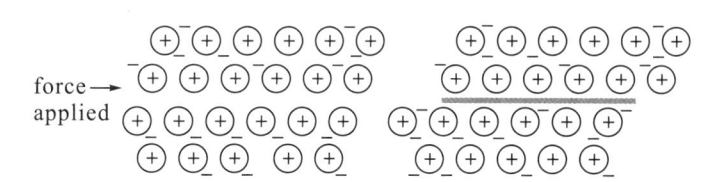

图 3-7　金属晶体在外力作用下变形的原理示意图

为了达到一些特定的应用标准，金属单质常会与其他金属或非金属进行混合，形成"固态溶液（solid solution）"——合金。合金一般会继承其组分的大部分性质，特别是导电性，因为离域电子受到的影响不大。同时，合金还可能具有更高的强度及硬度、更低的熔点、更强的抗腐蚀性等。

1）替代合金

当两种元素（至少一种为金属）的原子半径相似时，其混合物称为替代合金。替代合金中，合金中的主要成分——"基底金属（base metal）"的部分原子被其他元素

的原子替代。常见的替代金属有铜锌合金——"黄铜（brass）"（见图3-8）和铜锡合金——"青铜（bronze）"。

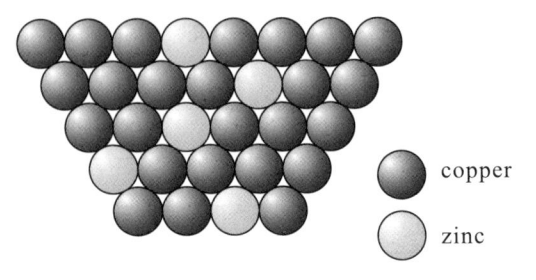

图3-8 黄铜的晶格示意图

2）间质合金

当与基底金属混合的元素的原子半径远小于基底金属原子半径时，其混合物称为间质合金。添加的原子填充进基底金属原子的间隙中，向结构中增添了额外的作用力，一定程度上阻碍了原晶格的滑动变形能力，使合金具有更高的脆性和硬度。其中最常见的间质合金是碳与铁的合金——碳钢，如图3-9所示。

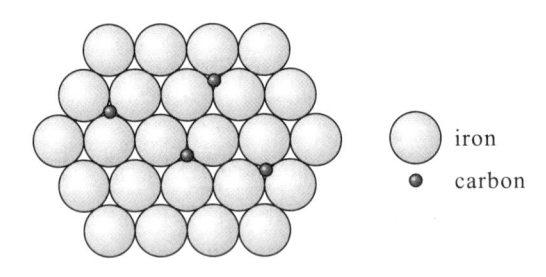

图3-9 碳钢的晶格示意图

3. 分子晶体

分子晶体的晶格由小分子构成[①]，如图3-10所示。

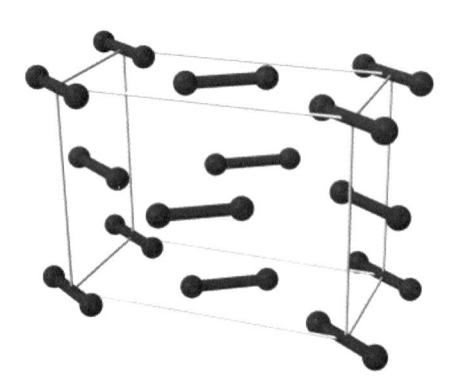

图3-10 固体碘单质的晶格示意图

[①] 稀有气体由原子构成，可看作"单原子分子"，其固体也属于分子晶体。

与离子晶体和金属晶体不同，分子晶体中存在两种主要的作用力：分子内作用力和分子间作用力。分子内作用力主要是指一个分子内部原子间的共价键作用，而分子间作用力是分子之间的相互作用。分子单质或化合物的相变只与分子间作用力有关，因此分子内共价键的键能对熔、沸点没有影响。

分子间作用力远弱于离子键、共价键、金属键这些化学键，因此分子单质或化合物的熔、沸点一般相对较低，并且熔、沸点与分子间作用力的强弱呈正相关。根据分子间作用力强弱的不同，不同分子单质或化合物在常温常压下有固态、液态、气态，但即使是固态和液态的分子单质或化合物，其蒸汽压都较高。比如双原子分子——碘单质在常温常压下是固体，但很容易升华为气体。部分分子单质或化合物的熔、沸点见表3–3。

表3–3　部分分子单质或化合物的熔、沸点

Molecular Element/Compound	Melting Point (℃)	Boiling Point (℃)
F_2	−219.6	−188.1
Cl_2	−101.0	−34.6
Br_2	−7.2	58.8
I_2	113.5	184.4
H_2O	0	100.0
$CO_2$①	—	−78.5

分子单质和化合物不导电，因为它们不含有可移动的带电粒子。但是部分分子化合物可以与水反应生成离子，使其水溶液导电，如氯化氢HCl溶于水形成盐酸溶液，二氧化硫SO_2与水反应生成亚硫酸溶液等。

4．网状共价晶体

网状共价晶体的晶格由共价键连接的原子构成。与分子晶体的晶格不同，网状共价晶体不是由一个个小分子组成的，而是晶格中所有原子都由共价键连接为一体，可以说整个结构就是一个"大分子"，如图3–11所示。

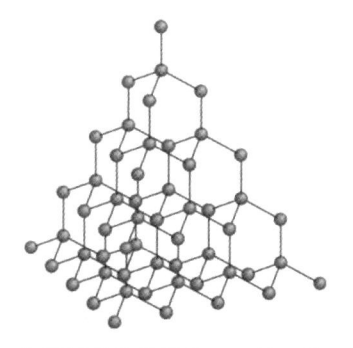

图3–11　典型网状共价晶体——钻石的晶格示意图

---

① 常压下，CO_2不存在液态。

对于网状共价晶体来说，熔化、汽化必须要破坏晶格中的共价键。由于共价键的键能相对较大，所以具有网状共价结构的物质都有很高的熔、沸点；同时，共价键所带来的作用力因为键角固定的原因还具有"方向性（directional）"，导致大多数网状共价晶体质地极硬。与分子单质或化合物一样，具有网状共价结构的物质一般不导电。常见网状共价单质或化合物的熔点见表3-4。

表3-4 常见网状共价单质或化合物的熔点

Network Covalent Element/Compound	Melting Point (℃)
C, diamond	3550~4000
C, graphite	3652~3697
Si, crystalline	1410
SiC	2700
SiO_2	1600~1700

网状共价晶体都是非金属单质或二元非金属化合物，常见的有碳单质（钻石、石墨）、硅单质（晶体硅）、二氧化硅 SiO_2、碳化硅 SiC。其中，钻石、晶体硅、碳化硅的结构相似，晶格中每个原子都为 sp^3 杂化，即与相邻4个原子形成夹角为109.5°的共价键，如图3-11所示。钻石是自然形成的最坚硬的物质，碳化硅常用作磨料。

二氧化硅的晶格中，每个硅原子与相邻的4个氧原子形成共价键，每个氧原子与相邻的2个硅原子形成共价键，如图3-12所示。二氧化硅是砂的主要成分，硬度很高，相机镜头、手机屏幕和车身等都常被环境中的砂刮花。

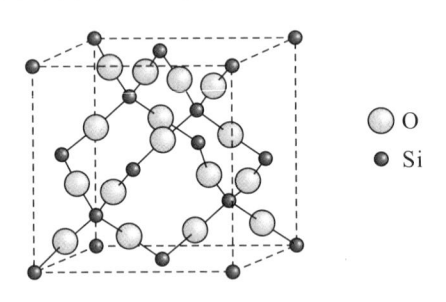

图3-12 二氧化硅的晶格示意图

石墨虽然含有网状共价结构，具有很高的熔、沸点，但是它的独特构造使得它在一定的方向上可以导电，并且质地很软。

石墨的晶格由很多"层"构成，单独的一层称为"石墨烯（graphene）"。每一层都是由 sp^2 杂化的碳原子构成，这意味着每层中的碳原子与相邻的3个碳原子形成夹角为120°的共价键，且所有原子共平面，因此看上去就像由正六边形构成的一个大分子。每个碳原子 sp^2 杂化后剩下的含有1个电子的p轨道垂直于原子所在平面，与其他碳原子剩下的p轨道相互肩并肩融合并最终形成"大π键"，其中的电子变为离域电子，如

图 3-13 所示。

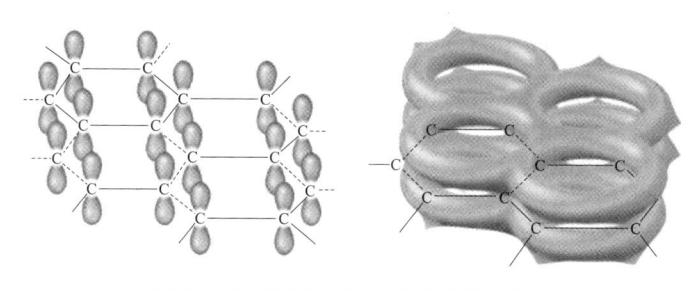

图 3-13 石墨中大 π 键的形成示意图

石墨中，每一层的大 π 键就像夹心一样被夹在两层碳原子平面之间，其中的离域电子可以在平行于层的方向上移动，因此石墨在该方向上可以导电，如图 3-14 所示。如果把一层看作一个大分子，那么层与层之间没有共价键连接，而是靠分子间作用力吸引，因此它们之间很容易平行滑动。

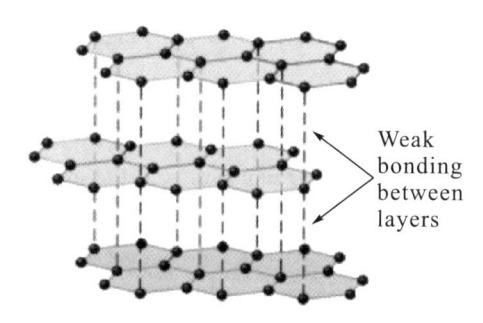

图 3-14 石墨的晶格示意图

石墨也因为此性质被用作铅笔的笔芯，以及固体润滑剂。

第二节　分子间作用力
Intermolecular Forces

考纲定位

3.1 Intermolecular Forces

重点词汇

1. Dipole–dipole forces 取向力
2. London dispersion forces 色散力/伦敦力
3. Polarizability 可极化性
4. Hydrogen bonding 氢键
5. Dipole–induced dipole interactions 诱导力
6. Ion–dipole forces 离子—偶极作用

考点简述

Most Common Intermolecular Forces:

1. *Dipole – dipole forces* act between polar molecules. Their strengths are positively related to the polarity of the molecules.

2. *London dispersion forces* act between all molecules. Their strengths are positively related to the *polarizability* of the molecules.

3. *Hydrogen bonding* is the strongest intermolecular forces, and it acts between a hydrogen atom that is covalently bonded to N, O, or F atom and another N, O, or F atom with lone pair electrons on a different molecule or a different region of the same molecule.

Other Interparticle Forces:

1. *Dipole – induced dipole interactions* act between a polar molecule and a nonpolar molecule. Their strengths are positively related to the polarity of the polar molecule and the polarizability of the nonpolar molecule.

2. *Ion – dipole forces* act between an ion and a polar molecule. Their strengths are positively related to the polarity of the polar molecule and the amount of charge on the ion, and negatively related to the size of the ion.

知识详解

一、分子间作用力

分子间作用力是影响分子单质或化合物熔、沸点的主要因素，它弱于化学键，因此分子单质或化合物的熔、沸点普遍低于离子化合物、金属和网状共价单质或化合物。分子间作用力主要有取向力、色散力和氢键三种。

1. 取向力

取向力存在于极性分子之间。该作用力主要是相邻极性分子中带相反部分电荷的极的静电吸引，如图 3 – 15 所示。

δ^+ (H Cl) δ^- δ^+ (H Cl) δ^-

图 3 – 15 相邻氯化氢分子间的取向力作用示意图

既然是静电作用力，那么其强度就可通过库仑定律描述。分子极性越大，分子内电子分布越不均匀，两极所带的部分电荷越强。因此，取向力的大小与分子极性呈正相关。

2. 色散力

想象两个相邻的非极性的二氧化碳 CO_2 分子，表面看来，两个分子间不应该存在静电作用力，因为它们不含有带电的两极。但是，固态的二氧化碳——干冰是存在的，说明二氧化碳分子之间一定存在某种吸引力。

事实上，不管是极性分子还是非极性分子，内部的电子分布在任意时刻都处于"波动（fluctuate）"状态中。这种波动会让分子中的电子分布不断变化，导致某些时刻分子出现"瞬时极（temporary/instantaneous dipole）"，这样的带电的极又会通过静电作用影响相邻分子的电子分布（比如带部分负电的瞬时极将相邻分子的电子"推"向远处，反之亦然），导致其产生"诱导极（induced dipole）"，出现了分子间的静电作用，如图 3-16 所示。不管是电子分布波动作用还是诱导作用，一个分子中极的产生过程被称作"极化（polarization）"。

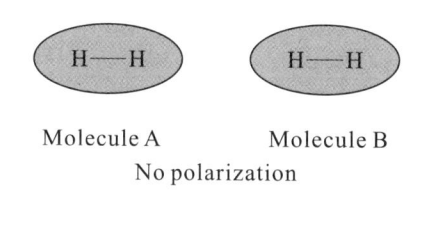

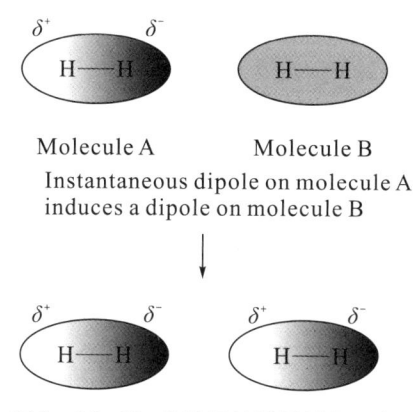

图 3-16 H_2 分子间的诱导过程示意图

虽然由于电子波动，瞬时极、诱导极、静电作用随时都在产生和消失，但最终分子间会形成净吸引力，被称作"色散力"或"伦敦力"。

色散力也是静电作用，根据库仑定律，其强度与两极所带的电荷量呈正相关。如果把分子中的电子看作笼罩在分子周围的"电子云（electron cloud）"，那么电子分布的波动就是电子云的变形——电子越聚集在分子一端，该侧的电子云体积越大，带负电越多，同时另一端带正电越多。电子云变形的难易程度和幅度就是分子极化的难易程度和幅度，即分子的"可极化性（polarizability）"。色散力的强度与分子的可极化性呈正相关。

1) 可极化性的影响因素之一——电子数量

一个分子中的电子总数越大，电子云的体积越大，越容易波动变形或被诱导变形。分子的相对分子质量与电子总数呈正相关，且更易获得，所以一般通过相对分子质量的比较来代替电子数量的比较。因此，在分子结构相似的情况下，相对分子质量较大的分子间存在更强的色散力，熔、沸点更高。比如，稀有气体、卤素单质等相似分子的熔、沸点趋势都符合该结论。稀有气体的熔点见表3-5。

表3-5 稀有气体的熔点（凝固点）

Element	Freezing Point（℃）
Helium	-269.7
Neon	-248.6
Argon	-189.4
Krypton	-157.3
Xenon	-111.9

由于色散力的产生是电子分布波动导致的，所有分子都含有电子，所以所有分子间都存在色散力。因此，在相对分子质量相似，即在色散力强度相似的情况下，极性分子一般比非极性分子的熔、沸点更高，因为极性分子间额外具有取向力，而非极性分子不具有。

2) 可极化性的影响因素之二——分子体积

电子总数相同，并不代表电子云体积一定相同。比如正丁烷与异丁烷，作为"同分异构体（isomer）"，所含原子种类和数量相同，分子式均为 C_4H_{10}，因此总电子数相同。但是正丁烷的熔点为 -138℃，明显高于异丁烷的熔点 -159℃，这是因为正丁烷分子体积更大，电子云更分散[①]，如图3-17所示。

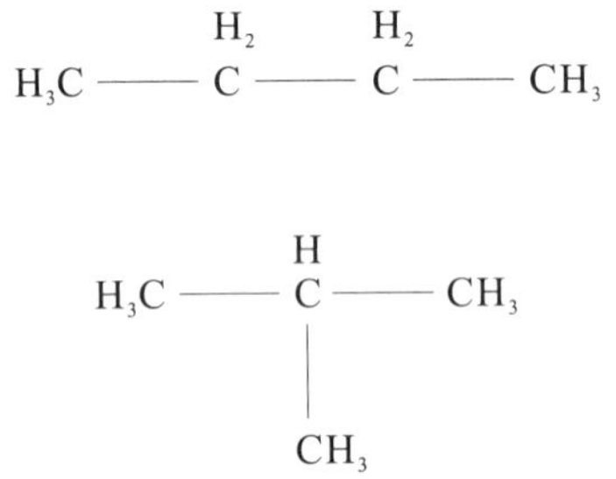

$$H_3C — \overset{H_2}{C} — \overset{H_2}{C} — CH_3$$

$$H_3C — \underset{\underset{CH_3}{|}}{\overset{H}{C}} — CH_3$$

图3-17 正丁烷（上）与异丁烷（下）的结构示意图

一般来说，对于相对分子质量相似的有机分子，碳原子之间常形成碳链，其中支链越多，熔、沸点越低。

---

① 有时也被解释为分子表面积更大，堆叠更紧密。

3）可极化性的影响因素之三——π 键

当原子的 p 轨道肩并肩融合形成 π 键时，电子云体积增大。含有 π 键的分子会具有更强的可极化性。

3. 氢键

氢键可被看作一种强度远大于普通取向力的特殊取向力。当分子中含有氢原子，且该氢原子与氮、氧或氟原子之间形成了共价键时，它与另一处的氮、氧或氟原子上的孤对电子之间就会形成很强的静电吸引力，称为"氢键"。

氢原子是由一个质子和一个电子构成的①，当它处于分子中，并与一个电负性极大的原子形成共价键时，它唯一的电子位于共价键中，且该共用电子对极为偏向另一端，与它距离很远，导致氢原子此时几乎是一个"裸露的质子（naked proton）"。它几乎带有一个完整的正电荷，且体积极小，或者说具有极大的"电荷体积比（charge-to-size ratio）"。根据库仑定律，它对负电荷有极大的吸引力，该吸引力随着负电荷的电荷量的增加而增大。该"质子"与相邻分子中电负性极大的原子所带的孤对电子（带有极大的负电荷）相互吸引，即形成氢键，如图 3-18 所示。元素周期表中，只有氮、氧、氟三种元素电负性足够大。

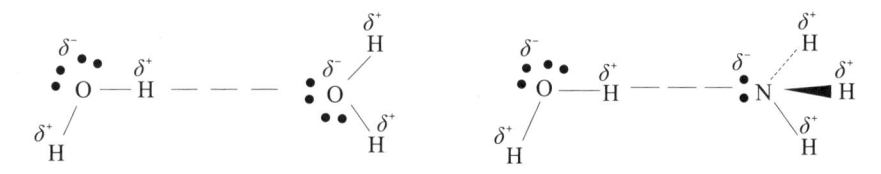

图 3-18 两个 H_2O 分子之间（左）和 H_2O 与 NH_3 分子之间（右）的氢键示意图

只要条件满足，氢键既可以发生在相同的两个分子之间，又可以发生在不同的两个分子之间，甚至可以发生在同一分子中的不同区域之间（此时氢键属于分子内作用力）。事实上，在生物大分子（如 DNA、蛋白质等）中，一个分子内部常含有许多非共价作用力，如图 3-19 所示。

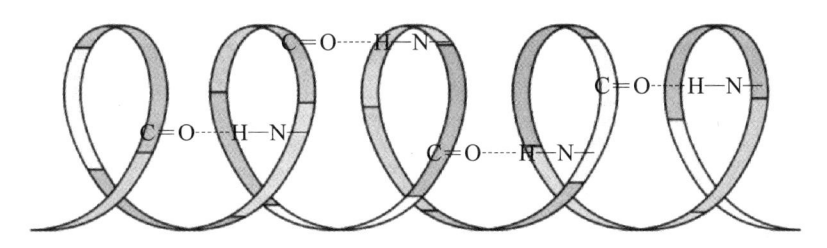

图 3-19 一个蛋白质分子的 α-螺旋结构中的氢键示意图

氢键是最强的分子间作用力（虽然仍远弱于化学键），因此可形成氢键的分子化合物的沸点都相对较高，如图 3-20 所示。

---

① 指最常见的 ^1H。

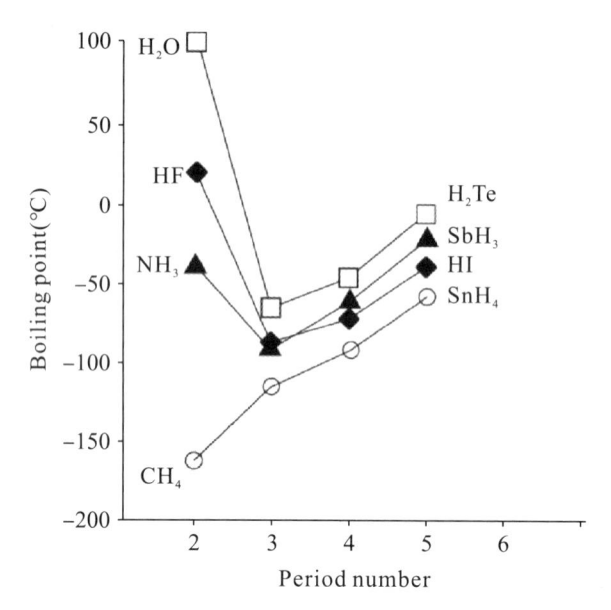

图 3-20 部分氢化物的沸点趋势图

可以看到，第 4 至 7 族元素从上到下，氢化物沸点总体升高，因为分子极性相似（取向力相似），但相对分子质量增加（色散力增强）。但是氨 NH_3、水 H_2O、氟化氢 HF 分子的沸点明显不符合该趋势，都异常高，其原因就是分子间存在氢键。

在有机分子中，含有"羟基（hydroxyl group，—OH）"和"氨基（amino group，—NH_2 或—NH—）"的分子间可以形成氢键，其沸点比相对分子质量相似但不形成氢键的分子更高。含有"羰基（carbonyl group，C═O）"的分子之间不能形成氢键，但因为含有带孤对电子的氧原子，可以和水分子 H_2O 之间形成氢键。

虽然在一般语境下，氢键是最强的分子间作用力，取向力次之，色散力最弱，但是随着分子越来越大（相对分子质量增大），色散力的强度增大，逐渐变成主要的分子间作用力，见表 3-6。

表 3-6 BI_3、PCl_3、NH_3 分子的分子间作用力和沸点对比

Molecule	Geometry	Intermolecular Forces	Boiling Point (℃)
BI_3	Trigonal planar	London dispersion forces	209.5
PCl_3	Trigonal pyramidal	London dispersion forces dipole-dipole forces	76.1
NH_3	Trigonal pyramidal	London dispersion forces hydrogen bonding	-33.0

二、其他粒子间作用力

除了最常见的三种分子间作用力，其他粒子间作用力还包括诱导力、离子—偶极作用。

1. 诱导力

诱导力主要是指极性分子与非极性分子之间的作用力。与色散力一样，只是极性分子的极是"永久极（permanent dipole）"，更加可以诱导相邻的非极性分子产生诱导极，最终产生静电作用。比如，非极性分子二氧化碳 CO_2 在水 H_2O 中有一定的溶解度就是这一作用的体现。

与取向力和色散力的分析方法相似，诱导力的强度与极性分子的极性呈正相关，与非极性分子的可极化性呈正相关。

2. 离子—偶极作用

离子—偶极作用是指离子和极性分子间的作用力。阳离子会吸引极性分子带部分负电的一极，阴离子会吸引带部分正电的一极。比如，氯化钠 NaCl 在水 H_2O 中的溶解就是离子—偶极作用克服离子键的过程，如图 3-21 所示。

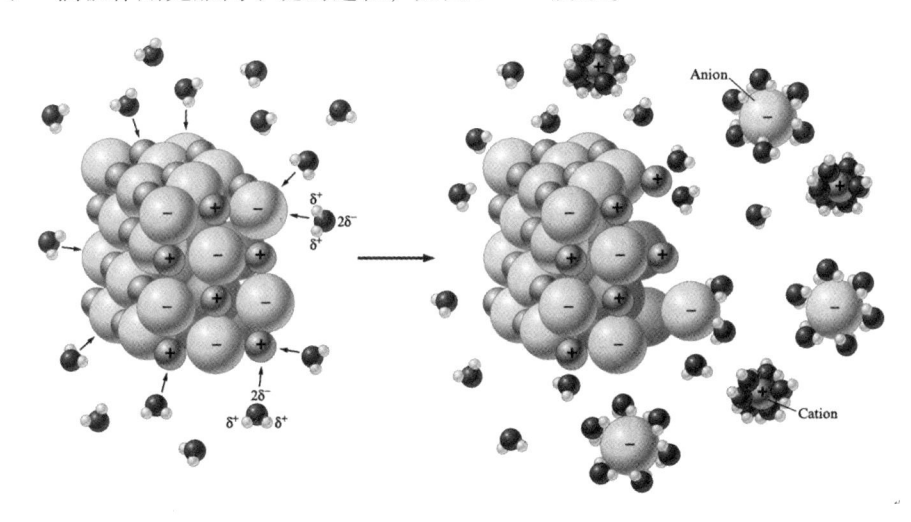

图 3-21 NaCl 在水中的溶解示意图

离子—偶极作用强于取向力，因为该作用力中包含一个带完整电荷的对象——离子，而取向力是两个部分电荷之间的作用力。

同样地，该作用的强度与极性分子的极性呈正相关，与离子的带电荷量呈正相关，与离子的半径呈负相关。

第三节　简单无机化合物的命名
Nomenclature of Simple Inorganic Compounds

考纲定位

无

重点词汇

无

考点简述

无

知识详解

一、离子化合物

二元离子化合物是仅含有两种元素的离子化合物，通常是由一个金属元素与一个非金属元素构成的。当命名这样的化合物时，名字由两部分组成：

金属阳离子名称（元素原名）＋ 非金属阴离子名称（元素名的"ide"形式）

比如：

NaCl = sodium + chlorine = sodium chloride

$CaBr_2$ = calcium + bromine = calcium bromide

常见的阴离子见表3-7。

表3-7　常见的阴离子

Anion	Name
F^-	Fluoride
Cl^-	Chloride
Br^-	Bromide
I^-	Iodide
O^{2-}	Oxide
S^{2-}	Sulfide

续表

Anion	Name
N^{3-}	Nitride
P^{3-}	Phosphide

其中，卤素阴离子统称 halides，该名称同时也是所有卤化物的统称。事实上，阴离子名称的复数形式即为含有该阴离子的化合物的统称。比如，氯化物统称 chlorides。

1. 多价态金属

过渡金属大多存在多个价态，存在含有不同电荷的离子。因此这样的金属阳离子名称就需要标注其具体价态，即用括号中的罗马数字标注它的化合价（oxidation state/number）。

金属元素原名 + （罗马数字）

比如：

$FeCl_2$ = iron（+2）+ chlorine = iron（Ⅱ）chloride，读作 "*iron two chloride*"。
$FeBr_3$ = iron（+3）+ bromine = iron（Ⅲ）bromide，读作 "*iron three bromide*"。
Cu_3N = copper（+1）+ nitrogen = copper（Ⅰ）nitride，读作 "*copper one nitride*"。

常见的多价态金属见表 3-8。

表 3-8　常见的多价态金属

Element	Common Oxidation States
Cr	+2，+3
Mn	+2，+3
Fe	+2，+3
Co	+2，+3
Cu	+1，+2

2. 多原子离子

如果是多原子离子构成的离子化合物，命名方式相同，只不过多原子离子有特定的名称。

常见的多原子离子见表 3-9。

表 3-9　常见的多原子离子

Polyatomic Ion	Name
NH_4^+	Ammonium
NO_2^-	Nitrite

续表

Polyatomic Ion	Name
NO_3^-	Nitrate
SO_3^{2-}	Sulfite
SO_4^{2-}	Sulfate
HSO_4^-	Hydrogen sulfate, bisulfate
PO_4^{3-}	Phosphate
HPO_4^{2-}	Hydrogen phosphate
$H_2PO_4^-$	Dihydrogen phosphate
CO_3^{2-}	Carbonate
HCO_3^-	Hydrogen carbonate, bicarbonate
ClO^-/OCl^-	Hypochlorite
ClO_2^-	Chlorite
ClO_3^-	Chlorate
ClO_4^-	Perchlorate
$Cr_2O_7^{2-}$	Dichromate
CrO_4^{2-}	Chromate
OH^-	Hydroxide
CN^-	Cyanide
$C_2H_3O_2^-/CH_3COO^-$	Acetate, ethanoate
MnO_4^-	Permanganate
O_2^{2-}	Peroxide
$C_2O_4^{2-}$	Ethanedioate, oxalate
$S_2O_3^{2-}$	Thiosulfate

注意到很多含氧酸根离子的名称都以"ate"结尾，比其少一个氧原子的亚酸根离子都以"ite"结尾，还有一些其他的规律都可从表3-3中找到。

有时，人们也用罗马数字标明多原子离子中变价元素的化合价，并统一名称。比如：ClO^-，ClO_2^-，ClO_3^- 和 ClO_4^- 分别叫作 chlorate（Ⅰ），chlorate（Ⅲ），chlorate（Ⅴ）和 chlorate（Ⅶ）。

3. 离子化合物的名称与化学式

可以发现，离子化合物的名称中并不包含关于离子数量的信息。比如 aluminum oxide 这个名字并不像化学式 Al_2O_3 一样明确 Al^{3+} 与 O^{2-} 的比例为 2∶3；iron（Ⅲ）bromide 也并未明确 $FeBr_3$ 中 Fe^{3+} 与 Br^- 的比例为 1∶3（罗马数字仅代表铁的化合价）。

这是因为离子化合物中所有元素化合价之和为0，可以计算离子最简整数比，不需要在名字中再标明。

二、分子化合物

二元分子化合物是仅包含两种元素的分子化合物，通常由两个非金属元素构成。当命名这样的化合物时，名字也由两部分组成：

非一前缀－第一个元素原名＋前缀－第二个元素名的－ide 形式

前缀表明该元素原子的个数，从 1 个到 10 个分别为：mono－, di－, tri－, tetra－, penta－, hexa－, hepta－, octa－, nona－, deca－。

比如：

CO = 1 carbon + 1 oxygen = carbon monoxide

N_2O_3 = 2 nitrogen + 3 oxygen = dinitrogen trioxide

有时，人们也用离子化合物的命名方式来命名一些分子化合物，比如 N_2O_3 又叫作 nitrogen（Ⅲ）oxide。

1. 酸（acid）

酸的命名与酸根离子的名称有关：

酸根离子以 ide 结尾，对应的酸的水溶液叫作 hydro－ + －ic acid。

酸根离子以 ate 结尾，对应的酸的水溶液叫作－ic acid。

酸根离子以 ite 结尾，对应的酸的水溶液叫作－ous acid。

常见的酸见表 3-10。

表 3-10 常见的酸

Chemical Formula	Name of Pure Substance	Name of Aqueous Solution
H_2S	hydrogen sulfide	hydrosulfuric acid
H_2SO_4	hydrogen sulfate	sulfuric acid
H_2SO_3	hydrogen sulfite	sulfurous acid
HNO_3	hydrogen nitrate	nitric acid
HNO_2	hydrogen nitrite	nitrous acid
H_2CO_3	hydrogen carbonate	carbonic acid
CH_3COOH	hydrogen acetate	acetic acid
HF	hydrogen fluoride	hydrofluoric acid
HCl	hydrogen chloride	hydrochloric acid
HBr	hydrogen bromide	hydrochloric acid
HI	hydrogen iodide	hydriodic acid
HClO	hydrogen hypochlorite	hypochlorous acid

续表

Chemical Formula	Name of Pure Substance	Name of Aqueous Solution
HClO₂	hydrogen chlorite	chlorous acid
HClO₃	hydrogen chlorate	chloric acid
HClO₄	hydrogen perchlorate	perchloric acid

与含有变价元素的多原子离子一样，人们有时也用罗马数字标明变价元素的化合价，并统一名称。比如：$HClO$，$HClO_2$，$HClO_3$ 和 $HClO_4$ 分别叫作 chloric（Ⅰ）acid，chloric（Ⅲ）acid，chloric（Ⅴ）acid 和 chloric（Ⅶ）acid。

第四节 简单有机分子的命名、结构与物理性质
Nomenclature, Structures, and Physical Properties of Simple Organic Molecules

考纲定位

无

重点词汇

无

考点简述

无

知识详解

一、有机分子的"骨架"——烃（hydrocarbon）

地球上的生物被称作"碳基生命（carbon-based life）"。碳作为第4族的元素，最外层有4个电子，可以形成4个共价键，且碳与碳之间的共价键键能较大，比较稳定。碳原子常常可以结合成"碳链（carbon chain）"或"碳环（carbon ring）"，最终形成数以千万计的化合物，为复杂的生命提供了可能。因此，除了二氧化碳、碳酸盐等少量化合物，含碳的化合物都被称为"有机化合物（organic compound）"。而氢元素是宇宙中含量最高的元素，且碳氢键的键能也很大，因此碳元素和氢元素形成了最基础的有机化合物骨架。仅由碳元素和氢元素组成的化合物被称为"烃"。

甲烷（methane，CH_4）是最简单的有机化合物，其分子中的碳原子以最外层的 4 个电子分别与 4 个氢原子的电子形成了 4 个 C—H 共价键。CH_4 分子的电子式和路易斯结构式如图 3-22 所示。

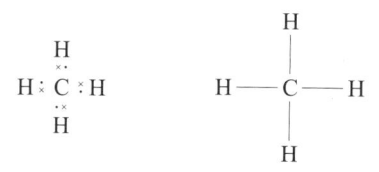

图 3-22　CH_4 分子的电子式（左）和路易斯结构式（右）

值得注意的是，CH_4 分子的构型不像路易斯结构式所展示的，5 个原子并不在同一平面上，键与键的夹角也不是 90°，而是形成了正四面体的空间结构。碳原子为 sp^3 杂化，位于正四面体的中心，4 个氢原子分别位于 4 个顶点。分子中的 4 个 C—H 的长度和强度相同，键角相等，为 109.5°，如图 3-23 所示。

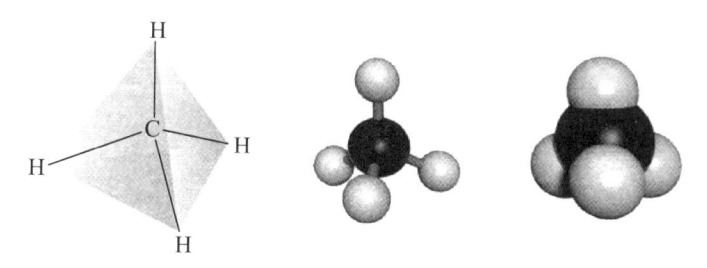

图 3-23　CH_4 分子的结构示意图（左）、球棍模型（中）、空间充填模型（右）

有机化合物中的碳原子不仅能与其他原子形成 4 个共价键，而且碳原子与碳原子（或其他原子）之间也能形成单键、双键或三键，但共价键的总数仍为 4 个，如图 3-24 所示。因此，碳原子数量可以不断增加，使碳链不断增长。

图 3-24　碳原子间的单键（左）、双键（中）、三键（右）

思考 3-1

Deduce the hybridizations, bond angles, and geometries of the carbons in Figure 3-24.

---

1. 饱和烃（saturated hydrocarbons）——烷烃（alkanes）

当一个烃分子中的碳原子之间都以单键结合，碳原子的剩余价键均与氢原子结合，

使碳原子连接了最大可能数量的氢原子时,该烃分子被称为"饱和烃",也称为"烷烃"。

1) 直链烷烃的命名

有机物的命名包含前缀(prefix)、词根(root)与后缀(suffix)。其中词根指明碳原子的数量,以"meth-""eth-""prop-""but-""pent-""hex-""hept-""oct-""non-""dec-"依次代表1~10个碳原子。前缀、后缀提供碳链基础上的其他信息(如有),比如烷烃的后缀为"-ane",代表分子中仅含有碳碳单键。前10个烷烃的命名见表3-11。

表3-11 前10个烷烃的命名

Name	Molecular Formula	Structural Formula
methane	CH_4	CH_4
ethane	C_2H_6	$CH_3—CH_3$
propane	C_3H_8	$CH_3—CH_2—CH_3$
butane	C_4H_{10}	$CH_3—CH_2—CH_2—CH_3$
pentane	C_5H_{12}	$CH_3—CH_2—CH_2—CH_2—CH_3$
hexane	C_6H_{14}	$CH_3—CH_2—CH_2—CH_2—CH_2—CH_3$
heptane	C_7H_{16}	$CH_3—CH_2—CH_2—CH_2—CH_2—CH_2—CH_3$
octane	C_8H_{18}	$CH_3—CH_2—CH_2—CH_2—CH_2—CH_2—CH_2—CH_3$
nonane	C_9H_{20}	$CH_3—CH_2—CH_2—CH_2—CH_2—CH_2—CH_2—CH_2—CH_3$
decane	$C_{10}H_{22}$	$CH_3—CH_2—CH_2—CH_2—CH_2—CH_2—CH_2—CH_2—CH_2—CH_3$

像表3-11中的烷烃这样,整个结构由一条碳链构成,没有"支链(side-chain)"的烷烃,称为"直链烷烃(straight-chain alkanes)"。虽然名字里有"直",但是碳碳键之间、碳碳键与碳氢键之间的夹角都不是180°,而是三维空间中的对称结构所决定的109.5°,如图3-25所示。

图3-25 Propane和butane的球棍模型

2) 烷烃结构的表示方法

对于烷烃这样的饱和烃,碳原子与氢原子的数量关系是有规律的,其分子式的通式是C_nH_{2n+2}。但是除了路易斯结构式与分子式,有机化学中常使用"结构简式(structural formula)"来表示有机物,如ethane C_2H_6、propane C_3H_8和decane $C_{10}H_{22}$的结构简式可以分别表示为 CH$_3$CH$_3$、CH$_3$CH$_2$CH$_3$ 和 CH$_3$(CH$_2$)$_8$CH$_3$。可以看到，结构简式将每一个碳原子作为一个整体，并将其连接氢原子汇总表示，省略碳碳单键与碳氢键，比路易斯结构式更加简洁，又比分子式更能展示分子结构。

对于更复杂的分子，还常使用"键线式（skeletal formula）"来表示。键线式比结构简式更简洁，在一定程度上还能展示键角。键线式将碳链画为锯齿结构，省略碳原子和氢原子，用结构上的顶点和拐点代表碳原子。由于碳原子固定连接 4 个共价键，因此即使不表明氢原子，也可默认没有画满 4 个共价键的碳原子周围剩下的共价键连接了氢原子，如图 3-26 所示。

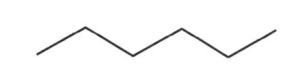

图 3-26 Hexane 的球棍模型（左）、路易斯结构式（中）、键线式（右）

有的时候，为了重点展示有机分子的某些局部，也会将不同的表示方法融合到一起。例如，当研究 butane 中第二个碳上的两个氢原子时，可以用图 3-27 表示。

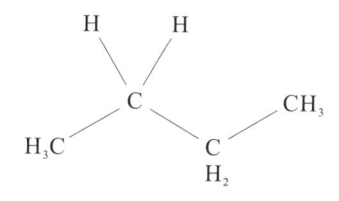

图 3-27 butane 的混合式

3）烷烃的同分异构现象（isomerism）与含有支链的烷烃的命名

Methane、ethane 和 propane 的结构各只有一种，butane 却有两种不同的结构，如图 3-28 所示，一种是碳原子形成直链的"butane"，另一种是带有支链的"isobutane"。二者的组成虽然相同，均为 C$_4$H$_{10}$，但碳链结构不同，因此性质就存在一定差别，是两种不同的化合物。

图 3-28 Butane（左）和 isobutane（右）的键线式

像这种化合物具有相同的分子式（各元素原子数量相同），但具有不同结构的现象称为"同分异构现象"，具有同分异构现象的化合物互称为"同分异构体（isomer）"。碳原子数越多，烷烃的同分异构体的数量急速增多。例如，decane C$_{10}$H$_{22}$ 的同分异构体有 75 种，undecane C$_{11}$H$_{24}$ 有 4347 种，dodecane C$_{12}$H$_{26}$ 有 366319 种之多。

Isobutane 是 butane 同分异构体的习惯命名，但随着碳原子数量增加，结构越复杂、分子数目越多，习惯命名法在实际应用上有很大的局限性。因此，在有机化学中广泛采

用"系统命名法（IUPAC① nomenclature）"。

烷烃失去一个氢原子后所剩余的部分叫作 alkyl group，"—CH₃"叫作 methyl group，"—CH₂CH₃"叫作 ethyl group，根据碳原子的数量以此类推。很多烃的同分异构体的支链都为 alkyl groups，它们在分子的命名时将作为前缀。

下面以带支链的烷烃为例，初步介绍系统命名法的命名步骤。

（1）选定分子中最长的连续碳链为"主链（main chain）"，按主链中碳原子数目确定分子词根。由于是烷烃，后缀为"-ane"。

（2）选主链中离支链最近的一端为起点，用1，2，3等阿拉伯数字依次给主链上各个碳原子编号定位，以确定支链在主链中的位置，如图3-29所示。

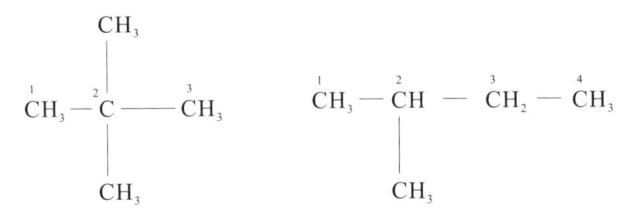

图3-29 确定主链和碳原子编号过程示意图

（3）将支链的名称作为前缀写在词根前，在支链的前面用阿拉伯数字注明它在主链上所处的位置，并在数字与名称之间用一短线隔开。例如，用系统命名法对图3-29中右边的 isopentane 命名：2-methylbutane。

（4）如果主链上有相同的支链，前缀会将支链合并起来，用"di-""tri-""tetra-"分别代表1，2，3个相同的该支链。两个表示支链位置的阿拉伯数字之间需用"，"隔开。例如，图3-30中的分子名为2，3-dimethylhexane。

图3-30 2，3-dimethylhexane 的结构、主链选择、碳原子编号示意图

（5）如果主链上有不同的支链，在碳原子编号时需要保证支链的位置编号总体最小。在名称中，前缀按支链首字母顺序安在词根前。例如，图3-31中的分子名为3，4，5-triethyl-2-methylheptane。注意到最长碳链的选择②（7个碳而非5个碳）、碳原子编号（支链位置编号最小）、前缀顺序（支链名称字母顺序，不算相同支链所带的数量前缀）、名字中的符号（数字之间为逗号、数字与字母之间为短横线、字母之间没有符号和空格）。

---

① IUPAC 是指 International Union of Pure and Applied Chemistry，国际纯粹与应用化学联合会。
② 若有相同碳原子数量的碳链，支链更多的为主链。

$$\begin{array}{c}
H_3\underset{7}{C}-\underset{6}{\overset{H_2}{C}}-\underset{5}{\overset{H}{C}}-\underset{}{\overset{H_2}{C}}-CH_3\\
|\\
H\underset{4}{C}-\overset{H_2}{C}-CH_3\\
|\\
H\underset{3}{C}-\overset{H_2}{C}-CH_3\\
|\\
H\underset{2}{C}-CH_3\\
|\\
\underset{1}{C}H_3
\end{array}$$

图 3-31 3,4,5-triethyl-2-methylheptane 的结构、主链选择、碳原子编号示意图

4）烃的物理性质

烷烃，或者说所有的烃，由于只含有非极性的碳氢键和碳碳键，所以都是非极性分子，不溶于水；分子间作用力只有色散力，熔、沸点随着分子中碳原子数（相对分子质量）的增加而升高，在常温下的状态由气态变为液态，再到固态；含碳原子数相同的情况下，含有的支链数量越多，熔、沸点越低[①]。

2. 不饱和烃（unsaturated hydrocarbon）——烯烃（alkenes）和炔烃（alkynes）

烯烃和炔烃分别是含有碳碳双键和碳碳三键的烃的统称，参与形成双键和三键的碳原子所连接的氢原子数量小于最大值，因此它们被称为"不饱和烃"。

1）烯烃和炔烃的命名

烯烃和炔烃的名称后缀分别为"-ene"和"-yne"，在双键和三键可能存在于多个位置的时候，还需用数字表明其位置，在编号时优先考虑其数字最小。前缀规则与烷烃相同。比如，$CH_2=CH_2$ 的名称为 ethene，是最简单的烯烃；图 3-32 中的分子的名称为 4-methylpent-2-ene。

$$H_3\overset{5}{C}-\underset{\underset{CH_3}{|}}{\overset{H}{\underset{4}{C}}}-\overset{3}{\underset{H}{C}}=\overset{2}{\underset{H}{C}}-\overset{1}{C}H_3$$

图 3-32 4-methylpent-2-ene 的结构、主链选择、碳原子编号示意图

2）烯烃和炔烃的物理性质

由于碳原子只能连接 4 个共价键，因此每当烷烃分子中多一个碳碳双键，其所含的氢原子就会减少 2 个；每多一个碳碳三键，氢原子就会减少 4 个。但是总的来说，在碳原子数量相同且结构相似的情况下，烷烃、含有较少碳碳双键及三键烯烃和炔烃的分子所含电子总数相差不大，又都是非极性分子，因此它们的熔、沸点也相差不大，且都随

---

① 解释见本章第二节《分子间作用力》。

碳原子数量增多而升高,都不溶于水。

二、有机分子的"自定义模块"——官能团(functional group)

烃搭建起了有机分子的基础骨架,其中的一个或多个氢原子可以被其他原子或原子团"取代(substitute)",从而获得更加复杂、具有特定化学性质的有机分子,如同获得"升级包"一般,这些原子或原子团被称作"官能团[①]"。

1. 含有官能团的有机分子的命名

当有机分子中除了可能的碳碳双键和三键外,如果仅存在一种官能团,那么该官能团会作为后缀放在词根和"-ane""-ene""-yne"后[②],若后缀以元音开头,还要省略"-ane""-ene""-yne"结尾的"e";如果存在多种官能团,那么其中优先级最高的会作为后缀,其余官能团则替换为前缀形式放在词根前。

常见官能团的结构和前后缀名称见表3-12,其中越靠上的官能团优先级越高。

表3-12 常见官能团的结构和前后缀名称(部分不常见前缀未列出)

Family	Structure	Prefix/Suffix	Example
卤代烃 Haloalkanes	—C—X	halo -	CH_3CH_2Br bromoethane
羧酸 Carboxylic acids	—C(=O)—OH	- oic acid	CH_3COOH ethanoic acid
酯 Esters	—C(=O)—O—R	alkyl alkanoate	$CH_3COOCH_2CH_3$ ethyl ethanoate
醛 Aldehydes	—C(=O)—H	- al	CH_3CHO ethanal
酮 Ketones	R—C(=O)—R'	- one	CH_3COCH_3 propanone
醇 Alcohols	—OH	hydroxy - - ol	CH_3CH_2OH ethanol

[①] 碳碳双键、碳碳三键也属于官能团。
[②] 卤素原子作为官能团命名时仅存在前缀。

续表

Family	Structure	Prefix/Suffix	Example
胺 Amines	R—N⟨	amino - alkyl - amine	CH_3NH_2 methylamine
醚 Ethers	R—O—R′	alkylether	CH_3OCH_3 dimethyl ether

比如，图 3-33 中的分子名称为 3 - hydroxybutanoic acid。

$$H_3C-\underset{OH}{\overset{H}{C}}-\overset{H_2}{C}-\overset{\overset{O}{\|}}{C}-OH$$

图 3-33 3 - hydroxybutanoic acid 的结构示意图

2. 部分官能团的物理性质

含有羟基（hydroxyl group，"—OH"）和氨基（amino group，"—NH_2"/"—NH—"）的醇、羧酸、胺是典型的可以形成氢键的分子，在其他分子间作用力相似的情况下，它们的熔、沸点较其他分子更高。在碳原子数相同的情况下，羧酸的熔、沸点高于醇，因为相对分子质量更大。

含有羰基（carbonyl group，"C=O"）和醚基（ether group，"C—O—C"）的酯、醛、酮、醚不可以与相同分子形成氢键，但是可以提供带有孤对电子的氧原子与水分子形成氢键。

这些分子和自身可以形成氢键的分子在水中的溶解性需要考虑分子结构，如图 3-34 所示。

$$H_3C-\overset{H_2}{C}-OH \qquad H_3C-(\overset{H_2}{C})_4-OH \qquad H_3C-(\overset{H_2}{C})_7-OH$$

图 3-34 Ethanol、pentan - 1 - ol、octan - 1 - ol 的结构示意图

图 3-34 中的醇分为"极性端（polar end）"，即羟基所在的一端，和"非极性端（nonpolar end）"，即碳链所在的一端。当碳链较短时，极性端占主导地位，分子溶于水；当碳链增长，非极性端逐渐占主导，最终分子不溶于水，即使极性端仍能与水分子形成氢键。事实上，ethanol 易溶于水，penta - 1 - ol 微溶于水，octan - 1 - ol 不溶于水。

第四章

化学反应
Chemical Reactions

第一节　变化与其表示方法
Changes and Their Representations

考纲定位

4.1 Introduction for Reactions

4.2 Net Ionic Equations

4.3 Representations of Reactions

4.4 Physical and Chemical Changes

重点词汇

1. Effervescence 冒泡
2. Precipitate 沉淀
3. Dissolution 溶解
4. Balanced chemical equation（配平的）化学反应方程式
5. Net ionic equation 离子方程式

考点简述

Physical and Chemical Changes：

1. A physical change occurs when a substance undergoes a change in properties but not a change in composition, during which intermolecular interactions may break and/or form.

2. A chemical change occurs when substances are transformed into new substances, typically with different compositions, during which chemical bonds may break and form. Possible evidence include production of heat or light, formation of a gas (*effervescence*), formation of a *precipitate*, and/or color change.

3. ***Dissolution*** of a salt in water may be classified as either a physical change or a chemical change.

Representations of Chemical Reactions
1. ***Balanced chemical equations*** are used to represent chemical reactions.
2. ***Net ionic equations*** are used to represent ionic reactions, where solids, gases, water, weak acids, and weak bases are not split into ions.

知识详解

一、物理变化与化学变化

物理变化中，物质的状态虽然发生了变化，但本身的组分却没有改变。宏观上，没有新物质生成；微观上，保持物质化学性质的最小粒子（原子、分子或离子）本身不变。常见的物理变化有相变，即固态、液态、气态间的相互转化，和一般混合物的形成和分离等。

化学变化中，旧物质被转化成了新物质，并常常伴有组分上的差别（如各元素的质量占比），也因此带来性质上的差别。从微观上看，化学变化的本质是旧的化学键断裂、新的化学键形成的过程。一般来讲，能量的变化（常体现在温度的变化）、质量的变化（开放容器的前提下）、光的产生、气体或沉淀的生成、颜色的变化等，都是发生化学变化的可能依据。化学变化的产物一般不能通过物理方式变回反应物。

离子化合物在水中的溶解从不同的角度分析，既可以归为物理变化，也可以归为化学变化。以氯化钠在水中的溶解为例，从分离和混合的角度来说，氯化钠溶液属于混合物，可以用物理方式——"蒸发（evaporation）"进行分离，并且溶解和分离的过程中没有新物质产生，物质组分也没有改变，属于物理变化；但从化学键的角度来说，溶解时氯化钠中的离子键断裂，离子与水分子产生了离子—偶极作用，符合化学变化的本质。因此，判断其变化类型需要先明确分析角度。

二、化学变化的表示方法

化学变化，即化学反应中，元素的组合方式发生了改变，但元素自身不变，因此化学反应中存在"原子守恒（conservation of atoms）"，也因此存在"质量守恒（conservation of mass）"。

1. 化学方程式

对于化学变化，一般用"化学反应方程式"来标明"反应物（reactant）"和"产物（product）"，以及它们的数量关系。比如氯化钡溶液 $BaCl_2(aq)$ 与硫酸钠溶液 $Na_2SO_4(aq)$ 的化学反应方程式：

$$BaCl_2(aq) + Na_2SO_4(aq) \longrightarrow 2NaCl(aq) + BaSO_4(s)$$

主要特点如下：

（1）箭头"→"左边为反应物，右边为产物，左、右两边的原子数量守恒。

（2）"物态符号（state symbol）"表示反应物与产物的物态：固态、液态、气态和水溶液状态的符号分别为（s），（l），（g）和（aq）。

2. 离子方程式

对于有离子参与的反应，还常用"离子方程式"来表示实际参加反应的离子及其产物。比如，Na_2SO_4（aq）与 $BaCl_2$（aq）发生反应的"微观示意图（particulate-level diagram）"如图 4-1 所示。

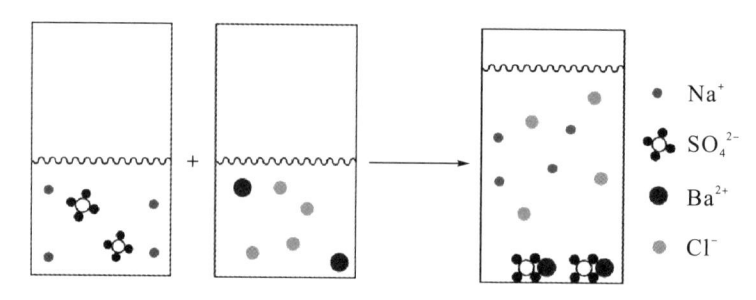

图 4-1 Na_2SO_4（aq）与 $BaCl_2$（aq）的反应示意图

反应前，易溶于水的 Na_2SO_4 与 $BaCl_2$ 在水溶液中都完全电离成自由移动的离子，反应后生成了难溶的 $BaSO_4$ 白色沉淀。由于 NaCl 易溶于水，因此在溶液中依然以自由离子的形态存在。不难看出，Na^+，Cl^- 实际并没有参与化学反应。也就是说，对于化学反应：

$$Na_2SO_4(aq) + BaCl_2(aq) \longrightarrow 2NaCl(aq) + BaSO_4(s)$$

从微观角度看，其实质是：

$$Ba^{2+}(aq) + SO_4^{2-}(aq) \longrightarrow BaSO_4(s)$$

这就是该反应的离子方程式。

离子方程式的书写一般按以下步骤（以 Na_2SO_4 溶液与 $BaCl_2$ 溶液的反应为例）进行。

（1）写出反应的化学方程式：

$$Na_2SO_4(aq) + BaCl_2(aq) \longrightarrow 2NaCl(aq) + BaSO_4(s)$$

（2）把易溶于水的强酸、强碱和可溶性盐写成离子形式，难溶的物质、气体和水等仍用化学式表示。上述化学方程式可改写成：

$$2Na^+(aq) + SO_4^{2-}(aq) + Ba^{2+}(aq) + 2Cl^-(aq) \longrightarrow 2Na^+(aq) + 2Cl^-(aq) + BaSO_4(s)$$

（3）删去方程式两边不参加反应的离子，即"旁观离子（spectator ion）"，并将方程式化为最简：

$$Ba^{2+}(aq) + SO_4^{2-}(aq) \longrightarrow BaSO_4(s)$$

（4）检查离子方程式两边各元素的原子个数和电荷总数是否相等。

需要注意的是，第二步中只有处于水溶液中的易溶的强酸、强碱、可溶性盐才能拆为离子形式，因此除了常见强酸 HCl、H_2SO_4、HNO_3、HBr、HI，常见强碱 NaOH、KOH、$Ba(OH)_2$ 等外，需要对盐的溶解性有所记忆。在 AP 考试要求中，仅需记忆：钾盐、钠盐、铵盐、硝酸盐均可溶于水。

思考 4-1

Complete the following table.

Reactants	Chemical Equation	Net Ionic Equation	Spectator Ions
HCl + NaOH			
HCl + KOH			
H_2SO_4 + NaOH			
H_2SO_4 + KOH			

思考 4-1 中的四个反应都是酸碱中和反应，虽然四个反应的化学方程式不同，但它们的离子方程式却是相同的。这表明：强酸与强碱发生中和反应的实质是氢离子 H^+ 与氢氧根离子 OH^- 结合生成 H_2O。

$$H^+(aq) + OH^-(aq) \longrightarrow H_2O(l)$$

可以看出，离子方程式不仅可以表示某个具体的化学反应，还可以表示同一类型的离子反应。

此外，离子方程式也可以从微观角度解释酸、碱、盐在水溶液中发生反应的条件。它们在水溶液中发生的反应，实质上是离子间互相结合的反应。如果可以生成沉淀、放出气体或生成水，反应就能发生；反之，所有离子都是旁观离子，它们只是简单地混合，反应不能发生。

第二节 常见化学反应
Common Chemical Reactions

考纲定位

4.7 Types of Chemical Reactions

4.9 Oxidation – Reduction (Redox) Reactions

重点词汇

1. Acid－base（neutralization）reaction 酸碱（中和）反应
2. Oxidation－reduction（redox）reaction 氧化还原反应
3. Precipitation reaction 沉淀反应
4. Sparingly soluble 微溶
5. Oxidation number 氧化数/化合价

考点简述

Types of Chemical Reactions：

1. *Acid－base（neutralization）reactions* involve transfer of one or more protons（H$^+$）between chemical species.

2. *Oxidation－reduction（redox）reactions* involve transfer of one or more electrons between chemical species.

3. *Precipitation reactions* frequently involve mixing ions in aqueous solution to produce an insoluble or *sparingly soluble* ionic compound.

Precipitation Reactions：

All sodium, potassium, ammonium, and nitrate salts are soluble in water.

Redox Reactions：

1. *Oxidation numbers* are assigned to each of the atoms in the reactants and products.

2. A species is oxidized if the oxidation number of one of its constituent atoms increases, and is reduced if it decreases.

知识详解

一、常见的反应类型

在学习 AP 化学之前，应该熟悉以下一些化学反应：

（1）特别活泼的金属（如碱金属）与水反应生成氢氧化物和氢气。
（2）活泼金属（活动性在氢之前）与酸反应生成盐和氢气。
（3）氢氧化物加热分解生成氧化物和水。
（4）碳酸氢盐加热分解生成碳酸盐、二氧化碳和水。
（5）碳酸盐加热分解生成金属氧化物和二氧化碳。
（6）碳酸盐和碳酸氢盐与酸反应生成新盐、二氧化碳和水。
（7）酸与碱反应生成盐和水。

这些具体的化学反应都可以根据它们的特点进行归类。化学反应类型的分类有多种标准，比如"四大化学反应类型"。

（1）分解反应（decomposition）：由一种物质生成两种或两种以上其他的物质。比如：
$$2H_2O(l) \longrightarrow 2H_2(g) + O_2(g)$$

（2）化合反应（synthesis）：由两种或两种以上的物质反应生成一种新物质。比如：
$$C(s) + O_2(g) \longrightarrow CO_2(g)$$

（3）置换反应（single displacement）：由一种单质与化合物反应生成另外一种单质和化合物。比如：
$$Cl_2(g) + 2KBr(aq) \longrightarrow 2KCl(aq) + Br_2(l)$$

（4）复分解反应（double replacement）：由两种化合物互相交换成分，生成另外两种化合物。比如：
$$NaCl(aq) + AgNO_3(aq) \longrightarrow AgCl(s) + NaNO_3(aq)$$

另一种分类法将化学反应分为三大类型：

（1）酸碱反应[①]：质子（即氢离子）转移反应。

（2）沉淀反应：水溶液中的离子生成不溶或微溶离子化合物的反应。

（3）氧化还原反应：电子转移反应。

1. 沉淀反应

当反应物在水溶液中产生离子，新的离子组合能生成不溶或微溶的离子化合物时，即可发生沉淀反应。沉淀反应的离子方程式中，固态的沉淀产物不能被拆为离子。

在上一节的离子方程式的介绍中，已经较为详细地说明了沉淀反应的相关信息。

2. 氧化还原反应

在狭义的氧化还原反应中，根据反应中物质得到氧或失去氧，判断其被氧化或被还原。比如：
$$Fe_2O_3 + 3CO \longrightarrow 2Fe + 3CO_2$$

氧化铁 Fe_2O_3 失去氧，因此称被一氧化碳 CO 还原为铁单质 Fe；CO 得到氧，因此称被 Fe_2O_3 氧化为二氧化碳 CO_2。

可以发现，在化学反应中，若某物质得到氧，必然有一种物质失去氧。也就是说，氧化反应和还原反应是同时发生的，这样的反应称为"氧化还原反应"。

同时，以上反应中都有元素的化合价在反应前后发生了变化。所含元素化合价升高的物质 CO，发生氧化反应；所含元素化合价降低的物质 Fe_2O_3，发生还原反应。

再看以下反应：
$$\overset{0}{Fe} + \overset{+2}{CuCl_2} \longrightarrow \overset{+2}{FeCl_2} + \overset{0}{Cu}$$

在这一反应中，没有物质得失氧，但存在元素化合价的变化：铁从 0 价升高到 +2

[①] 酸碱反应将在第十一章《酸与碱》中研究。

价，铜从 +2 价降低到 0 价，因此这样的反应也是氧化还原反应。其中，物质所含元素化合价升高的被氧化，物质所含元素化合价降低的被还原。例如，在 Fe 与 $CuCl_2$ 的反应中，Fe 发生了氧化反应，$CuCl_2$ 发生了还原反应。

再分析其离子方程式：

$$\overset{0}{Fe} + \overset{+2}{Cu^{2+}} \longrightarrow \overset{+2}{Fe^{2+}} + \overset{0}{Cu}$$

反应中铁单质 Fe 失去 2 个电子，元素化合价升高，被氧化成亚铁离子 Fe^{2+}；铜离子 Cu^{2+} 得到 2 个电子，元素化合价降低，被还原成铜单质 Cu。

再比如 H_2 与 Cl_2 的反应：

$$\overset{0}{H_2} + \overset{0}{Cl_2} \longrightarrow 2\overset{+1\ -1}{HCl}$$

在这个反应中，氢原子与氯原子之间形成了共价键，并没有发生电子的得失，而是发生了共用电子对的偏移，但是由于元素化合价发生了变化，这个反应仍是氧化还原反应。

通过以上的分析可知，氧化还原反应中一定存在着电子转移（电子得失或共用电子对偏移）。元素的原子若失去电子或电子对偏离它，则元素的化合价升高，其所属的物质被氧化；元素的原子若得到电子或电子对偏向它，则元素的化合价降低，其所属的物质被还原。

总的来说，电子转移是氧化还原反应的本质，化合价变化是其表现形式，也是常用的判断一个反应是否是氧化还原反应的方法，即物质化合价发生变化的反应一定是氧化还原反应，物质化合价没有发生变化的反应一定不是氧化还原反应。

因此，需要记忆常见元素的化合价有：

（1）单质中任何元素的化合价都为 0。

（2）单原子离子的化合价为该离子所带电荷。

（3）化合物中所有元素的化合价之和为 0。

（4）多原子离子中所有元素的化合价之和为该离子所带电荷。

（5）氢通常显 +1 价，但在和金属元素形成的化合物（如 NaH，$LiAlH_4$ 等）中可能显 -1 价。

（6）卤素通常显 -1 价，但在和氧元素形成的化合物（如 ClO^-，ClO_2^-，ClO_3^-，ClO_4^- 等）中可能显正价。

（7）氧通常显 -2 价，但在过氧化氢（H_2O_2）和过氧根离子（O_2^{2-}）中显 -1 价。

（8）碳通常显 +4 价，但在一氧化碳（CO）中显 +2 价。

（9）硫通常显 +6，+4 和 -2 价。

（10）氮通常显 +5，+3，+2 和 -3 价。

（11）锰在高锰酸根离子（MnO_4^-）中显 +7 价，在二氧化锰（MnO_2）中显 +4 价，常见锰离子（Mn^{2+}）显 +2 价。

在有机反应中，分子内元素的化合价不方便得出，这时就会沿用原子的得失来确定氧化与还原反应。当一个有机分子内的氧原子数量增加或氢原子数量减少时，它就被氧化，发生了氧化反应；反之，则被还原，发生了还原反应。比如：

Ethene C_2H_4 被还原成 ethane C_2H_6：

$$C_2H_4 + H_2 \longrightarrow C_2H_6$$

Ethanal CH_3CHO 被氧化成 ethanoic acid CH_3COOH：

$$CH_3CHO + [O]^① \longrightarrow CH_3COOH$$

1）半反应方程式（half-equation）

在表示氧化还原反应时，有时会将氧化反应和还原反应分开来写，表示为两个"半反应（half-reaction）"。比如锌单质 Zn 从硫酸铜溶液 $CuSO_4(aq)$ 中置换出铜单质 Cu 的反应：

$$Zn(s) + CuSO_4(aq) \longrightarrow ZnSO_4(aq) + Cu(s)$$

其离子方程式为：

$$Zn(s) + Cu^{2+}(aq) \longrightarrow Zn^{2+}(aq) + Cu(s)$$

可以看到，Zn 的化合价升高，失去电子，发生氧化反应；Cu 的化合价降低，得到电子，发生还原反应。因此，可以分别用"半反应方程式"来表示锌元素和铜元素电子得失前后的变化：

①$Zn(s) \longrightarrow Zn^{2+}(aq) + 2e^-$

②$Cu^{2+}(aq) + 2e^- \longrightarrow Cu(s)$

注意到半反应方程式将变价元素所属的物质单独列出，并且标明了电子的得失（习惯上不写"减电子"，因此失去电子用右侧"加电子"来表示）。半反应方程式也需要满足原子守恒与电荷守恒。

当把两个半反应组合成完整的反应方程式（或离子方程式）时，需要注意的是，通过两边同时乘以系数消去电子。比如以下两个半反应方程式：

①$Al(s) \longrightarrow Al^{3+}(aq) + 3e^-$

②$Zn^{2+}(aq) + 2e^- \longrightarrow Zn(s)$

组合成完整离子方程式需要①×2+②×3：

$$2Al(s) + 3Zn^{2+}(aq) \longrightarrow 2Al^{3+}(aq) + 3Zn(s)$$

2）常见的氧化还原反应

（1）有单质参与的化合反应。比如：

$$2H_2 + O_2 \longrightarrow 2H_2O$$

（2）有单质生成的分解反应。比如：

$$2KClO_3 \longrightarrow 2KCl + 3O_2$$

---

① 指某种合适的氧化剂。

（3）氧气中的燃烧（combustion）反应。比如：
$$2CH_3OH + 3O_2 \longrightarrow 2CO_2 + 4H_2O$$

事实上，仅由 C，H（烃）或 C，H，O 组成的化合物在足量氧气中完全燃烧的产物都是二氧化碳和水。

（4）置换反应。

①较活泼金属单质将较不活泼金属离子从溶液中置换出来。比如：
$$Zn + CuSO_4 \longrightarrow ZnSO_4 + Cu$$

②活动性在氢之前的金属单质将氢气从酸中置换出来。比如：
$$Fe + 2HCl \longrightarrow FeCl_2 + H_2$$

其中最活泼的金属甚至能直接将氢气从水中置换出来。比如：
$$2Na + 2H_2O \longrightarrow 2NaOH + H_2$$

③氧化性较强的卤素单质将氧化性较弱的卤素离子从溶液中置换出来。比如：
$$Cl_2 + 2KBr \longrightarrow 2KCl + Br_2$$

第五章

化学中的定量分析——化学计量学
Quantitative Analysis in Chemistry - Stoichiometry

第一节 实验数据采集与科学计算法
Experimental Data Collection and Scientific Calculations

考纲定位

无

重点词汇

无

考点简述

无

知识详解

一、数据的采集、记录与分析

化学是一门基于实验与证据的科学，在采集和分析数据时，需要保证结果可靠、准确、可复现。因此，在实验中有一系列需要被严格执行的科学数据采集和分析步骤。

1. 不确定度（uncertainty）与有效数字（significant figures）

试着读出图 5-1 中的体积。注意到该仪器叫作"滴定管（buret）"，其刻度从上到下增加，与"量筒（graduated cylinder）"相反。

图 5-1 某次实验中的滴定管读数

当视线平视"凹液面最低点（meniscus）"时，可以确定数据在 20.1 mL 和 20.2 mL 之间，但是读数时需要比仪器的"最小分度值（smallest interval）"额外估读一位。如果五名不同的实验员估读最后一位，可能的最终数据记录见表 5-1。

表 5-1 五次估读的可能数据

Person	Results of Measurement
1	20.15 mL
2	20.14 mL
3	20.16 mL
4	20.17 mL
5	20.16 mL

可以看到，不管谁读数，前三位（20.1）数字均相同，这三位是确定的数位（certain digits）。但是最后一位因为是估读的，所以存在不同，是不确定的数位（uncertain digit）。习惯上，在记录一次测量数据时，都会记录所有的确定数位和一位不确定数位，这些数字被统称为"有效数字"。

因为包含有不确定的数字，测量数据总是包含一定的"不确定度"，且不确定度的大小取决于测量仪器的精度，因为估读的不确定数字是由仪器的最小分度值决定的。一般来说，除非特别注明，测量数据的不确定度默认为最后一位（不确定数字）±1。比如，记录的 1.86 kg 默认含义为 (1.86±0.01) kg。

在"±"号后的数字被称作"绝对不确定度（absolute uncertainty）"，其大小由仪器精度决定。更常使用的是"相对不确定度（relative uncertainty）"或"百分不确定度

（percentage uncertainty）"，由以下公式计算：

$$\text{Percentage uncertainty} = \frac{\text{Absolute uncertainty}}{\text{Measurement}} \times 100\%$$

可以看到，相对不确定度指明了不确定度在测量的数据中的占比，适用更广。比如，当量取 10 mL 的液体时，±1 mL 属于非常大的不确定度，最终数据几乎不可用；当量取 1000 mL 的液体时，同样的 ±1 mL 却显得不那么"重要"，数据精度较高。

每次读数都会产生不确定度。如果一次测量包含多次读数，比如测量温度变化、差减称量[①]等，总的绝对不确定度等于每次读数的不确定度乘以读数次数：

$$\text{Total uncertainty} = \text{Uncertainty for each reading} \times \text{Number of readings}$$

比如，若通过差减称量法称出 5.36 g NaOH 固体，记录的数据应是 (5.36 ± 0.02) g，百分不确定度约为 0.37%，因为读数两次；同理，若测量的某反应前后的温度变化为 20.0℃，记录的数据应是 20.0 ± 0.2℃。

因此，在测量仪器不变的情况下，要想降低相对不确定度，可以增大测量值或减少读数次数。比如，分别配制 10 份 100 mL 某浓度的溶液，不如一次性配制 1000 mL 该浓度的溶液再分成 10 份，因为配制 1000 mL 所需要的溶质质量更大，在称量时会有更小的相对不确定度；称量 10 次固体还需要在天平上读数 20 次，而称量 1 次只需读数 2 次。

2. 精确度（precision）、准确度（accuracy）与误差（error）

测量数据的可靠性常从"精确度"和"准确度"两个维度来描述。

准确度指的是测量数据与真实值的一致程度，而精确度指的是对同一值进行多次测量后这些数据的一致程度，如图 5-2 所示。数据的精确度代表了该测量过程的"可复现性（reproducibility）"，即遵从相同的测量过程，是否可得到一致的结果。可复现性是科研数据是否被学界采纳的重要指标。

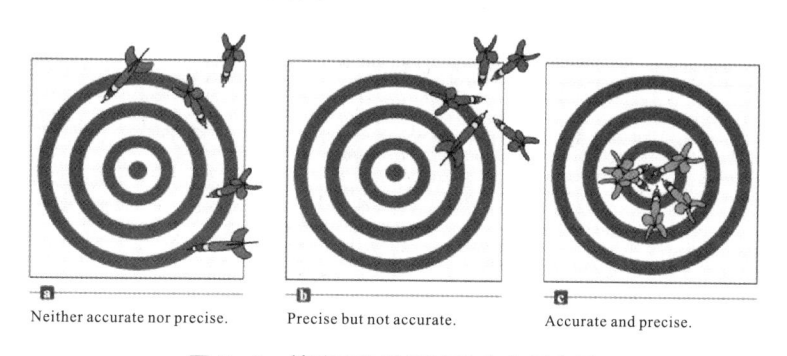

图 5-2 精确度与准确度的含义示意图

[①] "差减称量法（weighing by difference）"是称重的一种常用方法。具体操作是在称量完成，并将固体从"称重船（weighing boat）"，即称量固体时的一次性容器中转移到其他容器后，重新称量称重船，将固体的质量记录为两次称量的差值。这种方法保证了转移后残留在称重船中的固体不会被记录。

在测量过程中，许多原因会导致测量误差，影响结果的准确度和精确度。误差被分为两类："随机误差（random error 或 indeterminate error）"和"系统误差（systematic error 或 determinate error）"。

随机误差会导致测量数据有相同概率高于或低于真实值，一般出现在不确定数字的估读时，或其他随机的人为因素，因此影响数据的精确度。若精确度过低，准确度也就无从谈起，因为无法获得一致的结果。

系统误差会导致测量数据总是高于或低于真实值，一般是由于仪器未校准或没有正常工作，操作人员的错误操作习惯也会导致系统误差，影响数据的准确度。

在定量分析中，高的精确度一般同时意味着高的准确度，因为真实值未知，准确度无法判断。仪器问题和操作习惯问题可以通过保养仪器、校准仪器、培养正确的实验操作等方法尽可能规避，因此唯一的误差来源就是随机误差。又因为随机误差过高或过低的概率相同，所以可以通过多次测量并取平均值的方法尽量将其消除。

准确度的高低由"百分误差（percentage error）"来衡量，是指测量值与理论值的相对差距：

$$\text{Percentage error} = \frac{|\text{Experimental value} - \text{Theoretical value}|}{\text{Theoretical value}} \times 100\%$$

一般优先把理论值看作真实值，用以衡量测量数据的准确度。但如果在误差已被尽可能规避的情况下仍然具有较大的百分误差，就需要考虑理论的完备性或正确性。

二、数据的计算

在得到测量数据后，很多时候还需要对数据进行相应的计算。

1. 单位换算

国际单位制（le Système International d'Unités, SI Units）有 7 个基本单位，见表 5-2。

表 5-2　国际单位制的 7 个基本物理量及其单位

Physical Quantity	Name of Unit	Abbreviation
Mass	kilogram	kg
Length	meter	m
Time	second	s
Temperature	kelvin	K
Electric current	ampere	A
Amount of substance	mole	mol
Luminous intensity	candela	cd

这 7 个基本物理量彼此独立，并且可以通过一定的公式推导出绝大多数其他物理量，见表 5-3。

表 5-3 由国际单位制导出的部分其他物理量及其单位

Physical Quantity	Name of Unit	Abbreviation	In SI Base Units
Frequency	hertz	Hz	s^{-1}
Force	newton	N	$kg \cdot m \cdot s^{-2}$
Pressure	pascal	Pa	$kg \cdot m^{-1} \cdot s^{-2}$
Energy, Work	joule	J	$kg \cdot m^2 \cdot s^{-2}$
Power	watt	W	$kg \cdot m^2 \cdot s^{-3}$
Electric Potential	volt	V	$s \cdot A$
Resistance	ohm	Ω	$kg \cdot m^2 \cdot s^{-3} \cdot A^{-2}$

在科学计算和生活中，还经常需要用到单位的整十倍或整十分之一，此时需要在单位前增加词头或前缀来代表一个新的单位整体，如千米（km）、毫克（mg）等。常见的单位前缀见表 5-4。

表 5-4 常见的单位前缀

Prefix	Symbol	Meaning
tera-	T	10^{12}
giga-	G	10^{9}
mega-	M	10^{6}
kilo-	k	10^{3}
deci-	d	10^{-1}
centi-	c	10^{-2}
milli-	m	10^{-3}
micro-	μ	10^{-6}
nano-	n	10^{-9}

"量纲分析（dimensional analysis）"是常用的单位换算方法，依靠"转换因子（conversion factor）"将单位纳入计算中，进行清晰的换算。转换因子是值为 1 的原始单位数据与目标单位数据的比。例如，在米和厘米的转换中，转换因子为 $\dfrac{1 \text{ m}}{100 \text{ cm}}$ 或 $\dfrac{100 \text{ cm}}{1 \text{ m}}$。

思考 5-1

Convert 55 mph to m/s.

Solution：

mph 是英制单位中的速度单位，意思是"英里每小时（miles per hour）"。1 英里等于 1.6 公里，因此此处的转换因子为"1600 m/1 mile"和"1 h/3600 s"。

$$\frac{55 \text{ miles}}{h} \times \frac{1600 \text{ m}}{1 \text{ mile}} \times \frac{1 \text{ h}}{3600 \text{ s}} = \frac{55 \times 1600}{3600} \text{ m/s} = 24 \text{ m/s}$$

有时，原始单位和目标单位之间还有不同的含义，在进行换算时还需注意单位的顺序。

思考 5-2

Convert 30 mpg to L/100 km.
Solution：

mpg 是英制单位中的机动车油耗单位，意思是"每加仑汽油能跑的英里数（miles per gallon of gasoline）"，越高的 mpg 代表机动车越省油。在中国，机动车油耗用"百公里油耗的升数（Liters of gasoline per 100 kilometers）"来表示，越低的百公里油耗代表机动车越省油。因此要想进行单位换算，需要先把 30 miles per gallon 换为 1 gallon per 30 miles。

$$\frac{1 \text{ gallon}}{30 \text{ miles}} \times \frac{3.79 \text{ L}}{1 \text{ gallon}} \times \frac{1 \text{ mile}}{1.6 \text{ km}} = \frac{3.79}{30 \times 1.6} \text{ L/km} = 0.079 \text{ L/km} = 7.9 \text{ L/100 km}$$

温度单位的换算和其他大部分单位的换算略有不同，这是由单位定义决定的。国际单位制中温度的基本单位为开尔文，简称开，符号为 K。平常使用的温度单位摄氏度（degree celsius,℃）并不是由转换因子和开尔文进行换算的，因为摄氏度是"以 1 个标准大气压下，纯净的冰水混合物的温度作为零点的温标，将其与沸腾的水之间的温度差平均分为 100 份，每份为 1℃"来定义的。开尔文是"以绝对零度（absolute zero，约 −273.15℃）作为零点的温标，使用摄氏度作为其单位的增量"的温度单位。因此，在数值上温度变化 1℃相当于温度变化 1 K。

$$T_K = T_℃ + 273.15$$
$$\Delta T_K = \Delta T_℃$$

华氏度（degree Fahrenheit,°F）与摄氏度的换算关系为：

$$T_F = T_℃ \times \frac{9}{5} + 32$$
$$\Delta T_F = \frac{9}{5} \times \Delta T_℃$$

2. 有效数字的计算

有效数字的位数代表着数据的精确度。比如 12.2 与 12.200 在数学计算中是相等的，但 12.2 g 与 12.200 g 代表的含义却不同——它们有着不同的精确度。因此在科学实验和计算中，确定有效数字的位数至关重要。

数据有效数字的位数规则如下：

（1）所有非 0 数字都属于有效数字。

（2）非 0 数字之间的 0 属于有效数字。

（3）左数第一个非 0 数字左边的 0 不属于有效数字。

（4）右数第一个非 0 数字右边的 0 仅在数据有小数点时属于有效数字。

（5）部分数据（如个数、次数、一些公式中的常数等）属于"精确数字（exact number）"，可以看作含有无限位有效数字。

为了避免混淆，特别大或特别小的数据常用"科学计数法（scientific notation）"来表示。比如 95000 用科学计数法可表示为 9.5×10^4，9.50×10^4，9.500×10^4，9.5000×10^4，分别有 2，3，4 和 5 位有效数字。

进行计算时，为了保证精确度一致，还需要确定计算结果保留几位有效数字，进行相应的"四舍五入（round off）"，规则如下：

（1）进行乘除法时，结果的有效数字位数与参与乘除的数据中有效数字位数最少的一致。

（2）进行加减法时，结果的小数位数与参与加减的数据中小数位数最少的一致。

在实际计算中，可能需要进行连续的加减乘除计算，这时不能每进行一步运算就进行一次四舍五入的操作，这会导致最终结果误差过大，而是应该将每一步的计算数据与应保留位数分开处理，将数据完整地代入下一步，但在每一步额外记录本应保留的有效数字或小数位数，最终确定结果。

思考 5-3

Complete the following calculations and round your answers to the appropriate number of significant figures.

（1）$2.8 \times 4.532 + 12.690$

（2）$(15.803 - 4.76) \div 9.30000$

Solution：

（1）第一步 $2.8 \times 4.532 = 12.6896$。这一步本应保留 2 位有效数字，即 13，但根据规定，此数据应该完整保留至下一步。因此第二步 $12.6896 + 12.690 = 25.3796$。注意到虽然 12.6896 看上去有 6 位有效数字，但是实际上只有 2 位，即从精度上来说没有小数位。因此第二步作为加法,12.690有三位小数,而"12.6896"没有小数位,最终结果也就没有小数位,25.3796四舍五入为25。

(2) 第一步15.803-4.76=11.043。这一步本应保留2位小数,即11.04,但此数据需要完整保留。因此第二步11.043÷9.30000=1.18741935…。注意到11.043从精度上来说本应是11.04,含有4位有效数字而不是5位。第二步作为除法,9.30000有6位有效数字,而"11.043"有4位有效数字,所以最终结果应该有4位有效数字,1.18741935…四舍五入为1.187。

试将以上两题中每一步都四舍五入,比较答案。

【公式汇总】

1. Percentage uncertainty = $\dfrac{\text{Absolute uncertainty}}{\text{Measurement}} \times 100\%$

2. Total uncertainty = Uncertainty for each reading × Number of readings

3. Percentage error = $\dfrac{|\text{Experimental value} - \text{Theoretical value}|}{\text{Theoretical value}} \times 100\%$

4. $T_K = T_{°C} + 273.15$

第二节 质谱法、相对质量与摩尔数
Mass Spectroscopy, Relative Mass, and Moles

考纲定位

1.1 Moles and Molar Mass

1.2 Mass Spectroscopy

重点词汇

1. Mass spectrometer 质谱仪
2. Abundance 丰度
3. Relative atomic mass (RAM) 相对原子质量
4. Weighted average 加权平均数
5. Mole (mol) 摩尔
6. Avogadro's number 阿伏伽德罗常数
7. Molar mass 摩尔质量
8. Concentration 浓度
9. Molarity 摩尔浓度

考点简述

Mass Spectroscopy and Relative Atomic Mass:

1. A ***mass spectrometer*** measures the relative mass and ***abundance*** of all the isotopes of an element in the sample.

2. The ***relative atomic mass*** of an element is the ***weighted average*** of the relative masses of all the natural occurring isotopes of that element.

Moles and Molar Masses:

1. The number of particles in 1 ***mole*** (mol) of that particle is 6.022×10^{23}. The exact number is called ***Avogadro's number***, N_A.

2. The mass of 1 mol of a substance is called its ***molar mass*** which is numerically the same as its relative mass.

3. The ***concentration*** of a solution is measured by its ***molarity***.

知识详解

一、质谱仪与相对原子质量

之前学到，质子、中子、电子的质量是以"相对质量"来表示的。元素周期表中提供的也是元素的"相对原子质量"，可以用来计算分子的"相对分子质量（relative molecular mass，RMM）"。那么什么是"相对"？相对于什么呢？

在表示微观粒子的质量时，如果用克、千克等常见单位来表示，其数字就会非常小而复杂，不便于记录与计算。于是人们把一个 ^{12}C 原子质量的十二分之一（约 1.66×10^{-27} kg）定为标准 "1" 或 "1 atomic mass unit（amu 或 u）"，把其他微观粒子的质量表示为该质量的倍数，即为相对质量。例如，一个 ^{16}O 原子的相对质量约为 16，说明它的质量约为一个 ^{12}C 原子质量十二分之一的十六倍，即 ^{12}C 原子质量的三分之四。

那么人们是如何测量原子的相对质量的呢？或者说，如何测量其他原子与 ^{12}C 原子的质量比？答案是"质谱仪"。质谱仪有很多种，以"扇形质谱仪（sector mass spectrometer）"为例，当含有某元素原子（包含各种同位素）的样本被导入质谱仪后，其运作流程如下：

（1）电离（ionization）。原子被电离，变为携带 1 个正电荷的阳离子。

（2）加速（acceleration）。阳离子通过电场等方式被加速。

（3）偏移（deflection）。阳离子通过垂直于它们飞行方向的静电场或磁场，根据它们的"质量电荷比（mass to charge ratio，m/z）"，运动轨迹受到不同程度的影响。由于它们所带电荷相同，因此被加速后的动能相同，在电场或磁场中质量较大的同位素离子偏转角度较小，质量较小的同位素离子偏转角度较大。

（4）侦测（detection）。质谱仪根据偏转角度，与内建的 ^{12}C 数据进行对比，计算出各同位素离子的质量电荷比，以及各同位素的原子在样本中的数目占比——"相对丰度"，如图 5-3 所示。

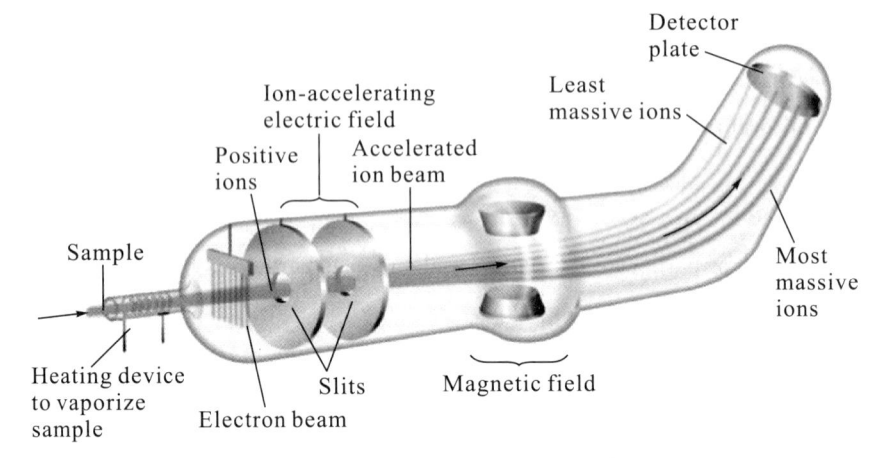

图 5-3 扇形质谱仪的工作原理示意图

最终，质谱仪会将得到的数据呈现为"质谱（mass spectrum）"，如图 5-4 所示为锗元素的质谱。

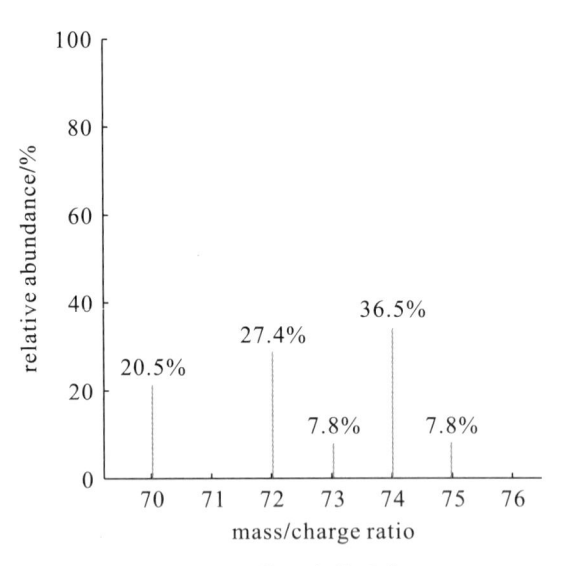

图 5-4 锗元素的质谱

质谱中会显示一个或多个"峰（peak）"，分别代表不同的同位素离子。这些峰的 x 坐标为它们的质量电荷比，但由于它们都携带 1 个正电荷，电子质量又可忽略不计，所以它们的 x 坐标在数值上就等于该同位素原子的相对原子质量，也非常接近整数——它们的质量数。而这些峰的高度代表它们的相对数目，称为相对丰度。相对丰度可以表示为百分比，也可以表示为相对数目，总和不一定是 100。

在天然物质中，甚至从地球外来的像陨石之类的物质中，大多数元素，特别是较重元素的同位素组成具有明显的恒定性，即元素的丰度在地球各处都差别不大。如果导入质谱仪的样本来自随机采集的某元素的原子，那么其中同位素的相对丰度就约等于绝对丰度，即地球上该同位素在该元素中的数目占比，也就可以用这些数据计算该元素的相对原子质量。

之前曾提到，元素周期表中所展示的相对原子质量是该元素在自然界中所有稳定存在的同位素相对原子质量的加权平均数，而质谱提供了计算的所有数据。例如，根据图5-4，锗的相对原子质量为：

$$RAM_{Ge} = 70 \times 20.5\% + 72 \times 27.4\% + 73 \times 7.8\% + 74 \times 36.5\% + 75 \times 7.8\% = 72.6$$

相对原子质量一般保留1位小数。

二、摩尔与摩尔质量

1. 摩尔数[①]

化学中的各种原子、分子和离子等微粒的质量是非常小的，也就是说，在日常生活、生产和科学研究中使用的各种化学物质的量，究其微粒个数，是非常庞大的。比如，1 g水中约含有3.34×10^{22}个水分子。这些微粒的数量数字庞大而复杂，用来计算非常不方便，而在化学反应中各物质又是按照一定个数关系来进行的，因此需要简化原子、分子和离子的数量才能方便实验计算。

国际上将12 g ^{12}C原子所包含的原子个数称为1摩尔（mol）[②]，这里面约有6.022×10^{23}个^{12}C原子。1 mol任何粒子所含的该粒子数都约为6.022×10^{23}。该数值的精确值被称作阿伏伽德罗常数（Avogadro's number），符号为N_A，通常用6.022×10^{23} mol^{-1}表示。物质的摩尔数则用符号n表示。

摩尔数、阿伏伽德罗常数与粒子数（N）之间存在着下述关系：

$$n = \frac{N}{N_A}$$

可以看到，摩尔数是一定数目的集合体的表示方法，本质上表示的还是粒子的个数，因此两种物质的摩尔比等于它们的粒子个数比，即

$$\frac{n_1}{n_2} = \frac{N_1}{N_2}$$

化学式中的各原子数量或比例也因此可用于计算1 mol（或更多）物质中该原子的摩尔数。比如，2 mol H_2O分子中含有4 mol氢原子。

2. 摩尔质量

所有微观粒子（比如原子、分子、离子、原子团、电子、质子、中子等）都可以

[①] 此处为了表达清晰，用摩尔数代替"物质的量（amount of substance）"。

[②] 2019年，国际上已经修改了1 mol所含粒子数为精确的$6.02214076 \times 10^{23}$，而非12 g ^{12}C原子中所含的原子数目。但为了讲解简便，本书仍使用旧定义。

用 mol 来计量，如 1 mol C，1 mol H_2O，1 mol Cl^-，1 mol CO_3^{2-} 等。

1 mol 不同物质中所含的粒子数相同，但由于不同粒子的质量不同，1 mol 不同物质的质量是不同的。例如，1 mol O_2 所含的氧分子数和 1 mol Na 所含的钠原子数都约为 6.022×10^{23} 个，但它们的质量不同：1 mol O_2 的质量约为 32 g，而 1 mol Na 的质量约为 23 g。

根据相对质量的定义，1 个 ^{12}C 原子的相对质量是 12，1 个 H_2O 分子的相对质量约为 18（也就是 1 个 ^{12}C 原子质量的 18/12）。

2 个 ^{12}C 原子的相对质量是 24，2 个 H_2O 分子的相对质量约为 36（也就是 2 个 ^{12}C 原子质量的 18/12）。

……

1 mol ^{12}C 原子的相对质量约为 $12 \times 6.022 \times 10^{23}$，1 mol H_2O 分子的相对质量约为 $18 \times 6.022 \times 10^{23}$（也就是 1 mol ^{12}C 原子质量的 18/12）。

因为 1 mol 的定义为 12 g ^{12}C 原子中的原子个数，所以 1 mol ^{12}C 原子的绝对质量是 12 g，因此 1 mol H_2O 分子的绝对质量约为 18 g（也就是 1 mol ^{12}C 原子质量的 18/12）。以此类推，有以下结论：

1 mol 任何粒子的质量以克为单位时，其数值都与该粒子的相对质量相等。比如，CO_2 的相对分子质量约为 44，1 mol CO_2 就约重 44 g；Cl 的相对原子质量约为 35.5，1 mol Cl 就约重 35.5 g。

1 mol 某物质的质量叫作其摩尔质量。摩尔质量的符号为 M，常用的单位为 g/mol（或 $g \cdot mol^{-1}$）。分子的摩尔质量简称"分子量（molecular weight，MW）"。

摩尔数（n）、质量（m）和摩尔质量（M）之间存在着下述关系：

$$n = \frac{m}{M}$$

分子的分子量就是其构成原子的摩尔质量总和，因此只要知道分子式，就能通过元素周期表计算其相对质量，得到摩尔质量进行相应的计算。离子化合物的组成单位不是分子，因此不存在相对分子质量和分子量，而是"式量（formula weight）"，但是计算方式相同。

3. 摩尔浓度（molarity）

溶液是混合物，参与反应的是其中所含的溶质，因此要用到表示浓度的物理量。在化学反应中，反应物与生成物之间的数量比例关系，即摩尔比，是由化学方程式中的化学计量数所决定的，所以一定体积的溶液中溶质的摩尔数，即"摩尔浓度"是化学实验中溶液浓度的常用表示方法。

摩尔浓度表示单位体积的溶液里所含溶质 B 的摩尔数，符号为 c_B。其常用的单位为 mol/L（或 $mol \cdot L^{-1}$，M，molar）。

$$c_B = \frac{n_B}{V}$$

值得注意的是，公式中的 V 指的是溶液的总体积，而非单纯溶剂的体积。

在化学实验中，很多时候需要配制一定摩尔浓度的溶液[①]。除了将固体溶质溶于水中进行配制，还经常要将浓溶液加水稀释成不同浓度的稀溶液。

在用浓溶液配制稀溶液时，加水并不改变溶质的量，因此有：

$$c_{浓溶液} \cdot V_{浓溶液} = c_{稀溶液} \cdot V_{稀溶液}$$

可以发现，其本质是：

$$n_{B,浓溶液} = n_{B,稀溶液}$$

思考 5-4

Calculate the volume of distilled water that should be added to 10.0 mL of 6.00 M HCl (aq) in order to prepare a 0.500 M HCl (aq) solution.

Solution：

$$V_2 = \frac{c_1 \cdot V_1}{c_2} = \frac{10.0 \text{ mL} \cdot 6.00 \text{ M}}{0.500 \text{ M}} = 120 \text{ mL}$$

但是 V_2 是稀释后的总体积，而题干中问的是加入蒸馏水的体积，因此答案为：

$$V_{added} = 120.0 \text{ mL} - 10.0 \text{ mL} = 110.0 \text{ mL}$$

【公式汇总】

1. $n = \dfrac{N}{N_A}$

2. $\dfrac{n_1}{n_2} = \dfrac{N_1}{N_2}$

3. $n = \dfrac{m}{M}$

4. $c_B = \dfrac{n_B}{V}$

5. $c_1 \cdot V_1 = c_2 \cdot V_2$

[①] 见第十三章《实验操作》第二节。

第三节　化学方程式中的计量
Amounts in Chemical Equations

考纲定位

4.5 Stoichiometry

重点词汇

1. Excess 过量
2. Limited 不足的
3. Yield 产量
4. Percentage yield 百分产率

考点简述

Amounts of Reactants：

In laboratory, masses or volumes of reactants are converted into moles to accommodate coefficients of chemical equations.

Deviations from Coefficients：

1. Reactants that are more than enough are in *excess*, and reactants that are less than enough are *limited*.

2. The *yield* of the product of a reaction depends on the amount of the limited reactant.

3. *Percentage yield* is the ratio of the actual amount of product to the maximum theoretical yield.

知识详解

一、物质的称量与方程式系数

在科学实验中，常常需要根据化学方程式和产物的需求量计算投入反应物的多少。化学方程式中各物质的系数比代表着反应物和产物的数目比，而微观粒子的数目比又等于它们的摩尔比。

例如氢气在氧气中燃烧生成水的反应：

$$2H_2(g) + O_2(g) \longrightarrow 2H_2O(l)$$

既可以代表 2 个氢气分子与 1 个氧气分子恰好反应生成 2 个水分子，也可以扩大阿伏伽德罗常数倍，即 2 mol 氢气与 1 mol 氧气恰好反应生成 2 mol 水。也就是说，化学方程式中各物质的系数比等于它们的摩尔比。

但是在实际实验操作中，并没有仪器可以测量不同物质的摩尔数，因此需要通过计算，确定固体的质量、溶液和气体的体积这样可以通过仪器量取的量。

已知质量与摩尔数之间的关系，即：

$$n = \frac{m}{M}$$

也已知溶液中溶质的摩尔数与溶液体积的关系，即：

$$n_B = c_B \times V$$

气体体积受压强和温度影响，在理想状况下与气体种类无关。气体的摩尔数与体积的具体关系[①]是：

$$n = \frac{PV}{RT}$$

式中，P 是气体的压强，V 是气体的体积，T 是气体的开尔文温度，R 是理想气体常数 8.314 Pa·m³·mol⁻¹·K⁻¹ 或 0.08206 atm·L·mol⁻¹·K⁻¹[②]。

这些关系反过来又可以将质量、体积等数据转化为反应物或产物的摩尔数，再利用化学方程式中的比例关系进行相应的计算，比如计算反应的产量或者根据产量计算反应所需的反应物的量等。

1. 气体体积与摩尔数

假设有两气体，气体 A 与气体 B，理想状况下，它们都符合关系：

$$n_A = \frac{P_A V_A}{RT_A}$$

$$n_B = \frac{P_B V_B}{RT_B}$$

同温同压下，即 $P_A = P_B$，$T_A = T_B$，两式相除可得：

$$\frac{n_A}{n_B} = \frac{V_A}{V_B}$$

即两气体的摩尔比等于体积比。

同理可得，同温同容下，两气体的摩尔比等于压强比。

化学反应中的气体常处于同一容器中，温度也一致，因此气体间的压强互算可以直接依靠反应方程式中的系数比，而不用摩尔进行"中转"。

---

① 该关系将在第六章《"自由"的粒子——气体》中详细讨论。
② 根据压强与体积的单位不同，理想气体常数的值可能不同。

思考 5-5

PCl$_5$(g) ⟶ PCl$_3$(g) + Cl$_2$(g)

PCl$_5$(g) decomposes into PCl$_3$(g) and Cl$_2$(g) according to the equation above. A pure sample of PCl$_5$(g) is placed in a rigid, evacuated 1.00 L container. The initial pressure of the PCl$_5$(g) is 1.00 atm. What is the final pressure in the container?

Solution：

1 mol 气态反应物完全分解后产生 2 mol 气态产物，且所有物质处于同一条件、同一容器下，因此同温同容下，不论气体种类，摩尔比等于压强比。

反应后的气体总摩尔数是反应前的 2 倍，因此反应后的总压强也是反应前的 2 倍。

最终压强为 2 atm。

2. 不恰好完全反应

在实际的反应中，并不是投入的反应物都恰好完全反应，甚至人们会故意增加某反应物的量，使其多于理论需求量，以求完全反应。在不可逆反应中，如果反应物不能恰好完全反应，在反应结束后还有余量的反应物称为"过量"，而被完全消耗的反应物称为"不足"。很明显，反应的最终产量取决于不足的反应物的量，因为在其完全消耗后反应即停止。

需要注意的是，不是摩尔数少的反应物就是不足的，而是需要根据化学方程式中的系数比，计算出反应物的具体需求量。

同时，在实际操作中，由于各种误差（比如泄漏、不完全反应等），收集到的产物的量常常小于根据反应物的量计算出的理论最大产量，即"产率"小于 100%。

$$\text{Percentage yield} = \frac{\text{Actual mass or mole of product}}{\text{Theoretical mass or mole of product}} \times 100\%$$

【公式汇总】

1. $n = \dfrac{PV}{RT}$

2. $\text{Percentage yield} = \dfrac{\text{Actual mass or mole of product}}{\text{Theoretical mass or mole of product}} \times 100\%$

第四节　成分分析
Composition Analysis

考纲定位

1.3 Elemental Composition of Pure Substances

1.4 Composition of Mixtures

重点词汇

1. Molecular formula 分子式
2. Empirical formula 实验式
3. Simplest whole number ratio 最简整数比
4. Mass percent 质量百分比
5. Water content 含水量
6. Hydrated salt 水合盐
7. Impurity 杂质

考点简述

Elemental Analysis:

1. A ***molecular formula*** represents the exact number of atoms of each element in a molecule.

2. An ***empirical formula*** represents the ***simplest whole number ratio*** of atoms to each element in a compound.

3. The ***mass percent*** of each element in a pure compound can be used to determine the empirical formula, and vice versa. With molecular weight, the molecular formula can also be deduced.

4. The ***water content*** in a ***hydrated salt*** can be calculated by heating the salt to remove all water and measuring the difference in mass.

Purity:

1. A sample is contaminated by ***impurities*** if the mass percents of elements are different from the pure substance.

2. Impurities are removed and quantitively analyzed by their chemical properties.

知识详解

一、纯净物的元素分析

在科学研究中，人们常常需要确定未知物质的组成，特别是化合物的"化学式（chemical formula）"。

分子化合物是由一个个单独的分子构成的，每个分子中各元素的原子数目是一定的，因此常见的 H_2O、H_2SO_4 等化学式被称为"分子式"，其中的数字就表示一个分子中实际各元素的原子数目。而离子化合物是由一个个阴、阳离子按电荷平衡的比例构成的，因此常见的 NaCl、Al_2O_3 等化学式被称为"最简式"或"实验式"，其中的数字代表的是离子的最简整数比。因此 NaCl 不代表实际存在一个 Na^+ 和一个 Cl^- 组合而成的单独的整体，只代表 NaCl 中 Na^+ 和 Cl^- 的数量比为 1∶1，其他离子化合物同理。

分子化合物也有实验式，表示的是化合物中各元素原子的最简整数比，而不表示分子内各元素原子的数目。比如过氧化氢 H_2O_2 的实验式是 HO。

按照化合物的实验式中各元素原子或离子数目组合，为了方便表示和计算而假想的一个整体，叫作"实验式单元（formula unit）"，其摩尔质量称为"实验式量（empirical formula weight）"。比如过氧化氢 H_2O_2 的分子量为 34.016 g/mol，实验式为 HO，1 个分子中含有 2 个实验式单元，实验式量为 17.008 g/mol。

根据化学式，可以计算出各元素在化合物中的质量占比。

思考 5-6

Calculate the mass percent of each element in a pure sample of ethanol, C_2H_6O.

Solution：

$$mass\% \text{ of C} = \frac{2 \times RAM \text{ of C}}{RMM} = \frac{2 \times 12.01}{46.07} = 52.14\%$$

$$mass\% \text{ of H} = \frac{6 \times RAM \text{ of C}}{RMM} = \frac{6 \times 1.008}{46.07} = 13.13\%$$

$$mass\% \text{ of O} = \frac{1 \times RAM \text{ of C}}{RMM} = \frac{1 \times 16.00}{46.07} = 34.73\%$$

想象 1 个 ethanol 分子 C_2H_6O，其各元素原子数量比为 2∶6∶1；再想象 2 个 ethanol 分子，其各元素原子数量比为 4∶12∶2 = 2∶6∶1；……；1 mol ethanol 分子，其各元素原子数量比为 2 mol∶6 mol∶1 mol = 2∶6∶1。

可以发现，只要是纯净物，其中各元素的原子数量比不随物质的量而改变，总是等于 1 个实验式单元（或一个分子）中各元素的原子数量比。当然，各元素的质量占比也就总是与实验式单元（或一个分子）中的质量占比相同。因此，反过来也就可以通过某化合物中元素的质量占比确定某化合物的实验式。

思考 5-7

A pure sample of caffein contains 49.48% carbon, 5.15% hydrogen, 28.87% nitrogen, and the rest is oxygen. Determine the empirical formula of caffein.

Solution:

不管咖啡因有多少，只要是纯净的，各元素质量占比就一定相同。

因此不妨设有 100 g 咖啡因：

$$\text{Mass of carbon} = 49.48 \text{ g}$$

$$\text{Mass of hydrogen} = 5.15 \text{ g}$$

$$\text{Mass of nitrogen} = 28.87 \text{ g}$$

$$\text{Mass of oxygen} = 100 - 49.48 - 5.15 - 28.87 = 16.50 \text{ g}$$

通过质量与相对原子质量，可以计算出 100 g 咖啡因中各元素的摩尔数：

$$n_C = \frac{m_C}{M_C} = \frac{49.48 \text{ g}}{12.01 \text{ g/mol}} = 4.12 \text{ mol}$$

相似地，

$n_H = 5.15$ mol

$n_N = 2.06$ mol

$n_O = 1.03$ mol

原子的摩尔比等于数量比。不管咖啡因有多少，只要是纯净的，各元素原子数量比一定相同。因此一个实验式单元（或分子）中：

$$n_C : n_H : n_N : n_O = 4.12 : 5.15 : 2.06 : 1.03 = 4 : 5 : 2 : 1$$

咖啡因的实验式为 $C_4H_5N_2O$。

在上题中，给出的条件不足以确定分子式。$C_8H_{10}N_4O_2$、$C_{12}H_{15}N_6O_3$ 等化学式，或者说原子数量为实验式单位的整数倍的化学式所对应的元素质量占比都符合题干数据。因此需要知道该分子的分子量，才可以得出该分子的分子式。

思考 5-8

The molecular weight of caffein is 194.2 g/mol. Using the data from Example 11, determine the molecular formula of caffein.

Solution

咖啡因的实验式量为：

$$(12.01 \times 4 + 1.008 \times 5 + 14.01 \times 2 + 16.00 \times 1) = 97.1 \text{ g/mol}$$

一个咖啡因分子含有：

$$194.2 \div 97.1 = 2 \text{ 个实验式单位}$$

咖啡因的分子式为 $C_8H_{10}N_4O_2$。

1. 水合盐的含水量计算

盐常常会吸水生成"水合盐"，但不同条件、不同的盐会导致吸水量不同，每个实验式单位对应不同数量的结晶水。常见的水合盐有 $Na_2CO_3 \cdot 10H_2O$，$CuSO_4 \cdot 5H_2O$，$CaSO_4 \cdot 2H_2O$ 等。

若有一热稳定性盐生成了含水量未知的水合盐，可以通过加热除水，根据质量的减少计算出水合盐（如 $Na_2SO_4 \cdot xH_2O$）中的水含量，即 x 的值。此处可把盐的实验式和水分子分别看作两个整体，两个整体的摩尔比等于 $1:x$。

思考 5-9

When a 3.22 g sample of an unknown hydrate of sodium sulfate, $Na_2SO_4 \cdot xH_2O$ (s), is heated, H_2O is driven off. The mass of the anhydrous Na_2SO_4 (s) that remains is 1.42 g. What is the value of x in the hydrate?

Solution：

$$n_{Na_2SO_4} = \frac{m_{Na_2SO_4}}{M_{Na_2SO_4}} = \frac{1.42 \text{ g}}{142 \text{ g/mol}} = 0.0100 \text{ mol}$$

$$n_{H_2O} = \frac{m_{H_2O}}{M_{H_2O}} = \frac{3.22 \text{ g} - 1.42 \text{ g}}{18 \text{ g/mol}} = 0.10 \text{ mol}$$

$$n_{Na_2SO_4} : n_{H_2O} = 0.0100 : 0.10 = 1 : 10$$

因此 $x = 10$，该水合盐为 $Na_2SO_4 \cdot 10H_2O$。

2. 元素分析的实验方法

确定化合物中各元素质量占比，从而确定其化学式的方法称为"元素分析"。比较简单的元素分析方法有烃在氧气中的完全燃烧和水合盐的加热脱水①。

水合盐，比如蓝色 $CuSO_4 \cdot 5H_2O$ 固体，在坩埚中充分加热后，结晶水会作为水蒸气脱去，留下相应的无水盐（anhydrous salt），比如白色的 $CuSO_4$ 固体。思考 5-9 中已经分析了如何利用质量的减少来进行相应的计算。

烃在氧气中完全燃烧的产物是二氧化碳和水。由于产物中二氧化碳中的碳元素和水中的氢元素完全来源于烃，因此可以利用产物中二氧化碳和水的比例计算出烃中碳元素和氢元素的比例。

思考 5-10

Complete combustion of a sample of a hydrocarbon in excess oxygen produces equimolar quantities of carbon dioxide and water. What is the empirical formula of the compound?

Solution：

$$n_{CO_2} : n_{H_2O} = 1 : 1$$

1 mol CO_2 含有 1 mol 碳原子，1 mol H_2O 含有 2 mol 氢原子。因此：

$$n_C : n_H = 1 : 2$$

碳与氢完全来自烃，因此烃中碳氢原子的摩尔比也为 1：2。
因此实验式为 CH_2。

二、混合物的纯度分析

纯净物中，各元素的质量占比是一定的，不取决于物质的多少。因此，如果元素分析显示样本中元素的质量占比与纯净物本身的不一致，那么可以肯定该样本"受到污染（contaminated）"或"不纯（impure）"。

很多时候，杂质与目标化合物会含有同种元素。若杂质中某元素的质量占比高于目标化合物中该元素的质量占比，那么样本中该元素的质量占比就会比纯目标化合物的大，反之亦然。

---

① 见第十三章《实验操作》第三节。

思考 5-11

A sample of a solid labeled as NaCl may be impure. A student analyzes the sample and determines that it contains 75 percent chlorine by mass. Pure NaCl（s）contains 61 percent chlorine by mass. Which of the following statements is consistent with the data?

A. The sample contains only NaCl（s）

B. The sample contains NaCl（s）and NaI（s）

C. The sample contains NaCl（s）and KCl（s）

D. The sample contains NaCl（s）and LiCl（s）

Solution：

NaI 不含 Cl，因此 NaCl 中若掺杂 NaI 会降低 Cl 的质量百分比。

KCl 中 Cl 的质量百分比为 47.6%，比 NaCl 低，因此 KCl 作为杂质也会降低 Cl 的质量百分比。

LiCl 中 Cl 的质量百分比为 83.7%，比 NaCl 高，因此 LiCl 作为杂质会增加 Cl 的质量百分比，与测量数据一致。

因此答案为 D。

若要确定杂质具体有多少，则一般需要利用化学反应进行"定量分析（quantitative analysis）"，测量并计算出目标物质在样本中的质量占比，也叫作"纯度（purity）"。实验室中常利用杂质与目标化合物在相同化学反应中的不同现象来分离它们并确定含量，比如生成沉淀、产生气体等。

$$\text{Purity} = \frac{\text{Mass of target substance}}{\text{Mass of contaminated sample}} \times 100\%$$

思考 5-12

A student is given 2.94 g of a mixture containing anhydrous $MgCl_2$ and KNO_3. To determine the percentage by mass of $MgCl_2$ in the mixture, the student uses excess $AgNO_3$（aq）to precipitate the chloride ion as AgCl（s）. The student determines the mass of the AgCl precipitate to be 5.48 g. On the basis of this information, calculate the percent by mass of $MgCl_2$ in the original mixture.

Solution：

$$n_{AgCl} = \frac{m_{AgCl}}{M_{AgCl}} = \frac{5.48 \text{ g}}{(107.87 + 35.45) \text{ g/mol}} = 0.0382 \text{ mol}$$

$$n_{MgCl_2} = \frac{1}{2} \times n_{Cl^-} = \frac{1}{2} \times n_{AgCl} = \frac{1}{2} \times 0.0382 \text{ mol} = 0.0191 \text{ mol}$$

$$m_{MgCl_2} = n_{MgCl_2} \times M_{MgCl_2} = 0.0191 \text{ mol} \times (24.30 + 35.45 \times 2) \text{ g/mol} = 1.82 \text{ g}$$

$$mass\% \text{ of } MgCl_2 = \frac{1.82 \text{ g}}{2.94 \text{ g}} \times 100\% = 61.9\%$$

【公式汇总】

$$\text{Purity} = \frac{\text{Mass of target substance}}{\text{Mass of contaminated sample}} \times 100\%$$

第六章

"自由"的粒子——气体
"Free" Particles – Gases

考纲定位

3.4 Ideal Gas Law

3.5 Kinetic Molecular Theory

3.6 Deviation from Ideal Gas Law

重点词汇

1. Ideal gas law 理想气体方程
2. Partial pressure 分压
3. Average kinetic energy 平均动能
4. Maxwell – Boltzmann distribution 麦克斯韦—玻尔兹曼分布

考点简述

Ideal Gases:

1. ***Ideal gas law***: $PV = nRT$.

2. In a mixture of non – reacting gases, the total pressure exerted is equal to the sum of the ***partial pressures*** of the individual gases.

3. Partial pressure of gas A in a gas mixture, $P_A = P_{total} \times \chi_A$

Kinetic Molecular Theory:

1. The ***average kinetic energy*** of gas particles in a sample is proportional to the Kelvin temperature of the sample.

2. The kinetic energies of gas particles in a sample follows ***Maxwell – Boltzmann distribution***.

Real Gases：

1. A real gas occupies larger volume and has lower pressure, respectively, than an ideal gas under the same condition.

2. A real gas behaves more ideally with weaker intermolecular forces, at higher temperature, and at lower pressure.

知识详解

一、理想气体方程

气体与固体和液体有很大的不同，气体粒子间距极大，动能极高，这样的特点让气体的很多性质不受粒子种类的影响。科学家们对气体的物理性质进行了多方面的研究，最终法国物理学家埃米尔·克拉佩龙在前人研究①的基础上，提出了"理想气体方程"，即：

$$PV = nRT$$

式中，P 为气体压强，V 为气体体积，n 为气体摩尔数，T 为气体的开尔文温度。R 称为"理想气体常数"，根据 P 和 V 的单位不同，R 的单位和值也不同。常用的 R 值有 8.314 Pa·m^3·mol^{-1}·K^{-1}（或 kPa·L·mol^{-1}·K^{-1}）和 0.08206 atm·L·mol^{-1}·K^{-1}。以后在热力学、化学平衡和电化学的公式中也会有 8.314 J·mol^{-1}·K^{-1}，不过此单位不用于理想气体方程的计算。

该式可以计算特定温度和压强下 1 mol 理想气体所占的体积，即气体摩尔体积 V_m。比如，在"标准状况（standard temperature and pressure, STP, 即 0℃，1 atm②）"下，$V_m ≈ 22.42$ L/mol。

该式还可以进行变形：

$$PV = \frac{m}{M}RT \Rightarrow PM = \frac{m}{V}RT \Rightarrow PM = \rho RT$$

对于理想气体来说，其物理性质不受气体种类影响，因此理想气体方程也适用于混合气体（组分互相不发生反应的前提下），其中的不同气体的摩尔数可以相加，以计算混合气体在一定条件下的温度、压强或体积。

1. 理想气体方程的延伸——分压

由于理想气体方程不受气体种类的影响，因此可以将某容器中的混合气体的总压强看作是各组分气体共同"贡献"而成的。比如，假设某容器中含有三种气体 A，B，C，它们的摩尔数分别为 n_A、n_B、n_C，根据理想气体方程可得：

---

① 包括波义耳定律（同温下气体压强与体积成反比）、查尔斯定律（同压下气体体积与温度成正比）、盖·吕萨克定律（同容下气体压强与温度成正比）和阿伏伽德罗定律（同温下气体摩尔数与体积成正比）。

② 1982 年起，标准压强已从 1 atm 修改为 100 kPa，但 AP 考试暂未跟进。

$$PV = (n_A + n_B + n_C)RT$$

将上式变形可得：

$$P = \frac{n_A RT}{V} + \frac{n_B RT}{V} + \frac{n_C RT}{V}$$

观察等式右侧各项可以发现，每项都是各组分气体分别单独盛装在该容器中时应该产生的压强，称之为各组分气体的"分压"。根据分压的定义，在容器不变的情况下，某组分的分压是不受其他气体的加入而影响的。

该结论被称为"道尔顿分压定律"，它指出：不相互反应的混合气体所产生的压强，是其各组分气体的分压之和，即：

$$P_{total} = P_A + P_B + P_C$$

并且根据该式，还可以推出：混合气体中组分 A 的分压 P_A 在总压强中的占比等于其摩尔占比，即：

$$P_A = P_{total} \cdot \chi_A$$

式中，χ_A 为组分 A 的摩尔占比：

$$\chi_A = \frac{n_A}{n_{total}}$$

二、分子动理论

根据对气体性质的研究，人们总结出了"分子动理论"，提出物质是由不断运动的微粒构成的，并且对这些运动的微粒提出了一些性质上的假设，定义出了符合理想气体方程的所谓的"理想气体"：

（1）气体粒子间的碰撞是"弹性碰撞（elastic collision）"，没有动能损耗。

（2）气体的压强是由于气体粒子不断撞击容器壁造成的，其大小取决于：

①每次撞击的力度；

②撞击的频率。

（3）气体粒子本身所占的体积忽略不计。

（4）气体粒子间作用力忽略不计。

（5）某系统中，气体粒子的平均动能与该气体的开尔文温度成正比（动能 Kinetic energy, $KE = \frac{1}{2}mv^2$）。

根据以上假设，还可以做出以下推论：

（1）某系统中气体粒子的平均动能（和速度）只受温度影响。

①相同温度下，任何气体所含的粒子平均动能一定相同。

②相同温度下，越轻（相对质量越小）的粒子运动速度越快。

（2）相同体积下，某容器中气体的压强随着温度的升高而增大，因为气体粒子的平均动能增加，导致：

①气体粒子对容器壁的撞击力度增大。

②气体粒子对容器壁的撞击频率增加。

(3) 相同温度下,某容器中气体的压强随着体积的减小（压缩）而增大。虽然气体粒子的平均动能未变,但是单位体积内气体粒子数量增加,导致气体粒子对容器壁的撞击频率增加。

2. 麦克斯韦—玻尔兹曼分布

一个系统中气态粒子的动能分布遵循"麦克斯韦—玻尔兹曼分布",如图6-1所示。横坐标为粒子动能（在系统中,粒子种类相同的情况下也可表示为粒子速度）,纵坐标为具有该动能（或速度）的粒子数目（或占比）,因此曲线总底面积为系统中粒子总数。

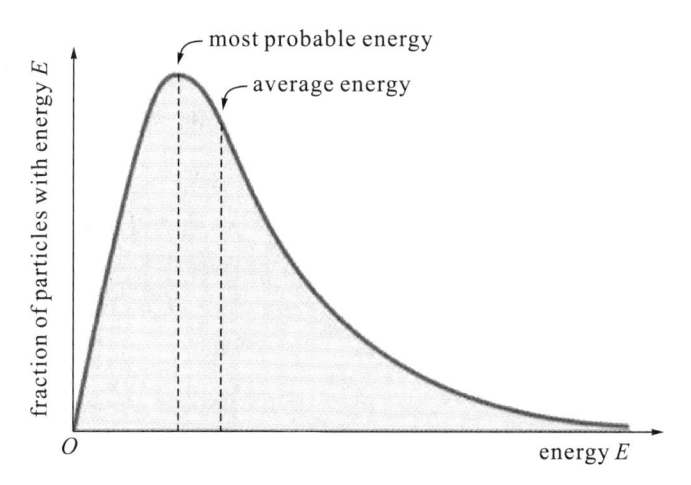

图6-1 某系统内气体的麦克斯韦—玻尔兹曼分布

通过分析可以得出,有很少的粒子具有很低或很高的动能,大部分粒子都具有中等大小的动能;含有曲线最高点的横坐标对应的能量的粒子数量最多,粒子平均动能略大于该能量;由于图像底面积为粒子总数,因此粒子数目不变的情况下该分布仅随温度变化而变化。

当温度升高时,粒子平均动能增大,因此该分布总体向右移动,又由于底面积（粒子总数）不变,曲线最高点还会向下移动,如图6-2所示。

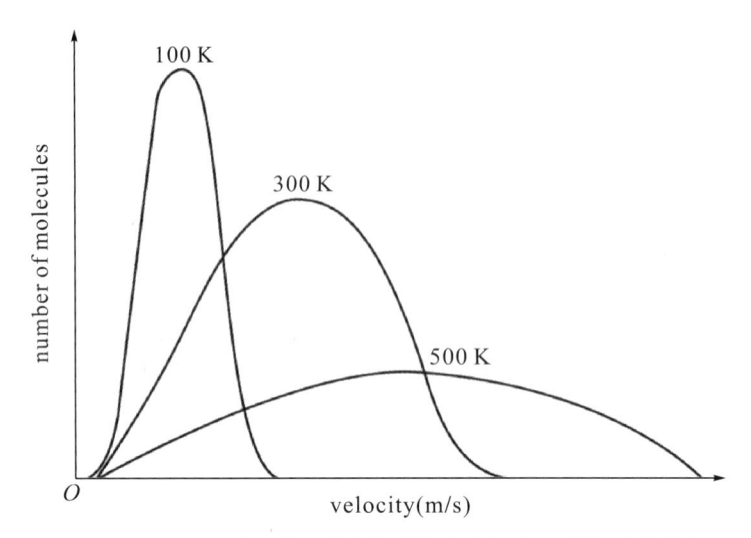

图 6-2 不同温度下某系统内气体的麦克斯韦—玻尔兹曼分布

但当麦克斯韦—玻尔兹曼分布图像的 x 轴为粒子速度时，不同相对质量的气体在相同温度下就会具有不同的分布曲线，相对质量大的气体运动得更慢，如图 6-3 所示。

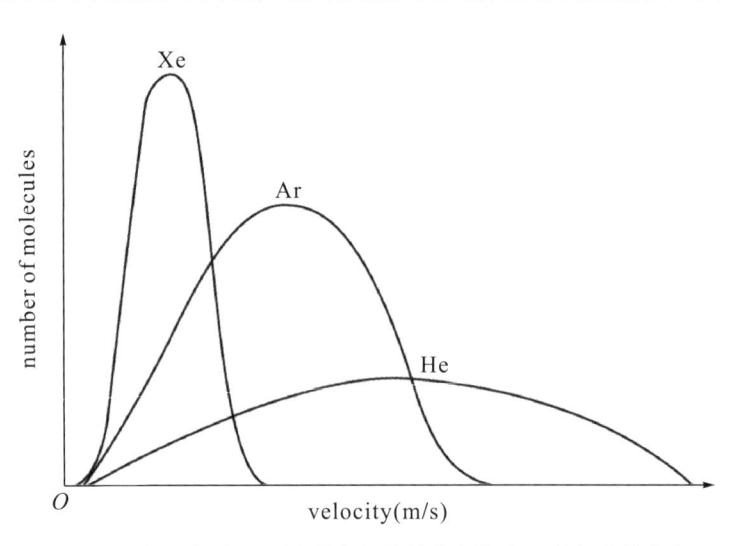

图 6-3 相同温度下不同稀有气体的麦克斯韦—玻尔兹曼分布

三、真实气体

当然，真实气体并不完全满足理想气体的假设，其中最重要的两点是：

（1）真实气体粒子具有体积，因此在其他条件相同的情况下，真实气体的体积比理想气体方程所计算出的体积更大。

（2）真实气体粒子间具有作用力（一般是以吸引力为主的分子间作用力），在碰撞容器壁时比理想气体粒子的撞击力度更小，因此在其他条件相同的情况下，真实气体的压强比理想气体方程所计算出的压强更小。

因此，真实气体在以下条件下更接近理想气体：

（1）高温。更高温度下气体粒子动能更大，粒子间作用力所带来的能量损耗占比更小，碰撞更接近弹性碰撞。

（2）低压。更低的压强意味着相同体积内粒子数量更少，粒子间距更大，粒子本身的体积相对于间距更加可以忽略不计。

（3）气体分子间作用力小。极性更小、分子量更小的气体之间的分子间作用力更小。

【公式汇总】

1. $PV = nRT$

2. $PM = \rho RT$

3. $P_{\text{total}} = P_A + P_B + P_C$

4. $P_A = P_{\text{total}} \cdot \chi_A$

5. $KE = \dfrac{1}{2}mv^2$

第七章 均匀混合物——溶液
Homogeneous Mixtures - Solutions

第一节 溶液的制备与分离
Preparation and Separation of Solutions

考纲定位

3.7 Solutions and Mixtures

3.8 Representations of Solutions

3.9 Separations of Solutions and Mixtures Chromatography

3.10 Solubility

重点词汇

1. Miscible 互溶的
2. Distillation 蒸馏
3. Chromatography 层析法
4. Mobile phase 流动相
5. Stationary phase 固定相

考点简述

Solubility:

Substances with similar intermolecular interactions tend to be *miscible* or soluble in one another.

Separation of Solutions:

1. ***Distillation*** separates chemical species by their difference in boiling points (vapor pressure).

2. ***Chromatography*** separates chemical species by their difference in polarity which in turns leads to different affinities to the ***mobile phase*** and the ***stationary phase***.

知识详解

一、电解质与其溶液的配制

化学反应有许多是在水溶液中进行的，最常见的如酸、碱、盐之间的反应。那么，酸、碱、盐溶于水后发生了什么变化？水溶液中这些物质之间的反应有什么特点呢？

实验表明，干燥的如 NaCl 等离子化合物的固体都不导电，蒸馏水也几乎不导电。但是，离子化合物的水溶液却都能够导电。不仅如此，如果将离子化合物的固体加热至熔化，它们也都能导电。HCl 气体不能导电，其水溶液盐酸却可以导电。

这种在水溶液里或熔融状态下能够导电的化合物叫作"电解质（electrolyte）"，反之则叫作"非电解质（nonelectrolyte）"，比如蔗糖（sucrose，$C_{12}H_{22}O_{11}$）。不难看出，离子化合物和酸都是电解质。

当电解质溶于水或受热熔化时，形成自由移动的离子的过程叫作"电离（ionization）"，这是它们导电的原因。电解质的电离可以用电离方程式表示。例如：

$$NaCl \longrightarrow Na^+ + Cl^-$$
$$KOH \longrightarrow K^+ + OH^-$$
$$KNO_3 \longrightarrow K^+ + NO_3^-$$
$$HCl \longrightarrow H^+ + Cl^-$$
$$H_2SO_4 \longrightarrow H^+ + HSO_4^-$$
$$HNO_3 \longrightarrow H^+ + NO_3^-$$

不过，不同电解质电离的能力有强弱之分。在水溶液或熔融状态下几乎完全电离的电解质被称作"强电解质（strong electrolyte）"，比如 HCl、H_2SO_4、HNO_3 等强酸，NaOH、KOH、$Ba(OH)_2$ 等强碱，以及绝大多数盐；在水溶液或熔融状态下仅部分电离的电解质被称作"弱电解质（weak electrolyte）"，比如 CH_3COOH、HClO、HF 等弱酸，$NH_3 \cdot H_2O$、$Cu(OH)_2$ 等弱碱，以及极少数盐。弱电解质的电离属于可逆反应，其电离方程式需要写可逆符号"$\rightleftharpoons$"。比如氢氟酸 HF 的电离，氢氟酸的水溶液中，大部分 HF 仍以分子形态存在，只有小部分电离为 H^+ 和 F^-：

$$HF \rightleftharpoons H^+ + F^-$$

需要注意的是，电解质的强弱与溶解度并没有关系。例如 $Ca(OH)_2$ 微溶于水，但溶解的 $Ca(OH)_2$ 完全电离为 Ca^{2+} 和 OH^-，因此 $Ca(OH)_2$ 是强电解质，也是强碱。但是溶液导电性的强弱与溶液中的离子数量（和离子所带电荷数）正相关，所以导电性与溶解度有关。

大部分实验中所需要配制的溶液都是电解质溶液，因为需要离子参与反应。在第

五章《化学中的定量分析——化学计量学》和第十三章《实验操作》中包含了溶液浓度的计算以及溶液制备的实验操作，其中离子浓度、仪器选择等都需要被熟练掌握。

二、溶剂对溶质的"接纳程度"——溶解度

溶解的本质是溶质（solute）均匀分散在溶剂（solvent）中。

想象己烷 C_6H_{14} 与水 H_2O 的互溶过程，H_2O 分子间存在氢键，C_6H_{14} 作为非极性分子，与 H_2O 分子间不能形成与氢键强度相当的分子间作用力，H_2O 分子如同"手拉手"一样拒绝 C_6H_{14} 分子的进入。

再想象氯化钠 NaCl 在四氯化碳 CCl_4 中的溶解过程，钠离子 Na^+ 和氯离子 Cl^- 之间存在离子键，CCl_4 分子作为非极性分子，无法与带电离子形成强度与离子键相当的作用力，Na^+ 和 Cl^- 在 CCl_4 液体中"抱团"、沉底，而无法溶解。

而当 NaCl 进入水中时，Na^+ 与 Cl^- 能与水分子形成离子—偶极作用，水分子包裹着离子脱离晶格，即溶解；当 C_6H_{12} 与 CCl_4 互溶时，由于都只具有色散力，因此可以互相"穿插"混合。

一般来说，极性分子（或离子化合物）作为溶质更易溶于极性溶剂中，非极性分子作为溶质更易溶于非极性溶剂中。这种粗略的判断称为"相似相溶（like dissolves like）"。

当然，"相似相溶"原理是一种非常简易的结论总结，仅适用于初步的、相对的判断。比如存在许多在水中难溶的离子化合物，又由于诱导力的存在，非极性分子在极性溶剂中也有一定的溶解度（比如氧气、二氧化碳溶于水）。

另外，之前也提到过一些有机分子还含有非极性的一端（比如碳链）和极性的一端（比如极性较大的官能团，如—OH、—NH_2、C=O 等）。在不同溶剂中的溶解度取决于两端的占比，比如甲醇、乙醇、丙醇可溶于水，而丁醇及以后的同系物在水中的溶解度就开始明显下降。一些有机分子的这样一端亲水（hydrophilic）、一端疏水（hydrophobic）的性质常常应用于清洁剂，由疏水的一端与油污混合，再通过亲水的一端结合流动的水，最终流水冲洗干净清洁剂与油污的混合物。

总的来说，溶质与溶剂分子间形成的作用力越大，溶解度越高。

三、溶液的分离

蒸发和蒸馏分别用来分离一定条件下的溶质和溶剂[①]。

蒸发一般用于从溶液中分离原本物态为固体的溶质，在加热的过程中，溶剂蒸发减少，溶质会逐渐析出晶体，直到完全干燥。

与之相关的操作是"重结晶（recrystallization）[②]"，这是一种固体提纯的方法。由

[①] 见第十三章《实验操作》第四节。
[②] 见第十三章《实验操作》第五节。

于一般固体溶质在固定溶剂中的溶解度随温度升高而增大，所以高温状态下的饱和溶液在冷却过程中会析出晶体，又因为一般目标物质的量远大于杂质的量，在溶剂逐渐减少的过程中会先过饱和、析出晶体，过滤后冲洗烘干即可获得更纯的该溶质。

蒸馏（或分馏）是利用两种（或以上）互溶液体的不同沸点来分离溶液的，但如果其组分沸点相似而极性不同，那么它们就需要用"层析法①"来分离。这种方法利用"相似相溶"原理，一般用小极性的溶剂作为"洗脱剂（eluent）"带动溶液中组分作为"流动相"在大极性的"固定相"上移动。溶液中极性较小的组分与固定相之间的吸引力较小，移动速度更快；溶液中极性较大的组分将受到固定相的更大吸引而移动速度更慢，这样就将极性不同的组分分离开来了。

第二节　光谱分析
Spectroscopy

考纲定位

3.11 Spectroscopy and the Electromagnetic Spectrum

3.12 Photoelectric Effect

3.13 Beer - Lambert Law

重点词汇

1. Electromagnetic wave 电磁波
2. Wavelength 波长
3. Frequency 频率
4. Photon 光子
5. Microwave 微波
6. Rotational level 转动能级
7. Infrared（IR）红外
8. Vibrational level 振动能级
9. Ultraviolet（UV）紫外
10. Visible light 可见光
11. Electronic energy level 电子能级
12. Absorbance 吸光度

考点简述

Spectroscopy：

1. ***Electromagnetic waves*** travel at the speed of light, and their ***wavelengths*** are inversely proportional to the ***frequencies***, where $c = \lambda \nu$.

2. A ***photon*** of an electromagnetic wave possesses energy proportional to its frequency:

---

① 见第十三章《实验操作》第六节。

$E = h\nu$.

3. ***Microwave*** radiation is associated with transitions in molecular ***rotational levels***.

4. ***Infrared*** radiation is associated with transitions in molecular ***vibrational levels***.

5. ***Ultraviolet/visible*** radiation is associated with transitions in ***electronic energy levels***.

Spectrophotometry:

The ***absorbance*** of light of a colored solution is proportional to its concentration: $A = \varepsilon bc$.

知识详解

一、电磁波

相比于固态和气态，溶液中的物质运动相对自由，易受到外界能量的影响，又相对易于进行变量控制，因此如结构分析、元素分析等分析方法常常使用被分析物质的溶液来进行相应的实验操作。其中最典型的是通过溶液中分子对电磁波的吸收与释放分析其结构、性质、浓度等的方法——"光谱法（spectroscopy）"。

光，或者更准确地说是"电磁辐射（electromagnetic radiation）"，是能量传递的重要形式之一。滋养地球的阳光、加热食物的微波、扫描身体的 X 光等都是电磁辐射的典型事例。虽然不同的电磁辐射所携带的能量不同，但它们都是以"波（wave）"的形式、光的速度（真空中）进行传递的。

波有三个主要的属性：波长 λ、频率 ν 和速度 c。波长是波传递时相邻两个波峰或波谷之间的距离，常用单位为 nm；波的频率代表波的振动速度，是波传递时单位时间内（一般为 1 s 内）经过空间中某一固定点的波的数量，常用单位是 Hz（即 s^{-1}）；真空中所有电磁波的速度都为光速 c，2.9979×10^8 m/s。三种属性有如下关系：

$$c = \lambda \nu$$

式中，波长 λ 的单位常常是 nm，而光速 c 的单位是 m/s，计算时要注意换算。

由于光速不变，因此电磁波的波长与频率成反比，即只要确定波长（或频率）就可对应一种电磁波。不同波长（频率）的波如图 7-1 所示。

图7-1　不同波长（频率）的波示意图

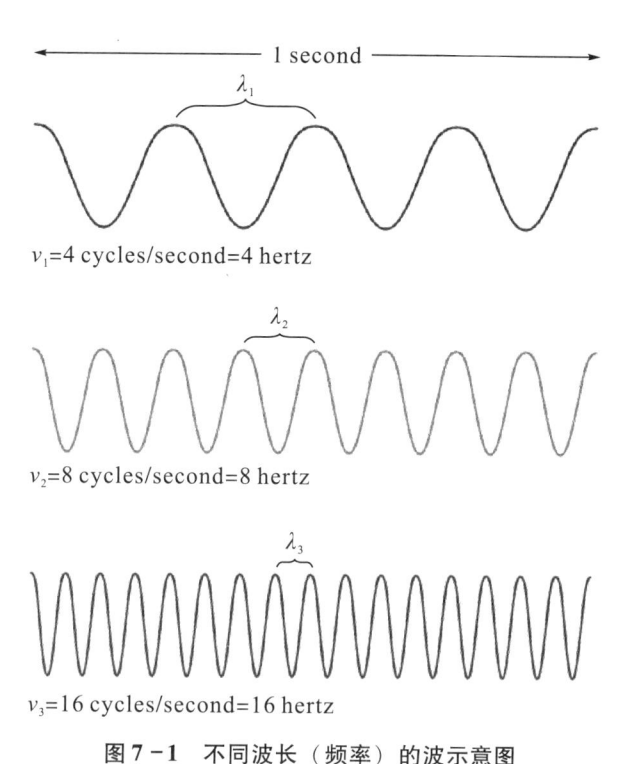

最常见的电磁波是"可见光"，可见光的波长决定了其颜色，而白光包含了所有波长的可见光。但是，可见光只是电磁波中很小的一部分，如图7-2所示。

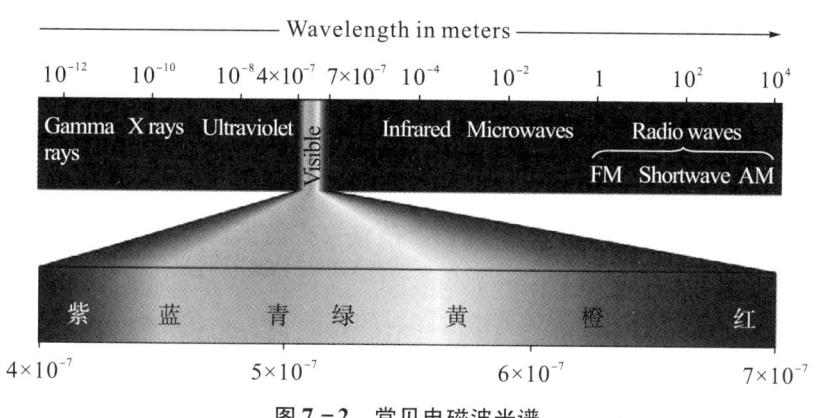

图7-2　常见电磁波光谱

从图7-2中可以发现，波长越短（频率越高）的电磁波所携带的能量越高，比如"紫外线"能灼伤皮肤，而"红外线"却可以用来作为遥控器控制电器的手段日常使用。

1900年，德国物理学家马克斯·普朗克在研究辐射时发现，物质（以电磁波的形式）吸收或释放的能量永远是某一个最小值的整数倍，而不是任意的、连续的能量。这个最小值为$h\nu$，即：

$$\Delta E = nh\nu$$

式中，n 是整数（1，2，3，…），h 是普朗克常数 6.626×10^{-34} J·s，ν 是吸收或释放的电磁波频率。

普朗克的发现说明能量是"量化的（quantized）"，即任何能量都可以看作是"一份一份"的，每"一份"能量称作一个"量子（quantum）"。

根据能量的这一性质，阿尔伯特·爱因斯坦提出电磁波本身也是量化的：既然电磁波是传递能量的一种方式，那么就可以把电磁辐射看作一束粒子，即"光子"，每个光子携带一个量子的能量：

$$E_{photon} = h\nu = \frac{hc}{\lambda}$$

当分子或原子吸收或放出电磁波时，可以看作是在吸收或放出光子。之前学过的光电子能谱（PES）就是依靠向原子照射频率逐渐升高的电磁波，直到一个光子的能量恰好使一个某亚层电子脱离原子束缚，来计算该亚层电子的结合能和分析原子的电子排布的。

二、以电磁波传递能量的分析法——光谱分析

分子根据状态不同会含有不同的能量，或者说处于不同的能级。分子在不同能级之间通过吸收或释放能量进行跃迁，其方式之一就是吸收或释放电磁波。

导致分子能量不同的状态主要分为三种：转动状态（转动能级）、振动状态（振动能级）、电子状态（电子能级）。三种状态所对应的能级间的能量差不同，因此在不同状态的能级间跃迁所吸收的电磁波频率（波长）也不同。

1. 转动能级

在溶液状态时，分子可以以不同的方式、沿着不同的方向旋转。一个旋转的状态对应一个能级，而这些转动能级间的能量差相对较小，分子在转动能级间的跃迁所需要吸收的光子能量也就较小，对应的电磁波的波长落在光谱中"微波"的区间中。比如生活中常用的微波炉，就是通过产生微波辐射使食物中的极性分子（主要是水分子）不断转动、动能升高，从而使食物温度升高的。

总的来说，分子通过吸收或放出微波辐射的光子进行转动能级间的跃迁。

2. 振动能级

共价键是两个原子间的共用电子对，它对于两边的原子核都有静电作用力，并且它们之间的距离有一定的"活动空间"，因此两个通过共价键连接的原子类似于由一根弹簧连接的两个小球，并且以一定的频率振动，如图 7-3 所示。

振动频率受原子质量、键能等因素影响，但总的来说，特定的共价键具有特定的振动频率。当受到电磁辐射照射时，共价键会吸收与自身振动频率相同的电磁波，类似物理中的共振。这些频率（波长）对应的电磁波位于光谱中"红外"的区间中。

总的来说，分子通过吸收或放出红外辐射的光子进行振动能级间的跃迁。

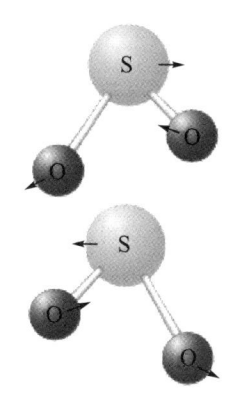

图 7-3　SO₂ 分子中共价键振动示意图

"红外光谱法（IR spectroscopy）"是指向分子照射一系列波长位于红外区间的电磁波，通过分析分子吸收的红外辐射判断分子内所含的共价键、官能团和其他结构信息的方法。分子对红外辐射的吸收由"红外光谱（IR spectrum）"展示，如图 7-4 所示。

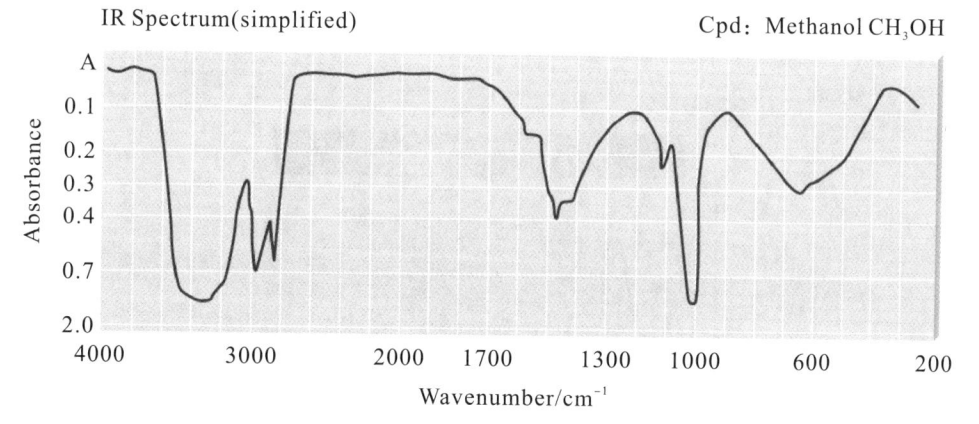

图 7-4　Methanol 的红外光谱

通过对比数据库中各共价键所对应的频率，可以判断出该光谱中的 O—H 键和 C—O 键。常见共价键的波数见表 7-1。

表 7-1　常见共价键的"波数（wavenumber）①"

Bond	Wavenumber（cm⁻¹）
C—H	2850~3300
C=C	1640~1680
C≡C	2100~2260
C—O	1080~1300
C=O	1690~1760
O—H	3610~3640

---

① 波数是波长（cm 为单位）的倒数，与频率成正比。

3. 电子能级

与原子内的电子一样，分子内的电子也可以从基态跃迁到激发态。当电子吸收一个能量恰好为电子能级间能量差的光子时，就会在电子能级间进行跃迁。含有该能量的光子所对应的电磁波频率（波长）正好属于光谱中"紫外"和"可见光"的区间。

总的来说，分子通过吸收或放出紫外或可见光辐射的光子进行电子能级间的跃迁。

就像红外光谱法一样，"电子光谱法（electronic spectrum）"是向分子照射紫外线或可见光，根据分子对不同波长辐射的吸收程度进行记录，辅助分析分子结构的方法，利用的是不同分子中有特定的电子能级差的现象。

大部分分子的电子能级间的能量差所对应的电磁波频率（波长）都属于紫外区间，进行跃迁时吸收紫外辐射，但是也有一些分子在电子能级间的跃迁吸收可见光。这样的分子（或离子）在溶液中会呈现出特定的颜色，因为当白光照射它们时，它们吸收一部分波长（颜色）的可见光，剩下的光就是对应的相反色。比如铜离子 Cu^{2+} 在水溶液中呈蓝色，是因为该离子中的电子跃迁吸收了可见光中的红光[①]；胡萝卜素中碳碳单键和双键交替的结构导致其电子跃迁吸收紫光和蓝光，因此呈现橙色——胡萝卜的颜色，如图 7-5 所示。

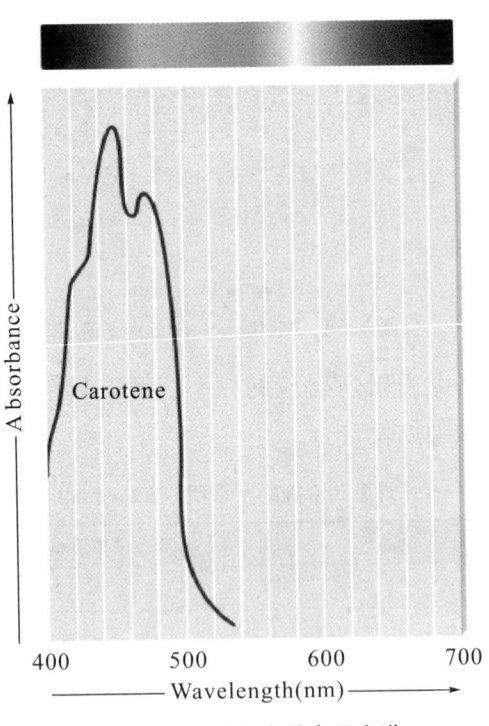

图 7-5 胡萝卜素的电子光谱

[①] 实际吸光的是 $[Cu(H_2O)_6]^{2+}$ 离子。

三、颜色深浅与浓度——吸光光度法

刚刚提到，溶液呈现出特定的颜色是因为溶质会吸收特定波长的可见光，因此溶液的浓度，即溶质的量，与吸收光的量就一定呈正相关——越浓的溶液，颜色越深，吸光量越大。因此可以利用这样的关系，通过分析有色溶液的吸光量来进行非常快速而准确的溶液浓度测定[①]，这样的浓度测定法还无须消耗样本，在适用时是比滴定更好的方法。

"吸光光度法[②]"是向目标分子照射单一波长的可见光，测量其吸光量并计算其浓度的方法，如图7-6所示。

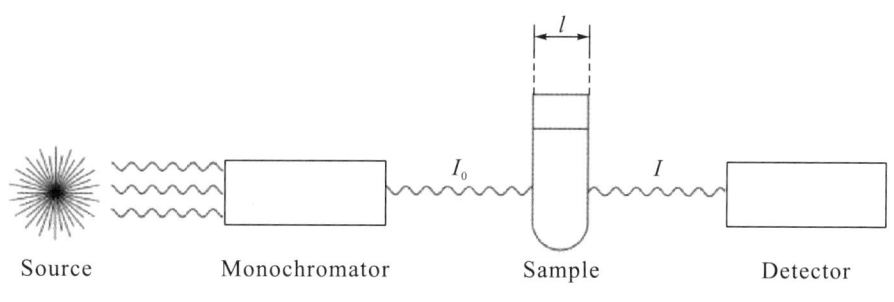

图7-6 分光光度计的工作原理

"分光光度计"会选择性地照射由电子光谱所确定的目标分子吸收量最大的波长的可见光。比如，在测定胡萝卜素溶液的浓度时，分光光度计会照射波长约为450 nm的单色光，其目的是增加吸光量，减小相对不确定度。一个位于样本溶液后方的探测器会接收透过样本溶液的光，并与最初照射的光量进行比较，计算出"吸光度"，最终由"比尔—朗伯特定律（Beer-Lambert law）"计算出溶液的浓度：

$$A = \varepsilon b c$$

式中，A是吸光度，无单位；ε是摩尔吸收度（molar absorptivity），是衡量样本对特定波长的光的吸收能力的量，常用单位是L/(mol·cm)；b是介质厚度，也就是光在样本中行进的距离，或者说样本容器——"比色皿（cuvette）"的宽度，常用单位是cm；c是样本浓度，单位是mol/L。

在大多数实验中，用同一分光光度计测定含有相同溶质的溶液浓度时，介质厚度和单色光的波长都是恒定的。在这样的情况下，ε和b为常数，吸光度和溶液浓度成正比。在吸光度和溶液浓度正比系数未知的情况下，可以先配制数份不同浓度的该溶液并测量其吸光度，由多个数据点作出"最优拟合线（best-fit line）"，再测定未知浓度的溶液的吸光度，对应图像中的溶液浓度。

---

① 有色气体也可用此法测定浓度。
② 见第十三章《实验操作》第七节。

【公式汇总】

1. $c = \lambda \nu$

2. $E_{photon} = h\nu = \dfrac{hc}{\lambda}$

3. $A = \varepsilon bc$

第八章 化学中的能量变化——热力学
Energy Change in Chemistry - Thermodynamics

第一节 热量与温度
Heat and Temperature

考纲定位

6.1 Endothermic and Exothermic Processes

6.2 Energy Diagrams

6.3 Heat Transfer and Thermal Equilibrium

6.4 Heat Capacity and Calorimetry

重点词汇

1. Heat transfer/exchange 热传导/热交换
2. Thermal equilibrium 热平衡
3. Endothermic 吸热的
4. Exothermic 放热的
5. Calorimetry 热力计

考点简述

Heat Transfer:

1. The particles in a warmer body have a greater average kinetic energy than those in a cooler body.

2. ***Heat transfer/exchange*** is due to the collisions between particles in thermal contact.

3. Two bodies reach ***thermal equilibrium*** by eventually have particles with the same average kinetic energy and are therefore at the same temperature.

Energy Change:

1. Energy changes in a system can be described as ***endothermic*** and ***exothermic*** process.

2. For chemical reactions, an exothermic reaction releases heat to the surroundings, so products have lower energy than the reactants; and an endothermic reaction gains heat from the surroundings, so the products have higher energy than the reactants, shown by energy diagrams.

3. The formation of a solution may be an exothermic or endothermic process, depending on the relative strengths of intermolecular/interparticle interactions before and after the dissolution process.

Calorimetry:

1. ***Calorimetry*** measures the energy change of a system by its temperature change: $q = mc\Delta T$.

2. Energy is conserved in chemical and physical processes.

知识详解

一、系统（system）、环境（surroundings）与宇宙（universe）

生活中有各种冷热各异的物质，它们之间会进行热量的传导。当对某研究对象进行热量相关的分析，即"热力学（thermodynamics）"分析时，一般会用一个假想的（或真实存在的）边界将其与它的外部隔开。该研究对象称为"系统"，其外部空间称为这个系统的"环境"，它们共同组成了"宇宙"。

系统有"开放系统（open system）""封闭系统（closed system）""隔热系统（insulated 或 adiabatic system）"和"孤立系统（isolated system）"之分。

开放系统可以与环境进行物质和能量的交换。比如，通过质量减少的速度研究碳酸钙 $CaCO_3(s)$ 在稀盐酸 $HCl(aq)$ 中反应生成二氧化碳 CO_2 的速率时，敞开的烧杯就是一个开放系统。

封闭系统可以与环境进行能量的交换，但不能进行物质的交换。比如，通过碳酸钙 $CaCO_3(s)$ 与稀盐酸 $HCl(aq)$ 反应验证质量守恒定律时，需要在烧杯上方加装一个气体收集装置（如气球），但是反应所生成的热会通过容器散发到环境中，反应容器和收集装置作为一个整体就是一个封闭系统。

隔热系统可以与环境进行物质的交换，但不能进行能量的交换。比如，把烧红的铁块丢进烧杯中常温的水中，测量其最终温度时，为了保证数据的准确，需要将烧杯置于隔热罩中防止热量散失，隔热罩内部就是一个隔热系统。

孤立系统不能与环境进行物质或能量的交换，是高度理想化的系统，实际操作中暂不涉及。

在本章中，热力学系统都是隔热系统。

二、热量的传递方式之一——热传导

当物体吸收或放出热量（heat 或 thermal energy）时，其温度一般会相应地上升或下降，即被加热或冷却。但是不同的物质随着热量变化，温度的变化量不同。人们常用"比热容（specific heat capacity）"来表示单位质量的物质升高（或降低）1℃所需要吸收（或放出）的热量，符号为 c，常用单位是 $J \cdot g^{-1} \cdot ℃^{-1}$ 或 $J \cdot g^{-1} \cdot K^{-1}$[①]。热量变化与比热容的关系为：

$$q = mc\Delta T$$

式中，q 是热量变化，m 是物质的质量，c 是物质的比热容，ΔT 是物质的温度变化。当温度上升，$\Delta T > 0$ 时，$q > 0$，表示吸热过程；当温度下降，$\Delta T < 0$ 时，$q < 0$，表示放热过程。注意到由于是"温度变化"，单位为℃或 K 得到的结果是一致的。

可以看出，比热容越高，物质改变温度越"困难"。在湖边的屋子比城市中的更"冬暖夏凉"，就是因为水的比热容约为 $4.184 \ J \cdot g^{-1} \cdot ℃^{-1}$，相对于别的物质比热容较大，在冬天和夏天温度改变相对较小。

热量总是从温度较高的物体传导至温度较低的物体，称为"热传导"或"热交换"。这种现象的微观解释是什么呢？

在第六章《"自由"的粒子——气体》中曾提到分子动理论，该理论其中一个结论就是"系统内部的开尔文温度与其所含所有粒子的平均动能成正比"。换句话说，宏观上物体的冷热，在微观上实际是粒子运动的平均动能大小（在粒子相同的情况下还可以理解为粒子运动的快慢），温度更高的物体所含的粒子具有更高的平均动能，反之亦然，与粒子种类无关。

当温度不同的两个物体接触时，它们的粒子相互碰撞并传递动能，在宏观上体现为热传导，并且热传导会持续至两物体具有完全相同的平均动能为止，此时称两者达到了"热平衡"。达到热平衡后，粒子并没有停止运动、碰撞和进行动能传递，只是因为两物体平均动能相同，在宏观上没有具有方向性的热传导。

热传导的方向只与温度高低有关，与粒子数目和种类无关，热平衡温度一定处于两个初始温度之间。由于不同物质的比热容不同，摩尔数（质量）也不一定相同，达到热平衡后传递热量的两个物体的温度变化的绝对值不一定相等——比热容越大，摩尔数越多（质量越大），温度变化越小，反之亦然，但它们得失的热量的绝对值一定相等。这也是"热力学第一定律（the first law of thermodynamics）"的内容："能量守恒（conservation of energy）"。

[①] 另一常用物理量是"摩尔比热容（molar heat capacity）"，表示单位质量的物质升高（或降低）1℃所需要吸收（或放出）的热量，单位是 $J \cdot mol^{-1} \cdot ℃^{-1}$ 或 $J \cdot mol^{-1} \cdot K^{-1}$。

$$q_1 = -q_2$$
$$m_1 c_1 \Delta T_1 = -m_2 c_2 \Delta T_2$$

三、化学能量的转化——吸热反应和放热反应

除了热传导这样的热量直接传递外，热量还可以在不同的形式之间转化，比如化学能就可以转化为热能，或者热能转化为化学能，然后依靠温度变化，就能测量该能量变化的值。

化学反应总是伴随着能量的变化，该能量变化常用 ΔH 表示。比如烃的燃烧会放出大量的热，将八水氢氧化钡 $Ba(OH)_2 \cdot 8H_2O$ 晶体研细与氯化铵 NH_4Cl 晶体混合后，用玻璃棒搅拌会导致湿润的烧杯底结冰等。

化学上把释放热量的化学反应称为"放热反应（exothermic reaction）"，如金属与酸的反应，可燃物在氧气中的燃烧等都是放热反应。放热反应中，系统能量降低，产物的能量低于反应物的能量，$\Delta H < 0$。

吸收热量的化学反应称为"吸热反应（endothermic reaction）"，如八水氢氧化钡 $Ba(OH)_2 \cdot 8H_2O$ 与氯化铵 NH_4Cl 的反应，灼热的炭 C 与二氧化碳 CO_2 的反应等都是吸热反应。吸热反应中，系统能量升高，产物的能量高于反应物的能量，$\Delta H > 0$。

"能量图（energy diagram）"可以用来描述放热反应与吸热反应，如图 8-1 所示。产物与反应物的能量差就是该反应的能量变化。

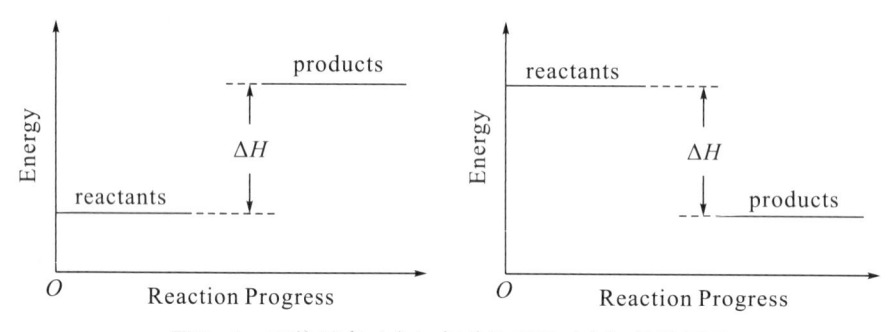

图 8-1 吸热反应（左）与放热反应（右）的能量图

那么化学反应过程中为什么会有能量变化？

之前学到，物质中的原子或离子之间是通过化学键相结合的，当化学反应发生时，反应物的化学键断裂要吸收能量，而生成物的化学键形成要放出能量。以 1 mol H_2 与 1 mol Cl_2 化合生成 2 mol HCl 的反应为例：

$$H_2(g) + Cl_2(g) \longrightarrow 2HCl(g)$$

在 25℃ 和 101 kPa 条件下，断开 1 mol H—H 键要吸收 436 kJ 的能量，断开 1 mol Cl—Cl 键要吸收 243 kJ 的能量，断键所需能量共为 679 kJ；而形成 2 mol H—Cl 键要释放 862 kJ 的能量，因此该反应净释放 183 kJ 的能量，为放热反应。

断键吸热、成键放热是化学反应中能量变化的主要原因。

比较特殊的是溶液的制备，以电解质溶于水后的溶解过程为例，该过程可以分为以下三个阶段：

（1）电解质中的共价键或离子键断裂。

（2）水分子之间的氢键断裂。

（3）水分子和电解质电离出来的离子建立离子偶极作用。

和化学键相似，第（1）（2）步是吸热过程，第（3）步是放热过程，而最终溶液的形成是放热过程还是吸热过程取决于这三步总的能量变化。

四、通过温度变化测量热量变化——热力计

将可进行热量传导或变化的物质放在一个隔热系统中，就制成了一个"热力计（calorimeter）"。"热力计实验[①]"可以通过温度变化来测量物理变化或化学变化所伴随的能量变化。

【公式汇总】

1. $q = mc\Delta T$

2. $m_1 c_1 \Delta T_1 = - m_2 c_2 \Delta T_2$

第二节 焓变
Enthalpy Change

考纲定位

6.5 Energy of Phase Change

6.6 Introduction to Enthalpy of Reaction

6.7 Bond Enthalpies

6.8 Enthalpy of Formation

6.9 Hess's Law

重点词汇

1. Enthalpy change 焓变
2. Enthalpy of fusion 熔化热
3. Enthalpy of vaporization 汽化热
4. Enthalpy of formation 生成热

---

① 见第十三章《实验操作》第八节。

考点简述

Enthalpy Change:

Enthalpy change, ΔH, is the energy change under constant pressure.

Phase Change:

1. Melting and boiling are endothermic processes. Freezing and condensation are exothermic processes.

2. Temperature doesn't change during phase change.

3. Phase changes are reversible where the energy released equals the energy absorbed. For the same substance, the ***enthalpy of fusion***, ΔH_{fus}, equals the negative of the enthalpy of freezing, and the ***enthalpy of vaporization***, ΔH_{vap}, equals the negative of the enthalpy of condensation.

Enthalpy Change of a Chemical Reaction:

1. The enthalpy change of a reaction, ΔH_{rxn}, can be calculated by the difference between the energy absorbed to break all bonds in reactants and the energy released to form all bonds in products.

2. Enthalpy changes of reactions can be added, subtracted, multiplied by a number, and reversed (be negative) with the same mathematical operations of chemical equations.

3. The enthalpy change of a reaction can be calculated by subtracting the total ***enthalpy of formation***, ΔH_f, of reactants from that of products.

知识详解

一、焓变

能量的传递有很多种方式，在物理和化学变化中最常见、最主要的是靠热传导和做功。为了明确研究目标，简化研究模型，人们在分析物理或化学变化过程中能量的变化时常常保持系统压强不变，即系统和环境不做功。这样，能量变化的形式就仅体现在热量变化上。

压强不变情况下，物理或化学变化的热量变化叫作焓变，符号为 ΔH，常用单位是 kJ/mol。

为了控制变量，人们还常将反应物与产物规定处于"标准状态（standard state，s.s.）"，即 25℃和 1 atm[①] 条件下物质最稳定的状态[②]，在此条件下的焓变，称为"标准焓变

[①] 1982 年起，标准压强已从 1 atm 修改为 100 kPa，AP 考试暂未跟进；物质标准状态的条件并未规定温度，25℃是常用温度。

[②] 标准状态还包括其他要求，将在后续讲解。

(standard enthalpy change)"，符号为 $\Delta H°_{298}$，或简写为 $\Delta H°$。

二、相变时的能量变化

物理变化中，伴随热量变化的典型例子就是物质的加热、冷却和相变。由热量与温度变化的计算公式可知，在加热一定量的物质时，物质吸收的能量与温度的升高是线性关系①。同时，物质在相变的过程中持续吸热（或放热），但温度不变。因此，根据这样的关系可以画出"加热曲线（heating curve）"和"冷却曲线（cooling curve）"，如图 8-2 所示。

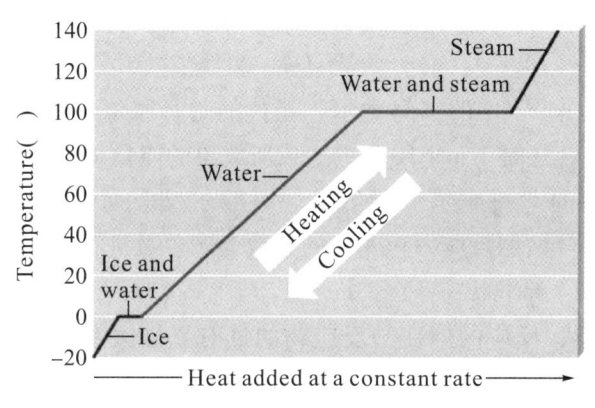

图 8-2　水在 1 atm 下的加热曲线

从左到右，整个曲线被分为 5 个部分。第一部分是固态冰，加热时温度上升，斜率为冰的比热容；第二部分是熔化，加热时温度维持在熔点（凝固点）0℃，直到所有的冰都熔化成水，温度才继续上升；第三部分是液态水，加热时温度上升，斜率为水的比热容；第四部分是沸腾（汽化），加热时温度维持在沸点 100℃，直到所有的水都汽化成水蒸气，温度才继续上升；第五部分是气态，加热时温度上升，斜率为水蒸气的比热容。

整个过程都是可逆的，当起点为 140℃ 的水蒸气时，冷却时的曲线按"原路返回"。

在熔化和沸腾的过程中，吸收的热量没有被用来升高温度，或者说没有被用来提高水分子的平均动能，而是被用来克服水分子之间的氢键，发生相变。同样地，在液化和凝固的过程中，放出的热量不来源于水分子的动能减少，而来源于水分子之间氢键的形成。

1 mol 物质相变所伴随的能量变化称作"相变焓（enthalpy of phase change）"。

熔化时的相变焓称作"熔化热"，符号为 ΔH_{fus}，对应加热曲线中第二部分的曲线长度。因为熔化是吸热过程，因此 $\Delta H_{fus} > 0$，其逆过程凝固是放热过程，能量变化数值相等，但符号为负。

汽化时的相变焓称作"汽化热"，符号为 ΔH_{vap}，对应加热曲线中第四部分的曲线

---

① AP 阶段同状态下物质的比热容为定值。

长度。因为汽化是吸热过程，因此 $\Delta H_{vap} > 0$，其逆过程液化是放热过程，能量变化数值相等，但符号为负。

同种物质的 ΔH_{vap} 一般大于 ΔH_{fus}。这是因为汽化过程完全克服粒子间的作用力，而熔化过程仅仅是"松动"了粒子的位置。

不同物质的相变焓，特别是 ΔH_{vap} 的大小，主要取决于粒子间的作用力，与其呈正相关。

三、化学反应的焓变

化学反应的焓变也用 ΔH 表示，常用单位是 kJ/mol，思考以下反应：

$$2H_2(g) + O_2(g) \longrightarrow 2H_2O, \quad \Delta H°_{rxn} = -572 \text{ kJ/mol}$$

此处"-572 kJ/mol"中的"每摩尔"指代的是每摩尔什么呢？是 1 mol H_2 的消耗、1 mol O_2 的消耗，还是 1 mol H_2O 的生成所放出的能量是 572 kJ 呢？

实际上，焓变中的"每摩尔"指的是"每摩尔反应（per mole of reaction）"，而"1 mol 反应"指的是"按照反应方程式中的系数为摩尔数进行的反应"。也就是说，上述反应及其数据读作"标准状态下，2 mol H_2 与 1 mol O_2 反应生成 2 mol H_2O，放出 572 kJ 的能量"。因此，反应的焓变与反应物的量有直接关系，当反应物的量翻倍时，焓变也随之翻倍。并且与产量一样，反应的焓变取决于不足反应物的量。

既然化学反应的焓变主要是因为化学键的断裂与形成所造成的吸放热能量差，那么就可以根据反应物和产物的总键能（或晶格能）计算出反应的 ΔH。由于反应物断键吸热，能量变化为正；产物成键放热，能量变化为负。因此有：

$$\Delta H°_{rxn} = \sum \text{Bond energy of reactants} - \sum \text{Bond energy of products}$$

在计算时，需要了解各物质的结构，数清楚共价键的数量，并且需要相应地乘以物质在化学反应方程式中的系数，即摩尔数，因为吸收和放出的能量大小与物质的量有关。

思考 8-1

$$2H_2O_2(l) \longrightarrow 2H_2O(l) + O_2(g)$$

Bond	Average Bond Enthalpy (kJ/mol)
O—H	463
O—O	146
O=O	495

What is the enthalpy of decomposition of 2 mol of H₂O₂ (l)?
Solution：

$\Delta H = (2 \times 2 \times 463 + 2 \times 146) - (2 \times 2 \times 463 + 495) = -203$ kJ/mol

四、焓变计算的"捷径"——盖斯定律

计算化学反应焓变的键能来源于数据库，但相同键的键能在不同的化合物中可能略有差别，而数据库中的键能是在多次实验下，多个化合物中相同的键的键能平均值。也就是说，通过键能计算出的化学反应焓变只是粗略值。那么如何才能更精确地计算出反应的焓变呢？

在此之前，需要学习一个新概念——"状态函数（state function）"。状态函数描述了一个系统所处的状态，其变化只与起点和终点的状态有关，不与从起点到终点的过程相关。物理中的"位移（displacement）"就是一个状态函数，只要起点 A 与终点 B 不变，不管如何从 A 走到 B，行走的"距离（distance）"会改变，但位移不变。

焓也是一个状态函数。比如乙炔 ethyne 的"氢化（hydrogenation）"反应中，ethyne 可以直接与氢气 H₂ 反应生成乙烷 ethane：

$$C_2H_2 + 2H_2 \longrightarrow C_2H_6, \Delta H_1$$

也可以进行两步反应，先生成乙烯 ethene：

$$C_2H_2 + H_2 \longrightarrow C_2H_4, \Delta H_2$$
$$C_2H_4 + H_2 \longrightarrow C_2H_6, \Delta H_3$$

但是将两步反应相加，反应物和最终产物与直接化合是一样的，因此：

$$\Delta H_1 = \Delta H_2 + \Delta H_3$$

根据焓的状态函数性质，俄国化学家杰迈因·盖斯提出了"盖斯定律（Hess's law）"：只要最初的反应物和最后的产物相同，化学反应的焓变不随反应步骤的数量而改变。比如，糖类（碳水化合物，carbohydrate）是一类只由 C、H、O 元素组成的有机化合物，生物摄取糖类后会在体内进行一系列的消化、转化过程，最终生成呼出的 CO_2 和排出体外的 H_2O，整个过程涉及数十步或放热或吸热的反应，但全部相加，最终与该糖在 O_2 中完全燃烧所产生的热量是相同的（假设反应温度、压强相同）。

盖斯定律所衍生出来的结论是"化学反应方程式（包括电离、电子亲合等）所进行的数学运算，同样体现在其对应的焓变上"。化学反应方程式可以多式相加、相减，也可以乘以系数、逆转方向。比如 ethyne 的氢化反应中，两步反应的方程式相加等于直接反应的方程式，因此两步反应的焓变相加等于直接反应的焓变。

利用焓变的这个性质，人们甚至可以计算出实际操作不能实现的化学反应的焓变。比如以下反应：

$$\frac{1}{2}H_2(g) + \frac{1}{2}N_2(g) + \frac{3}{2}O_2(g) \longrightarrow HNO_3(l), \quad \Delta H_1$$

在人工环境下，该反应不可能发生，当然也就不可能知道其焓变。但是可以进行以下反应：

$$2H_2(g) + O_2(g) \longrightarrow 2H_2O(l), \quad \Delta H_2$$
$$N_2(g) + O_2(g) \longrightarrow 2NO(g), \quad \Delta H_3$$
$$2NO(g) + O_2(g) \longrightarrow 2NO_2(g), \quad \Delta H_4$$
$$3NO_2(g) + H_2O(l) \longrightarrow 2HNO_3(l) + NO(g), \quad \Delta H_5$$

试一试，你可以写出 ΔH_1 的表达式吗？

像氢气、氮气、氧气化合成硝酸这样，标准状态下，由化合物所含元素对应的单质直接化合为 1 mol 该化合物的反应的焓变，叫作"标准生成热（standard enthalpy of formation）"，符号为 ΔH_f。定义规定，标准状态下的单质生成热为 0，常见物质的标准生成热可以通过查表获得，这些数据也让人们得以精确计算出化学反应的焓变。比如氨气 NH_3 和氯化氢 HCl 生成氯化铵 NH_4Cl 的反应，如图 8-3 所示。

$$NH_3(g) + HCl(g) \xrightarrow{\Delta H} NH_4Cl(s)$$

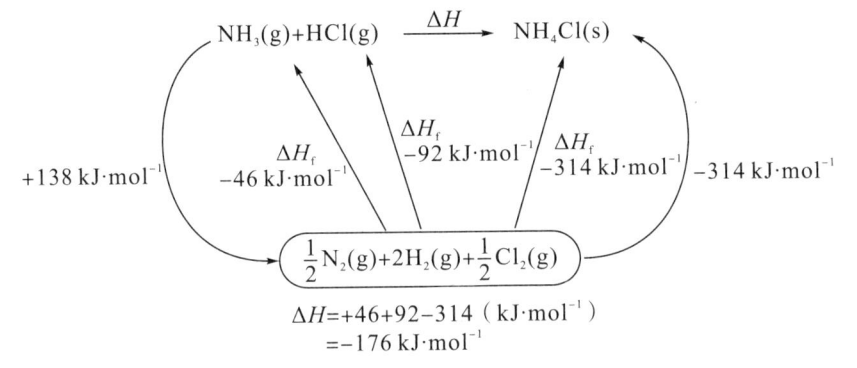

$$\Delta H_f: +138\ kJ \cdot mol^{-1},\ -46\ kJ \cdot mol^{-1},\ -92\ kJ \cdot mol^{-1},\ -314\ kJ \cdot mol^{-1},\ -314\ kJ \cdot mol^{-1}$$

$$\tfrac{1}{2}N_2(g) + 2H_2(g) + \tfrac{1}{2}Cl_2(g)$$

$$\Delta H = +46 + 92 - 314\ (kJ \cdot mol^{-1}) = -176\ kJ \cdot mol^{-1}$$

图 8-3　NH_3 和 HCl 生成 NH_4Cl 的反应路径及焓变示意图

从反应物到产物有两条路径：直接化合，或先分解成所含元素对应的单质（即生成焓对应反应的逆反应），再化合为 NH_4Cl。因此该反应的焓变应该等于：

$$\Delta H^\circ_{rxn} = (-\Delta H^\circ_{f,NH_3}) + (-\Delta H^\circ_{f,HCl}) + (\Delta H^\circ_{f,NH_4Cl})$$

推广开来，用标准生成热计算反应的标准焓变的公式为：

$$\Delta H^\circ_{rxn} = \sum coeff. \times \Delta H^\circ_{f,products} - \sum coeff. \times \Delta H^\circ_{f,reactants}$$

同样地，计算时需要乘以相应物质在化学反应方程式中的系数，因为焓变与物质的量有关。

【公式汇总】

1. $\Delta H^\circ_{rxn} = \sum \text{Bondenergy of reactants} - \sum \text{Bondenergy of products}$

2. $\Delta H^\circ_{rxn} = \sum coeff. \times \Delta H^\circ_{f,products} - \sum coeff. \times \Delta H^\circ_{f,reactants}$

第三节 熵、熵变与自发性
Entropy, Entropy Change, and Spontaneity

考纲定位

9.1 Introduction to Entropy

9.2 Absolute Entropy and Entropy Change

9.3 Gibbs Free Energy and Thermodynamic Favorability

9.4 Thermodynamic and Kinetic Control

9.6 Coupled Reactions

重点词汇

1. Entropy 熵
2. Gibbs free energy 吉布斯自由能
3. Thermodynamically favorable/unfavorable 热力学有利/不利
4. Couple 耦合
5. Activation energy 活化能

考点简述

Entropy:

1. ***Entropy***, S, is a measure of randomness, chaos, or disorder of a system. It increases when matter becomes more dispersed, including phase change from solid to liquid or from liquid to gas, an increase in volume of gases under constant temperature, an increase in the total number of particles (especially gaseous particles).

2. Entropy increases with temperature.

3. The entropy change of a reaction, ΔS_{rxn}, is calculated by subtracting the total entropy of reactants from that of products.

Gibbs Free Energy and Thermodynamic Favorability:

1. The ***Gibbs free energy*** change of a reaction, ΔG_{rxn}, takes account of both its enthalpy change and entropy change to determine the thermodynamic favorability of the reaction.

2. The Gibbs free energy change of a reaction can be calculated by enthalpy change, entropy change, and temperature, or by subtracting the total Gibbs free energy of formation, ΔG_f, of reactants from that of products.

3. A negative ΔG_{rxn} indicates a ***thermodynamically favorable*** process, and a positive ΔG_{rxn} indicates a thermodynamically unfavorable process.

4. ΔG_{rxn} can be added and subtracted with the same mathematical operations of chemical equations, so a desired product can be formed by ***coupling*** a thermodynamically unfavorable reaction that produces the product to a favorable reaction to achieve a negative ΔG_{rxn}.

5. Thermodynamic favorability has nothing to do with reaction rate. A thermodynamically favorable reaction may be too slow to observe due to high ***activation energy***, E_a.

知识详解

一、熵与熵变

有许多化学反应是"自发（spontaneous）"进行的，不需要外界提供"帮助"。比如白磷在40℃时自燃，铝在空气中放置会在表面形成氧化膜等。一般来说，能量越低的物质通常越稳定，而物质总向着更稳定的状态转化，这就是自发反应的重要驱动力之一。但并不是所有放热反应都是自发反应，比如氢气 H_2 与氮气 N_2 生成氨的反应，$\Delta H<0$，在常温常压下几乎无法进行。这说明决定反应自发性的因素不止焓变。

"熵"是一个系统混乱程度的度量，符号为 S，常用单位为 $J \cdot K^{-1} \cdot mol^{-1}$。系统内的粒子越分散、越无序，其熵越高。一般来说，气体的熵远大于液体，液体的熵大于固体；溶液中的粒子比固态中的熵更大；系统温度越高，熵越高；系统内含有的粒子数目越多，熵越高。

想一想你的房间，如果不花精力（投入能量）去收拾，那么你的衣服、文具、零食就会慢慢地散落在各处，房间"自发地"越来越乱，房间"熵增"。由此可见，在没有外界干扰的情况下，系统的熵会持续增加，这就是"热力学第二定律（second law of thermodynamics）"，也是决定反应自发性的第二个因素——"熵变"，符号为 ΔS。

标准状态下不同物质的熵可以通过查表获得，因此化学反应的熵变可以由以下公式计算：

$$\Delta S°_{rxn} = \sum coeff. \times S°_{products} - \sum coeff. \times S°_{reactants}$$

和焓一样，熵也是状态函数，因此可以通过生成熵计算反应熵变：

$$\Delta S°_{rxn} = \sum coeff. \times \Delta S°_{f,products} - \sum coeff. \times \Delta S°_{f,reactants}$$

二、宇宙的"喜好"——反应的自发性

之前提到，反应的自发性受两个因素影响：焓变和熵变。系统倾向于能量变低，混乱程度变高，即 $\Delta H<0$，$\Delta S>0$。因此可以得出：

(1) 当 $\Delta H<0$，$\Delta S>0$ 时，反应将会自发进行。

(2) 当 $\Delta H>0$，$\Delta S<0$ 时，反应将不会自发进行。

可是如果一个反应 $\Delta H>0$，$\Delta S>0$ 或 $\Delta H<0$，$\Delta S<0$ 呢？

这时需要引入一个新的状态函数——"吉布斯自由能（Gibbs free energy）"。吉布斯自由能变化符号为 ΔG，常用单位为 kJ/mol。它将焓变和熵变统一起来，综合判断反应的自发性：

$$\Delta G = \Delta H - T\Delta S$$

式中，T 为开尔文温度。特别需要注意的是，ΔG 与 ΔH 的常用单位是 kJ/mol，而 ΔS 的常用单位是 J/mol·K，在计算时要注意单位换算。

ΔG 与反应自发性的关系如下：

（1）当 $\Delta G<0$ 时，反应自发进行（spontaneous 或 feasible），或者称为"热力学有利"。

（2）当 $\Delta G>0$ 时，反应不自发进行（nonspontaneous 或 unfeasible），或者称为"热力学不利"。

由 ΔG 的表达式可以看出，由于 T 是开尔文温度，其值恒大于 0。若 $\Delta H<0$，$\Delta S>0$，不管处于什么温度，ΔG 恒小于 0，反应必定自发，此时称该反应受到熵变和焓变的"驱动（driven）"。相似地，若 $\Delta H>0$，$\Delta S<0$，不管处于什么温度，ΔG 恒小于 0，反应必定不自发。

但是，当 $\Delta H>0$，$\Delta S>0$ 时，若要使反应自发（$\Delta G<0$），温度 T 必须要大，才能让"$T\Delta S$"这一项足够大。此时反应在高温下自发，并称该反应受到熵变的驱动，因为是 ΔS 在"努力"使 ΔG 小于 0。同理，当 $\Delta H<0$，$\Delta S<0$ 时，反应在低温下自发，受到焓变的驱动。

1. 电解质的溶解回顾——热力学角度

在第七章《均匀混合物——溶液》中提到过相似相溶现象，电解质在水中的溶解可以看作是一个自发过程，因此可以从热力学角度进行解释。溶质溶于溶剂的过程分为以下三步：

（1）溶质粒子间作用力断裂。

（2）溶剂粒子间作用力断裂。

（3）溶质与溶剂粒子间作用力生成。

其中整个过程的焓变，即第（1）步与第（2）步的吸热以及第（3）步的放热之和，是溶解过程的驱动力之一。因此，在其他条件相同的情况下，溶质自身粒子间作用力与溶剂自身粒子间作用力越小，溶质与溶剂粒子间的作用力越大，溶质在该溶剂中溶解度越大。在第三章《由微观到宏观——物质》中提到，在其他条件相似的情况下，极性分子的分子间作用力（取向力或氢键+色散力）大于非极性分子的分子间作用力（色散力），也大于极性分子与非极性分子之间的作用力（诱导力）。

溶解过程的总焓变称为"溶解热（enthalpy of solution，ΔH_{soln}）"，可得到表 8-1。

表 8-1 典型溶质在溶剂中的溶解热分析

	ΔH_1	ΔH_2	ΔH_3	ΔH_{soln}	Outcome
Polar solute, Polar solvent	Large	Large	Large, negative	Small	Solution forms
Nonpolar solute, polar solvent	Small	Large	Small	Large, positive	No solution forms
Nonpolar solute, nonpolar solvent	Small	Small	Small	Small	Solution forms
Polar solute, nonpolar solvent	Large	Small	Small	Large, positive	No solution forms

在熵变相似的情况下，该表验证了相似相溶的结论。

2. 反应的"互帮互助"——耦合反应（coupled reaction）

由于吉布斯自由能是状态函数，因此有：

$$\Delta G°_{rxn} = \sum coeff. \times \Delta G°_{f,products} - \sum coeff. \times \Delta G°_{f,reactants}$$

并且 ΔG 也可以随化学方程式进行相应的数学运算。利用这个性质，可以把原本热力学不利的反应与热力学有利的反应进行"耦合"，从而使总反应的 $\Delta G < 0$，在更温和的条件下获得产物。比如碳酸钙的分解：

$$CaCO_3(s) \longrightarrow CaO(s) + CO_2(g), \quad \Delta G° = +130.40 \text{ kJ/mol}$$

该反应的 ΔH 和 ΔS 都大于 0，在高温（>837℃）下才能自发反应。但是如果将其与木炭在常温下的燃烧耦合：

$$C(s) + O_2(g) \longrightarrow CO_2(g), \quad \Delta G° = -394.36 \text{ kJ/mol}$$

木炭燃烧所带来的能量可以帮助碳酸钙的分解，总反应在常温下自发进行：

$$CaCO_3(s) + C(s) + O_2(g) \longrightarrow CaO(s) + 2CO_2(g), \quad \Delta G° = -263.96 \text{ kJ/mol}$$

3. 热力学与动力学

请思考蜡烛的燃烧。蜡烛的主要成分是固态的烃，在氧气中燃烧生成二氧化碳和水蒸气。很明显此反应为放热反应，而且熵增。但是蜡烛在空气中放置，并不会自燃，也很难变质，这难道不违背热力学有利的判断吗？

事实上，热力学有利，或 $\Delta G < 0$，是指反应"能够"自发进行，与自发进行的速率无关。蜡烛在空气中放置，其实会与空气中的氧气缓慢反应生成二氧化碳和水，但速率极低，甚至超过了人类的有效观测范围。同理，钻石在常温常压下会缓慢变成石墨，但该过程需要数百万年甚至更长时间，所以钻石称为"一颗永流传"。像这样的反应，可以称之为"不能发生"，即使它是自发的。

为什么会出现如此低的反应速率呢？回到本章第一节的能量图，不管是放热反应还是吸热反应，实际上从反应物到产物不是"一步到位"的，而是需要先获得一定的能量，才能生成产物，如图 8-4 所示。

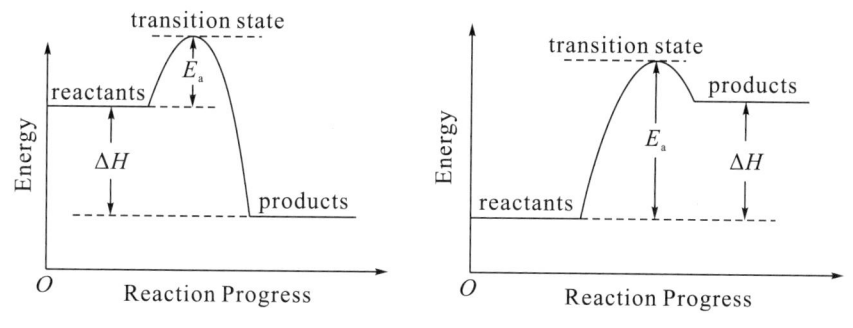

图 8-4 放热反应（左）与吸热反应（右）的完整能量图

通过能量图可以看到，反应物需要先吸收能量，达到"过渡态（transition state 或 activated complex）"才"有资格"发生化学反应生成产物。反应物粒子能够发生化学反应所需要的最小能量称为"活化能（E_a）"，在能量图中表示为反应物与过渡态的能量差。此处可以把活化能看作拦在反应物粒子面前的"能量壁垒（energy barrier）"，就像过山车翻过最高点才能自由下落一样，反应物粒子也需要先得到该能量才能生成产物，即使该反应热力学有利。

如果反应的活化能很高，那么在没有外界能量输入的情况下，"有资格"发生反应的粒子数量很少，反应速率就很低。这样的反应称为"动力学不利（kinetically unfavored）"。比如蜡烛的燃烧，需要用火柴或打火机点燃，先向粒子提供活化能，才能使其继续燃烧放热。

像这样热力学有利，而动力学不利导致实际上不能进行的化学反应，称作受到"动力学控制（kinetic control）"。

【公式汇总】

1. $\Delta S°_{rxn} = \sum coeff. \times S°_{products} - \sum coeff. \times S°_{reactants}$

2. $\Delta S°_{rxn} = \sum coeff. \times \Delta S°_{f,products} - \sum coeff. \times \Delta S°_{f,reactants}$

3. $\Delta G° = \Delta H° - T\Delta S°$

4. $\Delta G°_{rxn} = \sum coeff. \times \Delta G°_{f,products} - \sum coeff. \times \Delta G°_{f,reactants}$

第九章 化学反应的快慢——动力学
Rate of Reactions – Kinetics

第一节 反应速率与碰撞理论
Reaction Rates and Collision Theory

考纲定位

5.1 Reaction Rates
5.5 Collision Model
5.6 Reaction Energy Profile

重点词汇

1. Reaction rate 反应速率
2. Catalyst 催化剂
3. Effective/successful collision 有效碰撞
4. Collision theory 碰撞理论

考点简述

Reaction Rates：

1. The *reaction rate* of a reaction is expressed as the concentration change of a reactant or product per unit time, where the ratio of rates with respect to different species in the same reaction is the same as the ratio of the coefficients in the balanced chemical equation.

2. The reaction rate is mainly influenced by reactant concentrations, temperature, surface area of solid reactants, and *catalysts*.

Collision Theory:

1. A chemical reaction occurred is explained as the *effective/successful collisions* between reactant particles.

2. *Collision theory* explains how the factors (concentration, temperature, surface area, etc.) affect reaction rates, and some of the explanations can be displayed by Maxwell - Boltzmann distribution or energy diagram.

知识详解

一、反应的快慢——反应速率

化学反应速率通常用单位时间内反应物或生成物浓度的变化量来表示，其单位一般为 mol/（L·min）或 mol/（L·s）。

考虑以下反应：

$$2H_2(g) + O_2(g) \longrightarrow 2H_2O(g)$$

假设该反应处于一个 1 L 的容器中，反应前氢气有 4 mol，氧气有 2 mol。1 s 后，氢气消耗了 2 mol。那么根据化学方程式中的系数，氧气一定相应地消耗了 1 mol，生成了 2 mol 水蒸气。可以计算出，氢气的消耗速率为 2 mol/（L·s），氧气的消耗速率为 1 mol/（L·s），水蒸气的生成速率为 2 mol/（L·s）。可以看到，当用不同的反应物或产物的浓度变化量来表示同一反应速率时，速率比等于化学方程式系数比。或者说，同一个化学反应中所有物质的浓度变化率之比等于它们在化学方程式中的系数比。

实验证明，一般条件下，当其他条件相同时：

（1）增大反应物浓度，化学反应速率增大；降低反应物浓度，化学反应速率减小。

（2）升高温度，化学反应速率增大；降低温度，化学反应速率减小。

（3）对于气体来说，增大压强（减小容器容积）相当于增大反应物的浓度，化学反应速率增大；减小压强（增大容器容积）相当于减小反应物的浓度，化学反应速率减小。

（4）对于固体来说，相同量的反应物颗粒体积减小，总表面积增大，化学反应速率增大；反应物颗粒体积增大，总表面积减小，化学反应速率减小。

（5）催化剂可以改变（一般是增大）化学反应速率。

二、反应快慢的解释——碰撞理论

为什么上述因素可以影响反应速率呢？在分子动理论的基础上，动力学中对化学反应的微观解释来自"碰撞理论"。碰撞理论提出，化学反应的发生是基于反应物粒子的碰撞，但并不是所有碰撞都会导致化学反应，或者说不是所有碰撞都是"有效碰撞"，而有效碰撞的前提是：

（1）粒子能量超过某个最小值，即活化能。

（2）粒子碰撞的角度（orientation）合适。

根据这个理论，反应速率取决于有效碰撞的频率，而任何可以影响碰撞能量或角度的因素都可以影响反应速率。但是微观粒子的碰撞角度几乎无法控制，因此通过一些外界因素来改变碰撞总频率从而间接改变有效碰撞的频率。

1. 温度对反应速率的影响

分子动理论提出，系统的开尔文温度与其所含的所有粒子的平均动能成正比。因此，升高温度意味着增加粒子的平均动能，或者说，使粒子运动更快。因此，更多的粒子具有等于或大于活化能的能量，导致有效碰撞的频率增加，反应速率增加。同时，运动更快的粒子相互碰撞的总频率也会增加，导致反应速率增加，但此因素的影响远远比不上温度对能量的影响。

2. 反应物浓度、固体表面积对反应速率的影响

只要温度不变，粒子的平均动能就不会改变。因此，增大反应物浓度（或增大气态反应物的压强/减少气态反应物的体积）对粒子动能几乎没有影响。但是，增大浓度会导致单位体积内粒子数量增加，最终增大粒子碰撞总频率，因此粒子有效碰撞的频率随之增加，反应速率增大。比如，某反应最初每秒粒子碰撞10000次，其中1%是有效碰撞，那么有效碰撞的频率就是100次/秒；当碰撞总频率增大到100000次/秒时，虽然仍然只有1%是有效碰撞，但是现在有效碰撞频率达到了1000次/秒。

同样地，增大固体反应物的表面积意味着与之碰撞的"反应点位（reaction site）"增加，也是通过增大碰撞总频率来增大反应速率的。

3. 催化剂对反应速率的影响

催化剂是通过改变原反应的反应路径，在反应物和产物相同的情况下使反应"走"一条活化能更低的"路"。根据盖斯定律，原反应的焓变不会发生变化，但是由于活化能更低，反应物粒子在自身能量不变的情况下，更多粒子具有等于或大于活化能的能量，因此有效碰撞频率增加，反应速率增加。

三、影响反应速率的因素的图像表示

有些影响反应速率的因素带来的变化可以通过图像来展示，比如温度、催化剂这类影响能量的因素可以用麦克斯韦—玻尔兹曼分布体现，如图9-1所示。但是浓度、气体压强和固体表面积不影响粒子动能，因此无法用其直观体现。

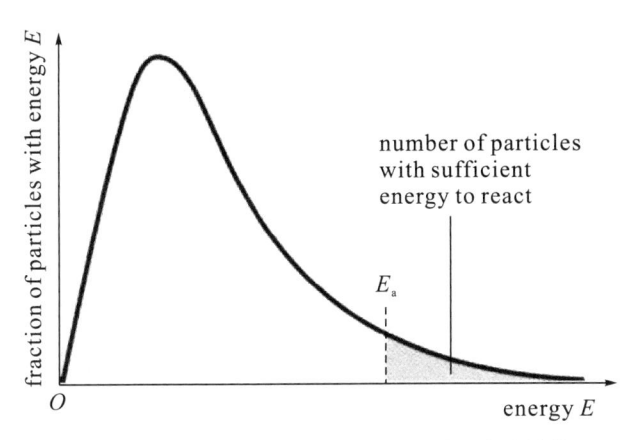

图 9-1 活化能在麦克斯韦—玻尔兹曼分布中的体现

1. 温度

如果把活化能 E_a 标注在图像中可以发现，系统中只有一小部分粒子的能量超过它，"有资格"发生有效碰撞。那么温度变化是如何影响反应速率的呢？

在第六章《"自由"的粒子——气体》中曾学到，当温度升高时，粒子平均动能增加，曲线最高点向右下角移动，如图 9-2 所示。

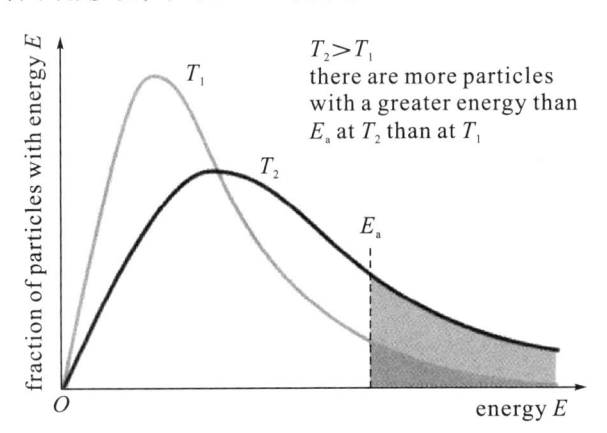

图 9-2 麦克斯韦—玻尔兹曼分布中温度对粒子动能分布的影响

该图像验证了温度的升高导致自身能量等于或超过活化能的粒子数量增加，从而增大了反应速率的理论。

2. 催化剂

那么催化剂又是如何改变反应速率的呢？催化剂提供了另一条活化能更低的反应路径，在麦克斯韦—玻尔兹曼分布中体现为活化能左移。可以看到，虽然粒子动能分布不变，但由于活化能减小，更多的粒子可以进行有效碰撞，从而增大了反应速率，如图 9-3 所示。

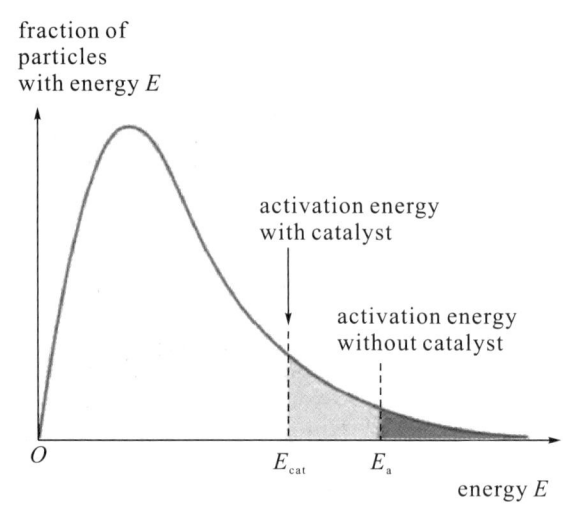

图9-3 麦克斯韦—玻尔兹曼分布中催化剂对活化能的影响

催化剂的效果也可以通过能量图来体现,如图9-4所示。

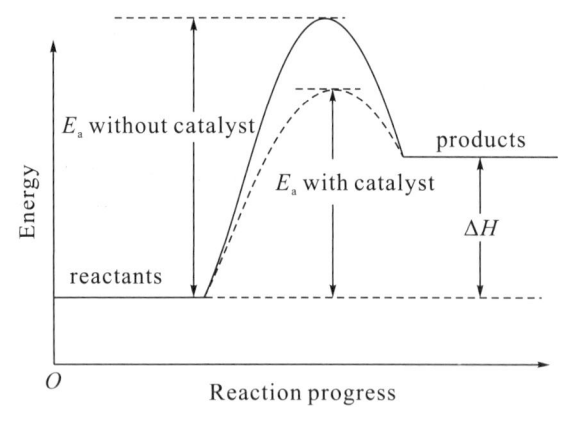

图9-4 能量图中催化剂对活化能的影响

可以看到,催化剂降低了活化能,但由于没有改变反应物和产物,因此不改变焓变。

其余因素不能通过能量图体现[①]。

---

① 温度改变的是粒子的动能,而能量图的纵坐标表示物质的化学势能,因此温度不改变能量图。

第二节　速率方程与反应级数
Rate Law and Reaction Order

考纲定位

5.2 Introduction to Rate Law

5.3 Concentration Changes Over Time

重点词汇

1. Rate law 速率方程
2. Rate constant 速率常数
3. The Arrhenius equation 阿伦尼乌斯方程
4. Reaction order 反应级数
5. Half-life 半衰期

考点简述

Rate Law：

1. Reaction rate is proportional to the concentration of each reactant raised to a power, where the powers are determined by experiments.

2. The power of each reactant in the ***rate law*** is the order of the reaction with respect to that reactant. The sum of the powers of the reactant concentrations in the rate law is the overall order of the reaction.

3. The proportionality constant in the rate law is called the ***rate constant***. The value of this constant is temperature dependent governed by ***the Arrhenius equation*** and the units reflect the overall ***reaction order***.

Reaction Order and Concentration-Time Relation：

1. A zeroth order reaction has its reactant concentration linearly related to time.

2. A first order reaction has the natural log of its reactant concentration linearly related to time.

3. A second order reaction has the reciprocal of its reactant concentration linearly related to time.

4. A first order reaction has a constant ***half-life***, $t_{1/2}$.

知识详解

一、速率表达式——速率方程

反应速率与反应物浓度有关，但是并不是所有的反应物浓度对反应速率的影响程度都是一样的。根据大量的实验，人们发现不同的反应物的浓度对反应速率有着不同程度的影响，并把结论表示为"速率方程"。对于反应：

$$aA + bB + cC \longrightarrow dD$$

速率方程通式表示为：

$$Rate = k[A]^x[B]^y[C]^z$$

式中，$Rate$ 是指任意反应物或产物的浓度变化速率，单位一般为 mol/（L·min）或 mol/（L·s）；方括号代表浓度，单位一般为 mol/L；k 是速率常数，单位根据指数 x、y、z 的值变化，需要保证最终单位与 $Rate$ 单位一致。

可以看到，指数 x、y、z 分别代表了 A、B、C 三个反应物对速率的影响程度，值越大，对应反应物浓度对反应速率的影响就越大。比如，假设 $x=2$，在其他条件不变的情况下，如果 [A] 扩大 2 倍，反应速率就会扩大 4 倍。

指数 x、y、z 的值与化学方程式中的系数没有关系，必须通过实验测得。比如对于反应 A + 2B + C ⟶ D，在保持温度、压强不变的情况下，进行 4 组实验，每组实验的反应物初始浓度见表 9-1，并记录产物 D 的初始浓度增加速率。

表 9-1 4 组实验反应物初始浓度及产物初始生成速率数据表

Experiment	Initial Concentration of Reactants（M）			Initial Rate of Formation（M/s）
	[A]	[B]	[C]	
1	0.10	0.10	0.10	0.010
2	0.10	0.10	0.20	0.010
3	0.10	0.20	0.10	0.020
4	0.20	0.20	0.10	0.080

反应速率方程通式为：

$$Rate = k[A]^x[B]^y[C]^z$$

（1）对比实验 1 和实验 2 可以发现，在 [A] 和 [B] 不变的情况下，[C] 变为原来的 2 倍，但是反应速率未变，因此 [C] 不影响反应速率，$z=0$。

（2）对比实验 1 和实验 3 可以发现，在仅 [B] 变为原来 2 倍的情况下，反应速率也变为原来的 2 倍，因此 $y=1$。

（3）对比实验 3 和实验 4 可以发现，在仅 [A] 变为原来 2 倍的情况下，反应速率变为原来的 4 倍，因此 $x=2$。

因此，该反应的速率方程为：

$$Rate = k[A]^2[B]$$

再将任意一组实验的数据代入，可得：$k = 10 \text{ M}^{-2} \cdot \text{s}^{-1}$。最终，完整的速率方程为：

$$Rate = 10[A]^2[B]$$

注意到此处的 Rate 指产物 D 的浓度增加速率，若要表示为其他物质的浓度变化速率，可根据反应方程式中的系数进行计算。比如：

$$Rate \ of \ consumption \ of \ B = 20[A]^2[B]$$

二、反应级数与浓度—时间图像

速率方程中，某反应物浓度的指数称为该反应物的反应级数，而反应的总反应级数为各反应物浓度的指数之和。比如以下反应：

$$aA + bB + cC \longrightarrow dD$$

假如通过实验测得其速率方程为：

$$Rate = k[A]^2[B]$$

那么该反应对于反应物 A 来说是二级反应，对于反应物 B 来说是一级反应，对于反应物 C 来说是零级反应，总反应是一个三级反应。

不同级数的反应有不同的速率图像。为了简便，考虑一个单反应物的反应 A→B。

（1）如果该反应是零级反应，那么其速率方程为：

$$Rate = k$$

式中，k 的单位为 $\text{M} \cdot \text{time}^{-1}$。

该反应的反应速率不随反应物浓度的改变而改变，因此反应物 A 的浓度减少速率恒定，或者说随时间线性减少。

如果用 $[A]_t$ 来表示某时刻的反应物 A 的浓度，$[A]_0$ 来表示反应物 A 的初始浓度，那么 $[A]$ 与时间的线性关系表达式为：

$$[A]_t = [A]_0 - kt$$

图像如图 9-5 所示。

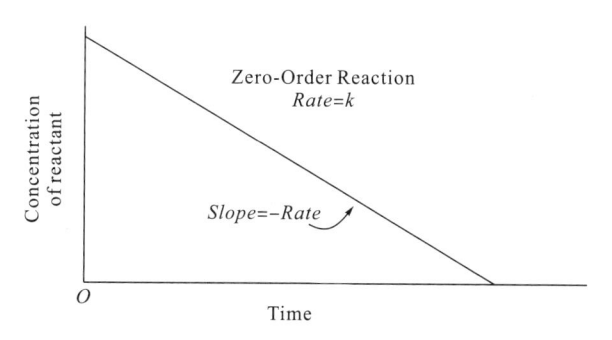

图 9-5 零级反应中 [A] 与 t 的线性关系图

(2) 如果是一级反应，那么其速率方程为：
$$Rate = k[A]$$

式中，k 的单位为 $time^{-1}$。

该反应的反应速率随 [A] 的减少逐渐变慢，因此反应物 A 的浓度减少速率越来越慢，如图 9-6 所示。

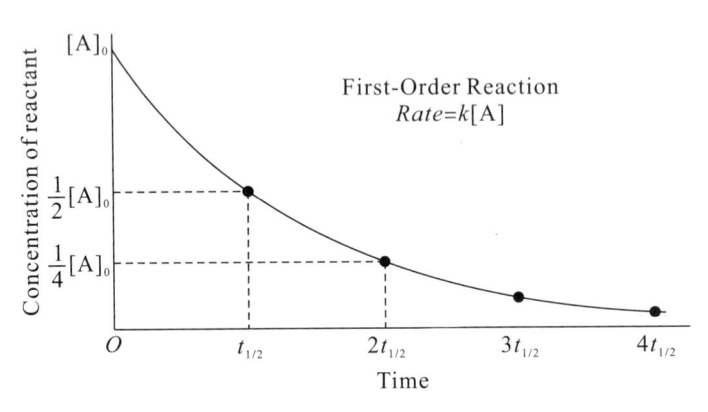

图 9-6　一级反应中 [A] 与 t 的线性关系图

一级反应有一个独特的性质，就是具有不随反应物浓度变化而变化的"半衰期"，即 $t_{1/2}$。半衰期是指从任意时刻算起，反应物减少一半所需的时间。图 9-6 的数据点也展示了一级反应具有恒定的半衰期①的特点。

放射性元素的"衰变（radioactive decay）"是典型的一级反应。比如，^{14}C 具有放射性，会衰变为 ^{14}N，半衰期约为 5 730 年，也就是说，100 g ^{14}C 在 5 730 年后剩 50 g，再过 5 730 年后剩 25 g，以此类推。考古学家常利用 ^{14}C 测定化石的年代。

虽然一级反应的 [A] 和 t 不呈线性关系，但如果把速率方程中的 $Rate$ 表示为微分表达式"$-d[A]/dt$"（单位时间内浓度的变化量），分离变量后两边积分：

$$-\frac{d[A]}{dt} = k[A]$$

$$\frac{1}{[A]}d[A] = -kdt$$

$$\int_{[A]_0}^{[A]_t} \frac{1}{[A]}d[A] = \int_0^t -kdt$$

$$\ln[A]_t - \ln[A]_0 = -kt$$

最终可得到 [A] 的自然对数 $\ln[A]$ 与 t 的线性关系：

$$\ln[A]_t = \ln[A]_0 - kt$$

图像如图 9-7 所示。

---

① 半衰期会受温度影响，但是 AP 阶段暂不考虑。

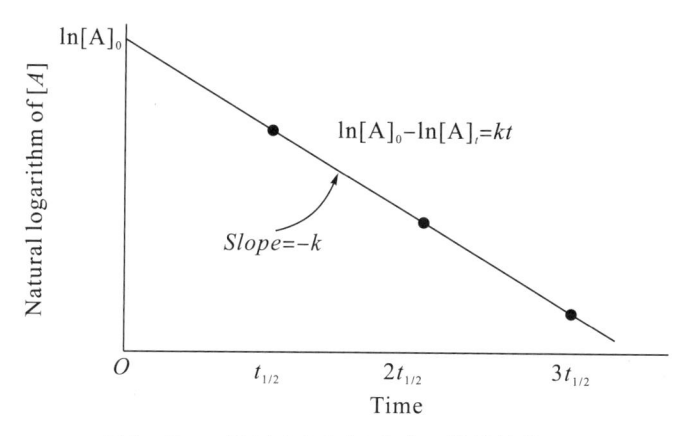

图 9-7 一级反应中 $\ln[A]$ 与 t 的线性关系图

根据半衰期的定义,将 $t_{1/2}$ 代入该积分式中,可得:

$$\ln(0.5[A]_0) = \ln[A]_0 - kt_{1/2}$$

$$\ln\left(\frac{0.5[A]_0}{[A]_0}\right) = -kt_{1/2}$$

最终可得到半衰期 $t_{1/2}$ 与速率常数 k 的关系:

$$t_{1/2} = \frac{\ln 2}{k} \approx \frac{0.693}{k}$$

同时,根据半衰期的定义还可得:

$$[A]_t = [A]_0 \times \left(\frac{1}{2}\right)^{\frac{t}{t_{1/2}}}$$

(3) 如果是二级反应,那么其速率方程为:

$$Rate = k[A]^2$$

式中,k 的单位为 $M^{-1} \cdot time^{-1}$。

该反应的反应速率同样随 $[A]$ 的减少逐渐变慢,因此反应物 A 的浓度减少速率也越来越慢。二级反应的 $[A]$—t 的图像与一级反应相似,但是不同点就在于二级反应的半衰期不恒定,与选取的开始测量时刻反应物的浓度大小有关,因此在图像上 $[A]_0$ 到 $[A]_0/2$、$[A]_0/2$ 到 $[A]_0/4$ 等区间在曲线上的横坐标跨度不一样长。这是区分一级反应与二级反应的 $[A]$—t 图像的最简单的方法。

同样地,虽然二级反应的 $[A]$ 和 t 不呈线性关系,但如果把速率方程中的 $Rate$ 表示为微分表达式 "$-d[A]/dt$"(单位时间内浓度的变化量),分离变量后两边积分:

$$-\frac{d[A]}{dt} = k[A]^2$$

$$\frac{1}{[A]^2}d[A] = -kdt$$

$$\int_{[A]_0}^{[A]_t}\frac{1}{[A]^2}d[A] = \int_0^t -kdt$$

$$-\frac{1}{[A]_t} - \left(-\frac{1}{[A]_0}\right) = -kt$$

最终可得到 [A] 的倒数 1/[A] 与 t 的线性关系：

$$\frac{1}{[A]_t} = \frac{1}{[A]_0} + kt$$

图像如图 9-8 所示。

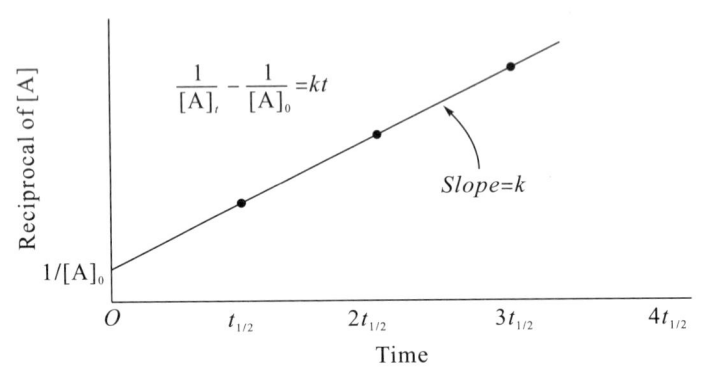

图 9-8　二级反应中 1/[A] 与 t 的线性关系图

三、温度对反应速率影响的定量分析——阿伦尼乌斯方程

上述内容展示了不同级数的化学反应对应的速率方程，包含了反应物浓度对速率的影响。那么温度对速率的影响如何体现在速率方程中呢？

瑞典科学家阿伦尼乌斯在前人研究的基础上，提出了"阿伦尼乌斯方程"，明确了速率常数的表达式：

$$k = A e^{\frac{-E_a}{RT}}$$

两边取自然对数可得：

$$\ln k = \frac{-E_a}{R}\left(\frac{1}{T}\right) + \ln A$$

式中，k 为速率常数，T 为开尔文温度，E_a 为活化能，R 为理想气体常数 8.314 J/(mol·K)，A 为阿伦尼乌斯常数。

分析表达式可以发现，温度越高，k 越大；活化能越低，k 越大。与之前碰撞理论的分析和动力学控制的原理一致。

将不同温度代入并两式相减还可以得到：

$$\ln\left(\frac{k_1}{k_2}\right) = -\frac{E_a}{R}\left(\frac{1}{T_1} - \frac{1}{T_2}\right)$$

可以发现，活化能越大，温度对反应速率常数的影响越大，对反应速率的影响也就越大。

【公式汇总】

1. $Rate = k[A]^x[B]^y[C]^z$

2. For zeroth order reaction: $[A]_t = [A]_0 - kt$

3. For first order reaction: $\ln[A]_t = \ln[A]_0 - kt$

4. For second order reaction: $\dfrac{1}{[A]_t} = \dfrac{1}{[A]_0} + kt$

5. $t_{1/2} = \dfrac{\ln 2}{k} \approx \dfrac{0.693}{k}$

6. $k = Ae^{\frac{-E_a}{RT}}$

第三节 基元反应与反应机理
Elementary Reactions and Reaction Mechanisms

考纲定位

5.4 Elementary Reactions

5.7 Introduction to Reaction Mechanisms

5.8 Reaction Mechanism and Rate Law

5.9 Steady – State Approximation

5.10 Multistep Reaction Energy Profile

5.11 Catalysis

重点词汇

1. Elementary reaction 基元反应
2. Intermediate 中间产物
3. Rate – limiting/rate – determining step 速率决定步骤

考点简述

Reaction Mechanism:

1. Most reactions consist of a series of ***elementary reactions***, or steps, that occur in sequence which may include ***intermediates*** and catalysts.

2. An elementary reaction is usually a decomposition of a single particle or collision of two particles.

3. Powers of the concentrations of the reactants in the rate equation of an elementary reaction are the corresponding coefficients in the chemical equation.

4. The slowest step in the mechanism of a reaction is called the ***rate – limiting/rate – determining step*** whose rate equation is essentially the rate equation of the overall reaction.

Catalysis：

1. Catalysts changes the route of a reaction to lower the activation energy.

知识详解

一、分步反应与"一步到位"——反应机理与基元反应

大多数反应中，反应物的粒子总数都超过 3 个，比如二氧化氮 NO_2 与水 H_2O 的反应：

$$3NO_2 + H_2O \longrightarrow 2HNO_3 + NO$$

反应物共 4 个分子，根据碰撞理论，它们需要发生粒子碰撞才能进行化学反应，但是 4 个分子同时碰撞在一起的概率非常低，不符合该反应较快的反应速率。因此人们推测，大多数化学反应实际上是"多步反应（multi-step reaction）"，而每一步应该只是单分子（unimolecular）分解，双分子（bimolecular）碰撞，或者非常罕见的三分子（termolecular）同时碰撞。这样的"一步到位"的反应，称为"基元反应"，而常见的化学反应是由多个基元反应串联而成的。

1. 反应机理的构成

将一个反应拆分成的完整的基元反应序列，就称作该反应的"反应机理（reaction mechanism）"。比如：

$$H_2 + 2ICl \longrightarrow I_2 + 2HCl$$

已知反应机理为：

① $H_2 + ICl \longrightarrow HI + HCl$

② $HI + ICl \longrightarrow I_2 + HCl$

注意到反应机理中的基元反应方程式全部相加可以得到完整反应方程式。

像上述反应中 HI 这样，先在某一步中生成，但是在接下来的某一步中被消耗，因此在反应机理相加时被抵消，最终不出现在完整反应方程式中的物质，称为"中间产物"。

再考虑以下反应：

$$2H_2O_2 \rightleftharpoons 2H_2O + O_2$$

该反应在被碘离子催化时的反应机理为：

① $H_2O_2 + I^- \rightleftharpoons H_2O + OI^-$

② $H_2O_2 + OI^- \rightleftharpoons H_2O + O_2 + I^-$

注意到 OI^- 是该反应的中间产物。但是像上述反应中 I^- 这样，先作为反应物在某一步中消耗，但是在接下来的某一步中被重新生成，因此在反应机理相加时被抵消，最终不出现在完整反应方程式中的物质，称为"催化剂"。

2. 基元反应的速率方程

基元反应的速率方程很直观，它的表达式不变，但是反应物浓度的指数就等于该反应物在基元反应方程式中的系数。

二、"木桶效应"——速率决定步骤

在反应机理中，各步反应的速率不一致，其中最慢的一步决定了总反应的反应速率，称为"速率决定步骤"。它的速率方程可以看作就是总反应的速率方程，因为只要最慢的一步完成，剩下的步骤所花的时间几乎忽略不计。

1. 反应机理中第一步最慢

当速率决定步骤为反应机理中的第一步时，总反应速率方程可以直接表示为第一步的速率方程。

在这样的情况下，如果某反应物在后续步骤才参与到反应中，对于它来说该反应就是零级反应，因为它的浓度不会出现在速率方程中。比如，假设有反应：

$$2A + B \longrightarrow C$$

已知反应机理为：

① $2A \longrightarrow D$，slow

② $D + B \longrightarrow C$，fast

该反应的速率方程等于第一步慢反应（速率决定步骤）的速率方程，即：

$$Rate = k[A]^2$$

2. 反应机理中非第一步最慢

当速率决定步骤不是反应机理中的第一步时，其反应速率方程中将会包含中间产物。比如以下反应：

$$2NO + O_2 \longrightarrow 2NO_2$$

已知反应机理为：

① $NO + O_2 \longrightarrow NO_3$，fast

② $NO_3 + NO \longrightarrow 2NO_2$，slow

该反应的速率方程等于第二步慢反应（速率决定步骤）的速率方程，即：

$$Rate = k[NO_3][NO]$$

但该速率方程不能直接作为总反应的速率方程，因为其中的 NO_3 作为中间产物，一般存在时间极短，难以测量其浓度。因此，必须要通过一些条件上的假设，将其表示为可以稳定存在的物质（反应物或催化剂）的浓度。

仔细思考上述反应的反应机理，由于第一步反应速率大于第二步，即 NO_3 的生成速率大于其消耗速率。随着反应的进行，NO_3 应该不断累积，浓度不断增加。但这与实验现象不符，NO_3 作为中间产物，较不稳定，反应中不会大量存在。因此需要作"稳态假设（steady-state assumption）"，即第一步反应为可逆反应，也就是 NO_3 反过

来可以被消耗，生成 NO 和 O_2，以保证在反应过程中中间产物 NO_3 的浓度维持不变。

因此上述反应机理变为：

① $NO + O_2 \rightleftharpoons NO_3$，fast and reversible

② $NO_3 + NO \longrightarrow 2NO_2$，slow

同时在此过程中，由于 $[NO_3]$ 不变，可得 NO_3 生成速率等于 NO_3 消耗速率。NO_3 由第一步的正反应生成，由第一步的逆反应和第二步反应消耗，但是由于第一步反应速率较快，第二步中 NO_3 的消耗可以忽略不计。

设第一步正反应速率常数为 k_f，逆反应速率常数为 k_r，可得以下等式：

$$k_f [NO][O_2] = k_r [NO_3]$$

$$[NO_3] = \frac{k_f}{k_r}[NO][O_2]$$

再将其代入原速率方程中可得：

$$Rate = k\frac{k_f}{k_r}[NO]^2[O_2]$$

将 k、k_f、k_r 合并为速率常数 k'，即得总反应速率方程，并且涉及的物质浓度是可控可测的：

$$Rate = k'[NO]^2[O_2]$$

3. 反应机理的能量图

反应机理及其速率还可以通过反应能量图体现，如图 9-9 所示。

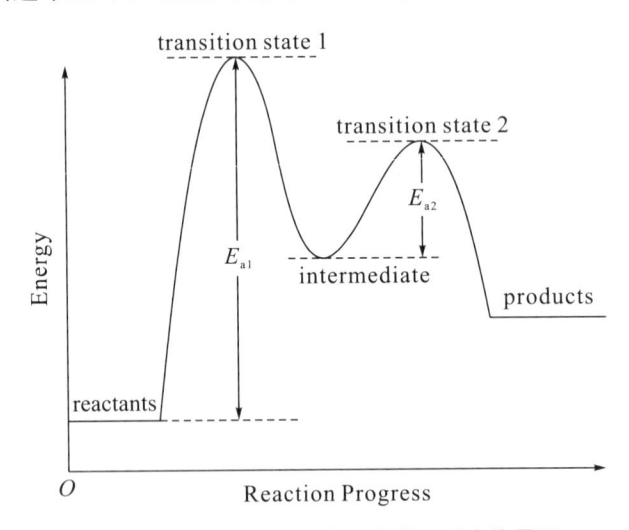

图 9-9 由两步基元反应组成的总反应能量图

可以看到，该反应总体是吸热反应，因为产物能量高于反应物能量。该反应是一个两步反应，第一步反应的活化能高于第二步（$E_{a1} > E_{a2}$），因此根据阿伦尼乌斯方程，其反应速率低于第二步，为速率决定步骤。

除了反应步骤及其速率，还需知道总反应的活化能为能量最高的过渡态与反应物间的能量差，比如图9-9中的E_{a1}，而非$E_{a1}+E_{a2}$。同时可以看到，中间产物的能量虽然低于过渡态，但是相对于反应物和产物更高，较不稳定，会倾向于生成产物或退回到反应物，"偏好"哪个方向取决于相应活化能的大小，即中间产物与两侧过渡态的能量差。

三、"路程更长但红绿灯少"——催化

催化剂的工作原理也可通过能量图体现。催化剂改变了反应的路径，而新的路径有更低的活化能，但由于催化剂的参与，原本的一步反应可能变为两步反应，即：

$$A + B \longrightarrow C$$

变为：

① A + catalyst ⟶ intermediate

② intermediate + B ⟶ C + catalyst

催化剂的能量图如图9-10所示。

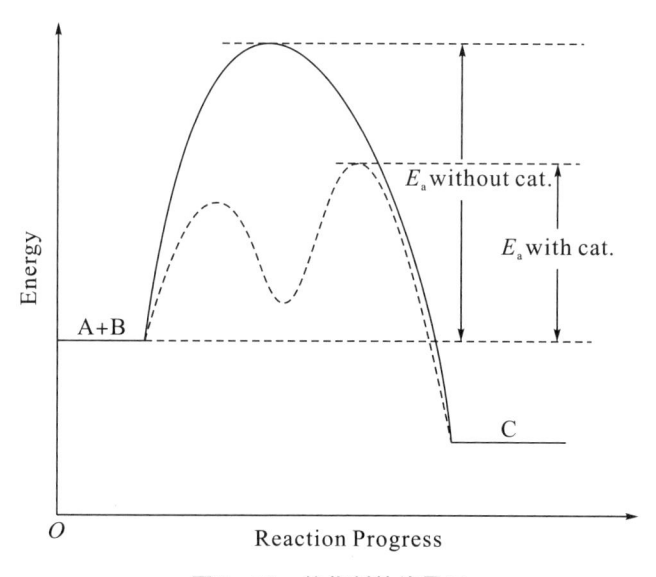

图9-10 催化剂的能量图

催化剂一般分为"同相催化剂（homogeneous catalyst）"和"异相催化剂（heterogeneous catalyst）"，分别代表与反应物处于相同物态和不同物态（一般为固态催化剂和气态或液态反应物）。

1. 同相催化剂

同相催化剂一般参与反应，并与反应物生成中间产物。比如过二硫酸根离子$S_2O_8^{2-}$与碘离子I^-的氧化还原反应：

$$S_2O_8^{2-}(aq) + 2I^-(aq) \longrightarrow 2SO_4^{2-}(aq) + I_2(aq)$$

该反应在没有催化剂的条件下速率很慢，因为两个反应物都是阴离子，互相排斥，导致活化能很高，但是亚铁离子Fe^{2+}可以催化该反应：

① $S_2O_8^{2-}$ (aq) + 2Fe^{2+} (aq) ⟶ 2SO$_4^{2-}$ (aq) + 2Fe^{3+} (aq)

② 2Fe^{3+} (aq) + 2I$^-$ (aq) ⟶ 2Fe^{2+} (aq) + I$_2$ (aq)

作为阳离子，Fe^{2+}和Fe^{3+}与反应物的碰撞更容易，总体活化能降低。

2. 异相催化剂

异相催化剂一般在其结构表面向需要催化的反应物提供"活化点位（active site）"，与反应物或中间产物物理绑定或形成弱化学键，作为"介绍人"帮助反应物或中间产物分子以正确的角度碰撞，而不用它们在反应容器中"碰运气"，以达到降低活化能的目的。

酶作为生物催化剂，对其催化的对象有很高的选择性、针对性。大部分酶都具有巨大而复杂的蛋白质结构，它们的活化点位具有物理（形状、分子间作用力）和化学（化学性质）双重角度的选择性。

铂和铑是汽车尾气处理装置——催化式排气处理系统中的活性元素，也是典型的异相催化剂，可以吸附氮的氧化物、一氧化碳、烃等分子并催化它们之间的反应，生成对大气危害更低的产物。图9-11为铂催化乙烯的氢化反应原理示意图。

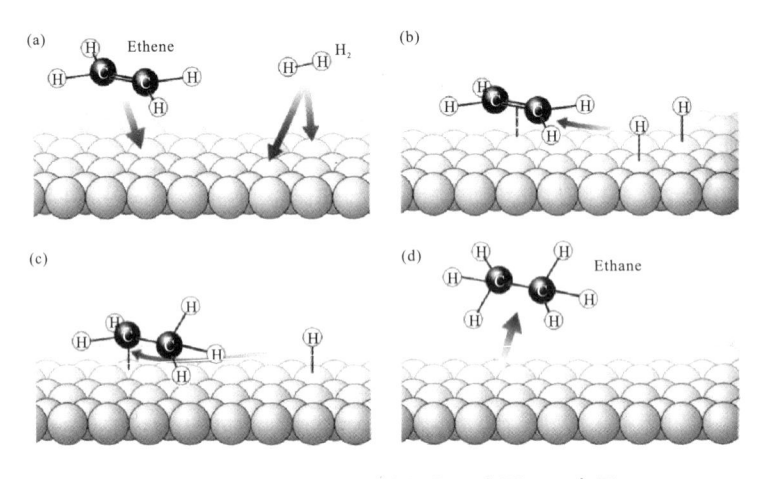

图9-11 铂催化乙烯的氢化反应原理示意图

第十章

宇宙的"偏爱"——化学平衡
Favorability of the Universe – Chemical Equilibria

第一节 可逆反应与平衡
Reversible Reactions and Equilibria

考纲定位

7.1 Introduction to Equilibrium

7.2 Direction of Reversible Reactions

7.3 Reaction Quotient and Equilibrium Constant

7.4 Calculating the Equilibrium Constant

7.5 Magnitude of the Equilibrium Constant

7.6 Properties of the Equilibrium Constant

7.7 Calculating Equilibrium Concentrations

7.8 Representations of Equilibrium

9.5 Free Energy and Equilibrium

重点词汇

1. Reversible 可逆的
2. Equilibrium 平衡（复数：equilibria）
3. Dynamic 动态的
4. Forward reaction 正反应
5. Reverse/backward reaction 逆反应
6. Reaction quotient 反应商
7. Equilibrium constant 平衡常数

考点简述

Reversible Reactions and Equilibrium:

1. Most physical and chemical processes are ***reversible***, where the reaction proceeds forward and backwards simultaneously.

2. A reversible process will eventually reach ***equilibrium***, where no observable changes occur in the system, reactants and products are simultaneously present, and the concentrations or partial pressures of all species remain constant. However, the equilibrium is ***dynamic***, meaning the forward and backward reactions are still going on, just at equal rates.

3. If the rate of the ***forward reaction*** is greater than the ***reverse reaction***, then the reaction is proceeding towards right, with net conversion of reactants to products, and vice versa.

Reaction Quotient and Equilibrium Constant:

1. The ***reaction quotient***, Q_c, describes the relative concentrations of reaction species at any time. For gas phase reactions, the reaction quotient may instead be written in terms of pressures as Q_p.

2. The reaction quotient at equilibrium is called the ***equilibrium constant***, K_c or K_p.

3. A large K indicates a reaction favors more products than reactants, and vice versa. A very large K indicates a reaction that proceeds essentially to completion, and a very small K indicates a reaction that barely proceeds at all.

4. K undergoes a series of mathematical operations according to the change in the chemical equation:

1) K is inverted if its corresponding reaction is reversed.

2) When the stoichiometric coefficients of a reaction are multiplied by a factor, K is raised to that power.

3) When reactions are added together, the K of the resulting overall reaction is the product of the K's for the reactions that were summed.

Equilibrium and Thermodynamics:

A reaction with $K>1$ is thermodynamically favorable and $\Delta G<0$, and vice versa.

知识详解

一、可逆反应与平衡

在一些反应中,反应物转化为产物的同时,产物也在转化为反应物,比如 H_2 和

N_2 生成 NH_3 的反应。因此，在条件不变的情况下，H_2 和 N_2 是无法完全变成 NH_3 的，这是一个可逆反应。

很多物理变化和化学变化都是可逆的。物理变化包括液体的汽化、气体的液化、盐的溶解等，化学反应包括有弱酸弱碱参与的酸碱中和反应、部分氧化还原反应等。

可逆反应中，正反应和逆反应同时进行。一个可逆反应在刚开始进行时，反应物的浓度处于最大的状态，生成物浓度为0，因此正反应速率大于逆反应速率。随着反应的进行，反应物的浓度减小，正反应速率减小；生成物的浓度增大，逆反应速率增大。最终一定有一个时间点，正反应速率与逆反应速率相等，如图10-1所示。

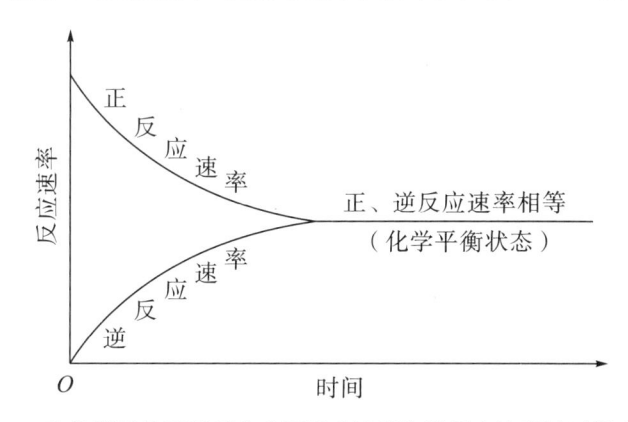

图 10-1　一定条件下的可逆反应中正反应速率和逆反应速率随时间变化示意图

正、逆反应速率相等，反应物和产物的生成速率与消耗速率就相等，它们的浓度都不再改变，正、逆反应速率也就不再改变，保持相等，这样就达到一种表面静止的状态，称为"化学平衡"。虽然表面静止，但是这种平衡被称作"动态平衡"，即正、逆反应仍在进行，只是由于速率相等，导致宏观上无法观测到反应的变化，并且只要条件（如温度、压强等）不变，平衡将会一直持续，如图10-2所示。

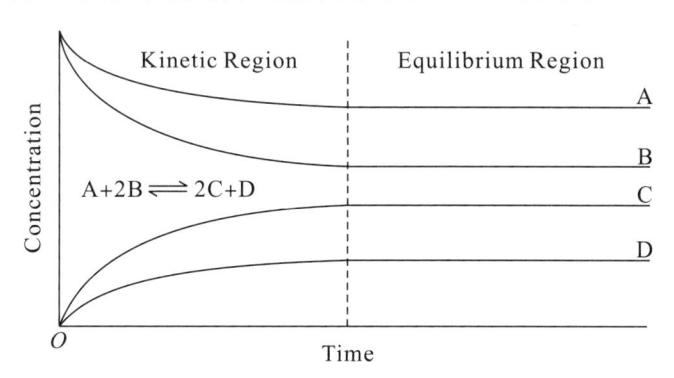

图 10-2　某可逆反应中各物质浓度随时间变化示意图

二、平衡的定量分析——反应商与平衡常数

考虑下面的可逆反应：

$$a\text{A} + b\text{B} \rightleftharpoons c\text{C} + d\text{D}$$

在达到平衡之前，A、B、C、D 的浓度会随着时间改变。在任意时刻，都可以计算该反应在这个时刻的"反应商"，其表达式为：

$$Q_c = \frac{[C]^c[D]^d}{[A]^a[B]^b}$$

或者对于气体反应：

$$Q_p = \frac{(P_C)^c(P_D)^d}{(P_A)^a(P_B)^b}$$

式中，P 代表气体的分压。

如果反应物或产物是固体或纯液体（比如水），没有常规意义上的"浓度"或"分压"，或者不随反应进行而变化，那么在反应商的表达式中就会忽略它们[①]。

在不同的条件下，反应混合物（reaction mixture）中各反应物和产物的浓度之比可能不同。但是研究发现，在温度不变的情况下，一个特定的可逆反应达到平衡时的反应商是常数，即使各物质的起始浓度不同。例如，相同温度下，在两个体积不同的密闭容器中，一个充入 3 mol N_2 和 1 mol H_2，另一个充入 12 mol NH_3（或者其他完全随机的量，只要反应可以进行），当两个容器中的反应都达到平衡时，它们的 Q 相等。

于是人们把在一定温度下，可逆反应达到平衡时的反应商称作"平衡常数（equilibrium constant）"，符号为 K_{eq}，或简写为 K。根据计算时采用浓度或分压，平衡常数分别表示为 K_c 或 K_p，即

$$K_c = \frac{[C]_{eqm}^c[D]_{eqm}^d}{[A]_{eqm}^a[B]_{eqm}^b}$$

$$K_p = \frac{(P_C)_{eqm}^c(P_D)_{eqm}^d}{(P_A)_{eqm}^a(P_B)_{eqm}^b}$$

通过实验现象与平衡常数、反应商的定义，可以得出以下结论和规定：

（1）K 只随温度变化。

（2）催化剂可以加速反应，使可逆反应更快达到平衡，但不改变 K。

（3）同一温度下，当 $Q<K$ 时，说明反应将向正反应方向进行，此时正反应速率 > 逆反应速率；当 $Q>K$ 时，说明反应将向逆反应方向进行，此时正反应速率 < 逆反应速率。

（4）如果正反应的平衡常数为 K，那么其逆反应的平衡常数为 $1/K$。

（5）如果可逆反应的化学方程式乘以系数 a，那么新的平衡常数为 K^a。

（6）如果两个可逆反应相加，那么总反应的平衡常数为两个反应的平衡常数乘积 $K_1 \times K_2$。

（7）如果 $K<1$，称为该反应在此温度下"平衡位置靠左（equilibrium positioned to

[①] 实际上是作为常数并入平衡常数 K 中。最常见的是水溶液中反应生成的水，相对于作为溶剂的水，几乎忽略不计，因此水的浓度几乎没有变化，视为常数。

the left)"；如果 $K>1$，称为该反应在此温度下"平衡位置靠右（equilibrium positioned to the right）"。

（8）如果 K 非常大（$>10^5$），说明该反应几乎是不可逆反应，平衡时理论最大产率接近 100%；如果 K 非常小（$<10^{-5}$），说明该反应几乎不进行。

可以发现，其实并不存在不可逆反应，只有 K 极大，平衡极度靠右的可逆反应；不存在无法进行的反应，只有 K 极小，平衡极度靠左的可逆反应。这样的"不绝对"是自然科学的属性。

平衡常数 K、可逆反应中物质的初始浓度和平衡时各物质的浓度之间有着密切的联系，而反应是根据化学方程式中的计量比例进行的，因此可以用列表的方式，以"三段式（ICE Table）"来根据其中两者计算第三者。

1. 三段式解题法

例如，考虑以下反应：

$$Br_2 + Cl_2 \rightleftharpoons 2BrCl$$

假如在某温度下，该反应的平衡常数 $K_c = 6.90$，当 0.100 mol BrCl 充入 500 mL 密封烧瓶中后，如何计算平衡时各物质浓度？

初始状态 Br_2 和 Cl_2 的浓度为 0，BrCl 的浓度为：

$$[BrCl] = \frac{0.100 \text{ mol}}{500 \text{ mL} \times \frac{1 \text{ L}}{1000 \text{ mL}}} = 0.200 \text{ mol/L}$$

设到达平衡时，BrCl 消耗 $2x$ mol/L，根据化学方程式系数可知，Br_2 和 Cl_2 各生成 x mol/L。

将数据填入下表，可表示出平衡时各物质浓度：

	Br_2	Cl_2	2BrCl
Initial	0 M	0 M	0.200 M
Change	$+x$	$+x$	$-2x$
Equilibrium	x	x	$0.200 - 2x$

根据平衡常数表达式可得：

$$K_c = \frac{[BrCl]^2}{[Br_2][Cl_2]} = \frac{(0.200 - 2x)^2}{x^2} = 6.90$$

解方程可得：$x \approx 0.0225$。

因此平衡时，$[Br_2] = 0.0225$ M，$[Cl_2] = 0.0225$ M，$[BrCl] = 0.200 - 2 \times 0.0225 = 0.155$ M。

2. 特殊值对应的简化步骤

很多时候，还可以根据特殊的 K 值，简化计算。

例如，考虑以下反应：
$$2SO_3 \rightleftharpoons 2SO_2 + O_2$$

假如在某温度下，该反应的平衡常数 $K_c = 2.4 \times 10^{-25}$，当 2.00 mol SO_3 充入 1.00 L 密封烧瓶中后，如何计算平衡时各物质浓度？

	$2SO_3$	$2SO_2$	O_2
Initial	2.00 M	0 M	0 M
Change	$-2x$	$+2x$	$+x$
Equilibrium	$2.00 - 2x$	$2x$	x

$$K_c = \frac{[SO_2]^2[O_2]}{[SO_3]^2} = \frac{(2x)^2 \times x}{(2.00 - 2x)^2} = 2.4 \times 10^{-25}$$

注意到 K 非常小，意味着平衡极度靠左，只会有非常少的 SO_3 转化为 SO_2 和 O_2，因此分母中 x 很可能远小于 2.00，可以将该式简化为：

$$K_c \approx \frac{(2x)^2 \times x}{(2.00)^2} = 2.4 \times 10^{-25}$$

计算器解方程可得：$x \approx 7.83 \times 10^{-9}$，$x$ 确实远小于 2.00，因此该简化是可行的。计算各物质浓度可知，该反应几乎不进行，平衡浓度与初始浓度几乎相同。

思考 10-1

如果 K 值极大，可以如何简化计算过程？

3. 三段式变式

有时，用摩尔数来进行三段式的计算更为方便，特别是混合浓度不同、体积不同的两种溶液反应时，但在计算 K 时需要注意用平衡时的摩尔数除以总体积以获得浓度。

例如，考虑以下反应：
$$C_2H_5OH(aq) + CH_3COOH(aq) \rightleftharpoons CH_3COOC_2H_5(aq) + H_2O(l)$$

在某温度下，该反应的平衡常数 $K_c = 4.0$，将 50.0 mL 0.010 mol/L C_2H_5OH 与 30.0 mL 0.020 mol/L CH_3COOH 混合反应，如何计算平衡时各物质浓度？

初始状态反应物的摩尔数为：

$$n_{C_2H_5OH} = 0.010 \text{ mol/L} \times 50.0 \text{ mL} \times \frac{1 \text{ L}}{1000 \text{ mL}} = 5.0 \times 10^{-4}$$

$$n_{CH_3COOH} = 0.020 \text{ mol/L} \times 30.0 \text{ mL} \times \frac{1 \text{ L}}{1000 \text{ mL}} = 6.0 \times 10^{-4}$$

	C$_2$H$_5$OH	CH$_3$COOH	CH$_3$COOC$_2$H$_5$	H$_2$O
Initial	5.0×10^{-4} mol	6.0×10^{-4} mol	0 mol	
Change	$-x$	$-x$	$+x$	
Equilibrium	$5.0 \times 10^{-4} - x$	$6.0 \times 10^{-4} - x$	x	

溶液总体积为：

$$V = (30.0 \text{ mL} + 50.0 \text{ mL}) \times \frac{1 \text{ L}}{1000 \text{ mL}} = 0.0800 \text{ L}$$

$$K_c = \frac{[\text{CH}_3\text{COOC}_2\text{H}_5]}{[\text{C}_2\text{H}_5\text{OH}][\text{CH}_3\text{COOH}]} = \frac{\frac{x}{0.0800}}{\left(\frac{5.0 \times 10^{-4} - x}{0.0800}\right)\left(\frac{6.0 \times 10^{-4} - x}{0.0800}\right)} = 4.0$$

解方程可得：$x \approx 1.42 \times 10^{-5}$ 或 $x \approx 2.11 \times 10^{-2}$。

x 不可能是 2.11×10^{-2}，因为 C$_2$H$_5$OH 与 CH$_3$COOH 的摩尔数不可能为负数。因此平衡时：

$$[\text{C}_2\text{H}_5\text{OH}] = \frac{5.0 \times 10^{-4} - 1.42 \times 10^{-5}}{0.0800} = 6.07 \times 10^{-3} \text{ M}$$

$$[\text{CH}_3\text{COOH}] = \frac{6.0 \times 10^{-4} - 1.42 \times 10^{-5}}{0.0800} = 7.32 \times 10^{-3} \text{ M}$$

$$[\text{CH}_3\text{COOC}_2\text{H}_5] = \frac{1.42 \times 10^{-5}}{0.0800} = 1.78 \times 10^{-4} \text{ M}$$

三、平衡常数与热力学

特定可逆反应的 K 在某种意义上代表了宇宙对此反应中反应物和产物的"偏好"，即宇宙"希望"最终达到平衡时反应物或产物更多，与之前学习过的反应热力学有利性有异曲同工之妙。

事实上，可逆反应的平衡常数 K 的值与热力学中的吉布斯自由能变化 ΔG 有直接关系。如果可逆反应平衡时 $K > 1$，宇宙"倾向于"产物的存在，正反应热力学有利，逆反应热力学不利；如果可逆反应平衡时 $K < 1$，宇宙"倾向于"反应物的存在，正反应热力学不利，逆反应热力学有利。其关系表达式为：

$$K = e^{\frac{-\Delta G^\circ}{RT}}$$

两边取自然对数可得：

$$\Delta G^\circ = -RT \ln K$$

可以看到，该表达式符合上述分析。当 $\Delta G < 0$ 时，绝对值越大，正反应热力学越有利，K 越大，平衡时产物占比越多，直到几乎全是产物——几乎成为不可逆反应；当 $\Delta G > 0$ 时，绝对值越大，正反应热力学越不利，K 越小，平衡时反应物占比越多，直到几乎全是反应物——反应几乎不能进行；当 $\Delta G = 0$ 时，$K = 1$，宇宙对于两者没有"偏

好"。

但是这只代表热力学层面的可行性，与反应速率无关。

【公式汇总】

1. $K_c = \dfrac{[C]_{eqm}^c [D]_{eqm}^d}{[A]_{eqm}^a [B]_{eqm}^b}$

2. $K_p = \dfrac{(P_C)_{eqm}^c (P_D)_{eqm}^d}{(P_A)_{eqm}^a (P_B)_{eqm}^b}$

3. $\Delta G° = -RT\ln K$

第二节　勒夏特列原理
Le Châtelier's Principle

考纲定位

7.9 Introduction to Le Châtelier's Principle

7.10 Reaction Quotient and Le Châtelier's Principle

重点词汇

无

考点简述

Le Châtelier's Principle：

1. An established equilibrium can be disturbed by change of concentrations, temperature, and/or pressure. The system responds to the disturbance by shifting the equilibrium left or right to establish a new equilibrium.

2. The overall effect by the response of the system to the disturbance is to reduce the disturbance.

Le Châtelier's Principle and Equilibrium Constant：

1. A disturbance to a system at equilibrium causes Q to differ from K. The system responds by bringing Q back into agreement with K and establish a new equilibrium.

2. Types of disturbance other than temperature change Q but not K. Temperature change causes K to change.

知识详解

一、平衡对外来影响的反应——勒夏特列原理（Le Châtelier's principle）

可逆反应不能进行到底，也就是说，产率一般远低于100%。在工业上，人们常常需要提高可逆反应的产率，这意味着必须改变反应条件，但是外界条件是如何影响产率的呢？

法国化学家勒夏特列提出预测平衡如何随条件改变的定律：当一个平衡因为外界条件的改变而被打破时，反应会朝着削弱该改变的方向进行，直到达到一个新的平衡。比如，当对一个已经达到平衡的系统进行升高温度的操作时，系统会向着吸热方向进行，"试图"降低温度。

如果新的平衡比旧的平衡产物浓度更多，或反应物浓度更少，称为"平衡右移（equilibrium shifts to the right）"；如果新的平衡比旧的平衡产物浓度更少，或反应物浓度更多，称为"平衡左移（equilibrium shifts to the left）"。

二、勒夏特列原理的解释

外界条件的改变通常包括温度的改变、物质浓度的改变、压强的改变。

1. 温度的改变

根据勒夏特列原理，升温时，平衡会向吸热反应方向移动，削弱温度的升高，或者说降低温度，直到达到新的平衡；降温时，平衡会向放热反应方向移动，削弱温度的降低，或者说升高温度，直到达到新的平衡。

那么为什么会有这样的移动规律呢？考虑以下已达到平衡的反应：

$$a\text{A} + b\text{B} \rightleftharpoons c\text{C} + d\text{D}, \Delta H < 0$$

该可逆反应的正反应放热，因此逆反应吸热。

当温度升高时，正逆反应速率同时增加。但是，由图10-3可知，放热反应的逆反应比正反应的活化能更高，根据阿伦尼乌斯方程，逆反应的速率受温度影响更大。因此，升温时，逆反应速率大于正反应速率，可逆反应总体向逆反应方向进行，平衡向左移动，直到达到新的平衡。

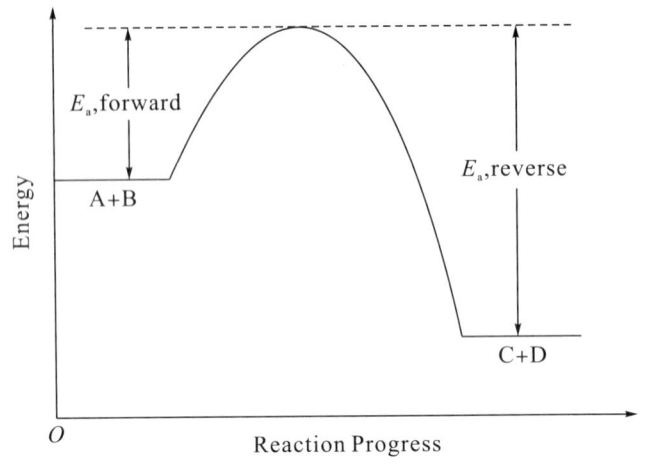

图 10-3 放热反应的能量图

相比旧的平衡，平衡左移后新的平衡中的反应混合物中会含有更多的 A 和 B，更少的 C 和 D，因此 K 减小，这也符合之前 K 会随温度变化而变化的结论。

换句话说，升温的一瞬间，各物质浓度变化前，Q 没有改变，但是 K 已经改变，Q 的值就偏离了新的 K，平衡移动的过程就是 Q 逐渐向新的 K 靠拢的过程。对于正反应放热的可逆反应，升温的一瞬间：

$$Q_c = \frac{[C]_{old}^c [D]_{old}^d}{[A]_{old}^a [B]_{old}^b} = K_{c,old} > K_{c,new}$$

思考 10-2

(1) 如果降低温度，平衡如何移动？K 如何变化？
(2) 如果正反应为吸热反应，升温、降温后平衡如何移动？K 如何变化？

2. 物质浓度的改变

根据勒夏特列原理，在某平衡系统中额外加入某反应物或产物时，平衡会向消耗该物质的方向移动，削弱该物质浓度的增加，直到达到新的平衡；从某平衡系统中移除某反应物或产物时，平衡会向生成该物质的方向移动，削弱该物质浓度的降低，直到达到新的平衡。

那么为什么会有这样的移动规律呢？考虑以下已达到平衡的反应：

$$aA + bB \rightleftharpoons cC + dD$$

在该系统中添加 A 的一瞬间，正反应的反应物浓度增加，速率增大，逆反应的反应物（即正反应的"产物"）浓度未变，速率不变。因此正反应速率大于逆反应速率，该可逆反应总体向正反应方向进行，平衡向右移动，直到达到新的平衡。

从反应商和平衡常数的角度也可以解释该平衡移动。

在该系统中添加 x mol/L 的 A 时，反应商 Q 发生改变（分母变大，Q 变小），偏离了 K（K 只随温度改变而改变，因此浓度的改变不影响 K）。即在加入 A 的瞬间：

$$Q_c = \frac{[C]_{old}^c [D]_{old}^d}{([A]_{old}+x)^a [B]_{old}^b} < K_c$$

Q 要回到 K，就需要平衡向右移动，使 Q 的表达式中分子增大，分母减小。

相比旧的平衡，平衡右移后新的平衡中的反应混合物中会含有更多的 C 和 D，更少的 B。新的平衡中 A 的浓度 $[A]_{new}$ 仍大于旧的平衡 $[A]_{old}$，但是比 $[A]_{old}+x$ 要小，否则新的 Q 就比 K 要大了（分子总体更大，分母总体更小）。这也符合勒夏特列原理中，A 的浓度增加被"削弱"而不是"消除"的描述。

思考 10-3

如果反应中其他物质的浓度增加或减少，Q 如何变化？平衡如何移动？新的平衡中各物质浓度如何？

3. 压强的改变

根据勒夏特列原理，在温度不变的情况下，当使某气态平衡系统压强增大（体积减小）时，平衡会向生成更少气体摩尔数的方向移动，削弱压强的增加，直到达到新的平衡；当使某气态平衡系统压强减小（体积增大）时，平衡会向生成更多气体摩尔数的方向移动，削弱压强的降低，直到达到新的平衡。

在第六章《"自由"的粒子——气体》中提到，理想气体的压强与气体种类无关，因此此处只需考虑反应前后的气体总摩尔数。

那么为什么会有这样的移动规律呢？考虑以下已达到平衡的反应：

$$N_2(g) + 3H_2(g) \rightleftharpoons 2NH_3(g)$$

该可逆反应左侧有 4 mol 气体，右侧有 2 mol 气体。

假设将该系统压强增大至两倍，即体积减小一半，那么体积减小的一瞬间，各气体的摩尔数变化前，浓度均变为原来的两倍。因此反应商 Q 发生改变，偏离了 K（K 只随温度改变而改变，因此浓度的改变不影响 K）。即在体积减小的一瞬间：

$$Q_c = \frac{(2[NH_3]_{old})^2}{(2[N_2]_{old})(2[H_2]_{old})^3} = \frac{2^2}{2 \times 2^3} \times \frac{[NH_3]_{old}^2}{[N_2]_{old}[H_2]_{old}^3} = \frac{1}{4}K_c$$

Q 要回到 K，就需要平衡向右移动，使 Q 的表达式中分子增大，分母减小。

可以看到，从反应商和平衡常数的角度来看，压强变化对各气体浓度的影响程度是一样的，Q 的变化取决于表达式中分子和分母分别的指数和，反映到化学方程式中就是左右两边的系数和，或者说气体摩尔总数。

相比旧的平衡，平衡右移后新的平衡中的反应混合物中会含有更多的 NH_3，更少的 N_2 和 H_2。新的平衡达成后，系统总压强仍大于旧的平衡，但小于旧的平衡总压强的两倍，即勒夏特列原理中压强增加的效果被"削弱"。

思考 10-4

（1）如果系统压强减小，Q 如何变化？平衡如何移动？新的平衡总压强如何？

（2）如果右侧气体总摩尔数更大，压强增大或减小后，Q 如何变化？平衡如何移动？新的平衡总压强如何？

（3）如果反应前后气体摩尔数不变，压强增大或减小后，平衡如何移动？

（4）如果在某气态平衡系统中充入稀有气体，平衡是否会改变？为什么？（提示：不改变）

（5）如果在某溶液平衡系统中加水稀释，平衡如何改变？（提示：与气态平衡系统一致）

三、蒸汽压回顾——蒸发与沸腾

在第三章《由微观到宏观——物质》中提到，当液体蒸汽压达到大气压时，液体剧烈汽化——沸腾。但是沸腾并不是液体汽化的唯一方式，另一种重要的汽化现象是"蒸发（evaporation）"。

蒸发在任何条件下均可发生，因此即使在南极，气温低至零下 50℃，空气中依然有水蒸气存在。根据麦克斯韦—玻尔兹曼分布可知，在任何温度下，系统内的粒子都有一部分具有极高的动能，只是高温下比例更大，低温下比例更小。液体中也是如此，特别是液面上的粒子，总有一部分具有较高的动能，以至于可以摆脱粒子间作用力的束缚，冲出液面成为气体，这就是蒸发现象。

蒸汽压就是由密闭容器中的液体蒸发，最终达到气液平衡后而产生的气压。既然是平衡，那么就可以写出平衡常数的表达式，以 Q_p、K_p 为例，对于汽化—液化可逆过程：

$$A(l) \rightleftharpoons A(g)$$

$$Q_p = P_{A(g)}$$

$$K_p = P_{A(g),eq} (\textit{vapor pressure of } A)$$

由于方程式左边为液体，不存在分压，在反应商和平衡常数的表达式中忽略，因此该温度下，该可逆过程的反应商 Q_p 就等于 A 的分压，达到气液平衡后，平衡常数 K_p 就等于平衡时 A 的分压，即 A 的蒸汽压。

此外还可以根据勒夏特列原理推出，由于汽化，即正"反应"方向为吸热过程，当温度升高时，平衡向右移动，新的平衡中将会含有更多的气体和更少的液体，也就是说，蒸汽压增大。

那么有没有什么条件下液体无法汽化呢？以暴露在大气中的液态水为例，液面上方的大气压虽然阻碍着液体汽化，但根据气液平衡的反应商 Q_p 和平衡常数 K_p 的表达式，当大气中水蒸气的分压小于水的蒸汽压时，$Q<K$，可逆过程向右进行，液态水会持续总体以蒸发的形式汽化。当大气中的"湿度（humidity）"增大，水蒸气的摩尔占比升高，分压增大到与水的蒸汽压持平时，达到气液平衡，水的蒸发与水蒸气的液化速率相同，宏观上大气中的含水量不再增加，此时称为达到该温度下的"100% 相对湿度"。此时，人身上的汗也难以蒸发带走热量，体感温度会比实际气温要高。

第三节　沉淀溶解平衡
Solubility Equilibria

考纲定位

7.11 Introduction to Solubility Equilibria

7.12 Common‑Ion Effect

7.13 pH and Solubility

7.14 Free Energy of Dissolution

重点词汇

1. Solubility‑product constant 溶度积
2. Common‑ion effect 同离子效应

考点简述

Equilibrium During Dissolution:

1. The dissolution of a salt is a reversible process whose equilibrium constant is expressed as K_{sp}, the ***solubility‑product constant***.

2. Salts with $K_{sp}>1$ are said to be "soluble".

Equilibrium Position During Dissolution:

1. ***Common-ion effect***: The solubility of a salt is reduced when it is dissolved into a solution that already contains one of the ions present in the salt. This effect is predicted by Le Châtelier's principle.

2. The solubility of a salt is pH sensitive when one of the constituent ions is a weak acid or base.

3. ΔG for dissolution depends on three factors: The breaking of the intermolecular interactions that hold the solid together, the reorganization of the solvent around the dissolved species, and the interaction of the dissolved species with the solvent.

知识详解

一、离子化合物的溶解平衡

可逆反应与平衡不止存在于化学反应中，离子化合物在水中的溶解/电离也是一种可逆过程。有的离子化合物易溶于水，有的微溶于水，还有的难溶于水，这些现象是可以用平衡解释的。

当离子化合物在水中电离时，以各带 +1 与 -1 电荷的离子组成的离子化合物为例，本质上发生以下可逆反应：

$$AB(s) \rightleftharpoons A^+(aq) + B^-(aq)$$

既然是可逆反应，那么就可以列出其平衡常数的表达式。像这样离子化合物在水中电离的平衡常数，被称为"溶度积"①，符号为 K_{sp}。

$$K_{sp} = [A^+][B^-]$$

注意到由于等式左边是固体，因此不包含在平衡常数的表达式中。

可以看到，离子化合物的溶解度越大，说明 $[A^+]$ 和 $[B^-]$ 越大，平衡越靠右，平衡常数 K_{sp} 越大。一般把 $K_{sp} > 1$ 的离子化合物称为"可溶"。而像难溶或不溶于水的离子化合物，其实严谨地说应该称为 K_{sp} 极小的离子化合物，比如 25℃ 时 AgCl 的 K_{sp} 值为 1.8×10^{-10}，$BaSO_4$ 为 1.1×10^{-10}，$CaCO_3$ 为 5.0×10^{-9}，$Ca(OH)_2$ 为 5.5×10^{-6}。

由于 K_{sp} 的值代表了离子化合物在某温度下的平衡位置，所以它也代表了离子化合物在该温度下的最大溶解度。因此可以用 K_{sp} 来计算离子化合物的摩尔溶解度②，或判断固定体积的水中能否完全溶解固定量的离子化合物。

比如，假设需要判断 0.50 mol $Ca(OH)_2$ 是否可以全部溶于水中以配制成 10 L 的溶液，可以先计算 $Ca(OH)_2$ 的摩尔溶解度：

---

① 实际上，所有电解质都存在溶度积。
② 摩尔溶解度是指 1 L 饱和溶液中溶质的摩尔数。

	Ca(OH)$_2$	Ca^{2+}	2OH$^-$
Initial		0	0
Change		$+x$	$+2x$
Equilibrium		x	$2x$

$$K_{sp} = [\text{Ca}^{2+}][\text{OH}^-]^2 = x \cdot (2x)^2 = 5.5 \times 10^{-6}$$

解得 $x = 0.011$ mol/L。

也就是说，在饱和 Ca(OH)$_2$ 溶液中，最多存在 0.011 M 的 Ca^{2+}，即 1 L 溶液中最多溶解 0.011 mol Ca(OH)$_2$。因为 1 mol Ca(OH)$_2$ 溶解产生 1 mol Ca^{2+}，所以 10 L 溶液中最多溶解 0.11 mol Ca(OH)$_2$。因此 0.50 mol Ca(OH)$_2$ 不能完全溶解。

但是也有更简单的方法，就是假设 0.50 mol Ca(OH)$_2$ 全部溶解到水中并配成 10 L 溶液，此时 Ca^{2+} 的浓度为 0.050 M，OH$^-$ 的浓度为 0.10 M，则：

$$Q_{sp} = [\text{Ca}^{2+}][\text{OH}^-]^2 = 0.050 \times 0.10^2 = 5.0 \times 10^{-4} > K_{sp}$$

$Q > K$，因此反应向左移动，即产生沉淀——不能完全溶解。

二、勒夏特列原理对溶解度的预测——同离子效应和 pH 影响

勒夏特列原理同样也适用于电解质的溶解度平衡。当溶液中已存在某离子时，含有该离子的盐在该溶液中的溶解度相比于其在水中的溶解度会下降，这种现象称为"同离子效应"。比如，NaCl 在 KCl 溶液中的溶解度会小于在水中的溶解度。同离子效应的效果可以通过三段式计算定量分析其对溶解度的影响，与普通三段式的区别仅在于"initial"中相关离子的初始浓度不为 0。

同样地，如果离子化合物包含酸或碱①，在水中或其他溶液中会得到或失去氢离子、生成水或气体等，导致平衡右移，溶解度增大。比如，CaF$_2$ 在酸性溶液中溶解度变大，因为 F$^-$ 是碱性的，与 H$^+$ 反应生成 HF 的平衡常数很大，酸性溶液会消耗 F$^-$，导致 CaF$_2$ 的沉淀溶解平衡右移。

三、电解质的溶解再回顾——平衡与热力学角度

在第八章《化学中的能量变化——热力学》中提到过，电解质在水中的溶解可以分为三个阶段，以盐为例：

（1）固体盐中的离子键断裂。
（2）水分子之间的氢键断裂。
（3）水分子和盐电离出来的离子建立离子偶极作用。

根据焓变、熵变的定义，可以对三个阶段进行定性分析：

第（1）步中断键吸热，离子脱离晶格束缚，因此 $\Delta H > 0$，$\Delta S > 0$。

---

① 具体知识在第十一章《酸与碱》中学习。

第（2）步中克服氢键吸热，水分子更无序，因此 $\Delta H > 0$，$\Delta S > 0$。

第（3）步中形成新作用力放热，离子与水分子"绑定"，因此 $\Delta H < 0$，$\Delta S < 0$。

可以发现，可溶性的盐 $K_{sp} > 1$，即整个过程的 $\Delta G < 0$，其主要驱动力在于第（1）步和第（2）步的熵增，以及第（3）步的放热。如果某可溶性盐溶于水吸热，那么一定说明其总熵增很大，驱动其溶解。

【公式汇总】

$$K_{sp} = [A^+][B^-]$$

第十一章 酸与碱
Acids and Bases

第一节 酸性、碱性与中性
Being Acidic, Basic, or Neutral

考纲定位

8.1 Introduction to Acids and Bases

8.2 pH and pOH of Strong Acids and Bases

8.3 Weak Acid and Base Equilibria

重点词汇

1. Amphoteric（酸碱）两性的
2. Neutral 中性的
3. Brønsted – Lowry acid/base 质子酸/碱①
4. Ionize/dissociate 电离②

考点简述

Acidity and Basicity:

1. "p" as in pH means " $-\log$ ".

2. Water is ***amphoteric*** with an autoionization equilibrium constant K_w.

3. A solution with equal concentrations of H^+ and OH^- is said to be ***neutral***. A neutral solution has pH = 7 at 25℃ only.

---

① 为便于准备 AP 考试，本章中酸碱质子理论中的酸/碱写作 Brønsted – Lowry 酸/碱。

② 中文中"电离"指电解质在水溶液中生成带有相反电荷的离子的过程。英文中把离子化合物的电离称为"dissociation"，意指分开本来就存在的离子；分子化合物的电离称为"ionization"，意指生成离子。

Acids and Bases：

1. A ***Brønsted-Lowry acid*** is a proton donor, and a ***Brønsted-Lowry base*** is a proton acceptor.

2. An acid-base reaction is essentially a proton transfer reaction.

3. Strong acids and bases completely ***ionize*** or ***dissociate***. Weak acids and bases partially ionize or dissociate and establish equilibria with equilibrium constants K_a for weak acids and K_b for weak bases.

知识详解

一、酸碱的定义

初中学过，酸的定义是在电离时产生的阳离子全部为氢离子的化合物，碱的定义是在电离时产生的阴离子全部为氢氧根离子的化合物。这样的定义有很大的局限性。比如，氨气 NH_3 是一种碱性气体，可以和氯化氢气体 HCl 发生中和反应，反应中不存在水溶液，也不存在电离行为；碳酸钠 Na_2CO_3 溶于水生成的碳酸钠溶液显碱性，但电离出的阴离子为 CO_3^{2-}。还有很大一部分类似的具有酸碱性的物质并不能归类为酸或碱。

因此，丹麦化学家布朗斯特和英国化学家劳里于1923年提出了"酸碱质子理论（Brønsted-Lowry theory of acid and base）"。该理论指出：酸碱反应的本质是质子（氢离子）转移反应，酸是质子供体，碱是质子受体。

回顾 NH_3 和 HCl 之间的反应：

$$NH_3 + HCl \longrightarrow NH_4^+ + Cl^-$$

在该反应中，HCl 转移了一个质子给 NH_3，因此 HCl 是 Brønsted-Lowry 酸，NH_3 是 Brønsted-Lowry 碱。

在接受了一个质子后，碱会生成它的"共轭酸（conjugate acid）"；在失去了一个质子后，酸会生成它的"共轭碱（conjugate base）"。像这样在酸碱反应中，相差一个质子的一对"酸碱"称为"共轭酸碱对"。比如，上述反应中，NH_3 和 NH_4^+ 是共轭酸碱对，其中 NH_3 是共轭碱，NH_4^+ 是共轭酸；HCl 和 Cl^- 是共轭酸碱对，其中 HCl 是共轭酸，Cl^- 是共轭碱。

注意到酸碱质子理论对酸与碱是基于反应中的角色来定义的，而不是仅从其本身判断。比如以下反应：

$$H_2SO_4 + HNO_3 \longrightarrow HSO_4^- + H_2NO_3^+$$

该反应中，HNO_3 是 Brønsted-Lowry 碱，即使在普遍认知中它是一种强酸。

同时，该理论还意味着所谓的"酸"也有一定的碱性，"碱"也有一定的酸性，只是酸碱性有强弱之分。比如，Cl^- 在普遍认知中不存在酸碱性，但它是 HCl 的共轭碱，实际上是具有碱性的，只是极弱而已。

二、酸性与碱性的定义

水会微弱电离为氢离子和氢氧根离子。在水溶液中，氢离子 H^+ 实际上并不单独存在，而是与水分子形成配位键，以水合氢离子（hydronium ion）H_3O^+ 的形式存在。但是为了简便，在反应方程式中仍使用 H^+ 来代替 H_3O^+。因此水的电离可以用下列方程式表示：

$$H_2O(l) + H_2O(l) \rightleftharpoons H_3O^+(aq) + OH^-(aq)$$

或

$$H_2O(l) \rightleftharpoons H^+(aq) + OH^-(aq)$$

在这个反应中，水既是酸又是碱，它是"两性"的。此反应为可逆反应，不会进行到底，水的电离平衡常数用 K_w 来表示，不包含纯液体 H_2O：

$$K_w = [H^+][OH^-] = 10^{-14} \text{ at } 25℃$$

从反应方程式中可以发现，水的电离生成了相同数量的氢离子和氢氧根离子，因此纯水是"中性"的。因此在纯水中：

$$[H^+] = [OH^-] = \sqrt{K_w} = \sqrt{10^{-14}} = 10^{-7} \text{ mol/L at } 25℃$$

人们常常用 pH（或 pOH）来表示某水溶液的酸碱度，其中 p 的含义是"$-\log$"：

$$pH = -\log[H^+], \quad pOH = -\log[OH^-]$$

$$pH + pOH = 14 \text{ at } 25℃$$

注意到 pH 和氢离子浓度呈负相关，因此 pH 越小代表氢离子浓度越高，反之亦然。根据表达式，可以计算出 25℃ 时纯水的 pH（和 pOH）等于 7。

在生活中可能听说过这样的说法，pH 小于 7 的物质是酸性的，pH 大于 7 的物质是碱性的。实际上，由于平衡常数 K 会随温度的改变而改变，纯水在温度不等于 25℃ 时平衡位置移动，K_w 并不等于 10^{-14}，氢离子浓度不等于 10^{-7} mol/L，pH 也就不等于 7。但是水仍是中性，因为不管温度如何变化，氢离子浓度与氢氧根离子浓度相同。比如，100℃ 的水 pH 为 6.14，但这并不代表沸水是酸性的。

因此用"pH=7"作为酸碱性的判断只在温度为 25℃ 时成立，酸碱性的本质是氢离子浓度与氢氧根离子浓度的相对大小。但是本章讨论的大部分酸碱问题都是在 25℃ 条件下发生的。

三、体现酸碱性——质子供给或接受的难易程度

因为 K_w 只随温度变化而变化，所以只要温度为 25℃，在水中加入酸或碱都不会影响其值，因此"$K_w = 10^{-14}$"或"$pH + pOH = 14$"仍然成立。在溶液中加酸不仅会增大氢离子浓度，降低 pH，同时也会减小氢氧根离子浓度，使得 K_w（氢离子浓度和氢氧根离子浓度的乘积）不变。在溶液中加碱同理。这一结论也可用勒夏特列原理理解。

水溶液中，酸与碱通过电离来影响 pH：

$$HA + H_2O \rightleftharpoons H_3O^+ + A^- \quad \text{或} \quad HA \rightleftharpoons H^+ + A^-$$

$$B + H_2O \rightleftharpoons HB^+ + OH^-$$

1. 强酸与强碱

强酸和强碱在水溶液中完全电离。换句话说，对于强酸和强碱，电离的平衡常数极大，电离几乎是不可逆过程。比如少量硝酸在水中的电离：

$$HNO_3 \longrightarrow H^+ + NO_3^-$$

一些常见的强酸有：HCl、HBr、HI、HClO₄、HNO₃、H₂SO₄。

一些常见的强碱[①]有：LiOH、NaOH、KOH、Ba(OH)₂、Sr(OH)₂等。

2. 弱酸与弱碱

弱酸与弱碱在水溶液中的电离程度有限，水溶液中会存在大量的（很多时候高达99%以上）弱酸或弱碱分子，这也是在离子方程式中一般不将其拆成离子形式的原因。

它们的电离平衡常数较小，其值代表相应的弱酸或弱碱的酸性或碱性强弱。弱酸电离出氢离子的平衡常数用 K_a 表示，弱碱电离（与水反应）出氢氧根离子的平衡常数用 K_b 表示：

$$K_a = \frac{[H^+][A^-]}{[HA]}$$

$$K_b = \frac{[HB][OH^-]}{[B]}$$

由上述式子可以看出，在浓度相同的情况下，弱酸的 K_a 越大（或 pK_a 越小），氢离子浓度越大，pH 越小，该弱酸的酸性越强。弱碱同理。

因为平衡常数 K 只随温度变化而变化，所以 pK_a 和 pK_b 是固定温度下弱酸和弱碱的属性，不受浓度影响，但 pH 会受酸或碱的浓度影响。其中 pK_a 称为"解离常数（dissociation constant）"。

一些常见的弱酸有：H₂CO₃（pK_{a1} = 6.37[②]）、HF（pK_a = 3.17）、HC₂H₃O₂（pK_a = 4.76），还有其他羧酸。

一些常见的弱碱有：F⁻（pK_b = 10.83）、NH₃（pK_b = 4.75）、C₂H₃O₂⁻（pK_b = 9.24），还有其他胺和羧酸根离子。

1) 共轭酸碱对的酸碱性

注意到现在酸和碱的范围扩大到了离子，这是因为酸和碱的电离是可逆反应，也可以看作是和水之间发生的酸碱反应。比如25℃时氢氟酸 HF（pK_a = 3.17）的水溶液中有如下平衡：

$$HF + H_2O \rightleftharpoons H_3O^+ + F^-, \quad K_a = 6.76 \times 10^{-4}$$

式中，HF 是酸，H₂O 是碱，H₃O⁺ 是 H₂O 的共轭酸，F⁻ 是 HF 的共轭碱。由于是可逆反应，因此可以将该式反过来写：

---

① 大部分强碱为易溶于水的活泼金属的氢氧化物，这类强碱称为 alkali。
② 本章中的数据均在25℃下测量。

$$H_3O^+ + F^- \rightleftharpoons HF + H_2O, \quad K = \frac{1}{6.76 \times 10^{-4}} = 1.48 \times 10^3$$

可以看到，F^- 可以作为碱反应。因此，在水溶液中 F^- 会以碱的形式进行"水解 (hydrolysis)"①：

$$F^- + H_2O \rightleftharpoons HF + OH^-, \quad K_b$$

将上式与 HF 的电离方程式相加，可得：

$$HF + H_2O + F^- + H_2O \rightleftharpoons H_3O^+ + F^- + HF + OH^-$$

$$H_2O + H_2O \rightleftharpoons H_3O^+ + OH^-, \quad K_w = 10^{-14}$$

得到了水的电离方程式，而其平衡常数已知。根据平衡常数与反应方程式的计算规则，可以得出：

$$K_{a,HF} \times K_{b,F^-} = K_w = 10^{-14}$$

或

$$pK_{a,HF} + pK_{b,F^-} = pK_w = 14$$

$$pK_{b,F^-} = 14 - 3.14 = 10.83$$

拓展开来，可以得出以下结论：

(1) 共轭酸碱对的 pK_a 与 pK_b 之和等于 pK_w（25℃时等于 14）。

(2) 相同浓度下，酸的酸性越强，其共轭碱的碱性越弱；酸性越弱，其共轭碱的碱性越强。碱同理。

思考 11-1

试从平衡常数和热力学的角度理解共轭酸碱对的酸碱性强弱关系。

2) 盐的酸碱性

离子的酸碱性也解释了盐在水溶液所表现出来的酸碱性。

比如强酸 HCl 和强碱 NaOH 反应所生成的强酸强碱盐 NaCl 在水溶液中电离：

$$NaCl \longrightarrow Na^+ + Cl^-$$

钠离子不与水反应产生氢离子或氢氧根离子。氯离子是 HCl 的共轭碱，HCl 是强酸，因此氯离子的碱性极弱，几乎不显碱性，或者说，氯离子水解生成 HCl 的平衡极度靠左：

$$Cl^- + H_2O \rightleftharpoons HCl + OH^-, \quad K_b \ll 1$$

因此 NaCl 的水溶液呈中性。

---

① 离子的"水解"是指与水反应生成 H^+ 或 OH^- 离子的过程。

再比如弱酸 H_2CO_3 与强碱 NaOH 反应所生成的强碱弱酸盐 $NaHCO_3$ 在水溶液中电离：

$$NaHCO_3 \longrightarrow Na^+ + HCO_3^-$$

钠离子不与水反应产生氢离子或氢氧根离子。碳酸氢根离子是 H_2CO_3 的共轭碱，H_2CO_3 是弱酸，因此碳酸氢根离子是弱碱，在水溶液中水解：

$$HCO_3^- + H_2O \rightleftharpoons H_2CO_3 + OH^-$$

因此 $NaHCO_3$ 的水溶液呈碱性。

再来看强酸 HNO_3 与弱碱 NH_3 反应所生成的强酸弱碱盐 NH_4NO_3 在水溶液中的电离：

$$NH_4NO_3 \longrightarrow NH_4^+ + NO_3^-$$

硝酸根离子是 HNO_3 的共轭碱，HNO_3 是强酸，因此硝酸根离子的碱性极弱，几乎不显碱性。铵根离子是 NH_3 的共轭酸，NH_3 是弱碱，因此铵根离子是弱酸，在水溶液中水解：

$$NH_4^+ \rightleftharpoons NH_3 + H^+$$

因此 NH_4NO_3 的水溶液呈酸性。

最后，弱酸 HF 与弱碱 NH_3 反应所生成的弱酸弱碱盐 NH_4F 在水溶液中的电离：

$$NH_4F \longrightarrow NH_4^+ + F^-$$

如前所示，NH_4^+ 是弱酸，F^- 是弱碱，两者在水溶液中都可发生水解：

$$NH_4^+ \rightleftharpoons NH_3 + H^+, \quad K_{a,NH_4^+} = \frac{[H^+][NH_3]}{[NH_4^+]} = \frac{[H^+]^2}{[NH_4^+]}$$

$$F^- + H_2O \rightleftharpoons HF + OH^-, \quad K_{b,F^-} = \frac{[HF][OH^-]}{[F^-]} = \frac{[OH^-]^2}{[F^-]}$$

由于 NH_4F 电离产生相同数量的 NH_4^+ 和 F^-，即 $[NH_4^+] = [F^-]$，因此最终溶液的酸碱性（H^+ 和 OH^- 的相对数量）取决于 NH_4^+ 的 K_a 与 F^- 的 K_b 的相对大小。25℃时，NH_4^+ 的 pK_a 为 9.25，F^- 的 pK_b 为 10.83，因此 NH_4^+ 的 K_a 大于 F^- 的 K_b，NH_4F 的水溶液呈酸性。

综上所述，强酸强碱盐的水溶液呈中性，强酸弱碱盐的水溶液呈酸性，强碱弱酸盐的水溶液呈碱性，弱酸弱碱盐的酸碱性取决于阳离子（弱酸）的 K_a 与阴离子（弱碱）的 K_b 的相对大小。

【公式汇总】

1. $K_w = [H^+][OH^-] = 10^{-14}$ at 25℃

2. $pH = -\log[H^+]$

3. $pH + pOH = 14$ at 25℃

4. $K_a = \frac{[H^+][A^-]}{[HA]}$

5. $K_b = \dfrac{[HB][OH^-]}{[B]}$

6. For a conjugate pair, $pK_a + pK_b = pK_w$

第二节 酸碱性与热力学
Acidity/Basicity and Thermodynamics

考纲定位

4.8 Introduction to Acid – Base Reactions
8.6 Molecular Structure of Acids and Bases

重点词汇

1. Acidity 酸性
2. Basicity 碱性

考点简述

1. The ***acidity*** of an acid can be determined by how easily it donates protons, which may be inferred by its molecular structure. Same with ***basicity***.

2. In an acid – base reaction with $K > 1$, the acidity of the acid is greater than that of the conjugate acid formed by the base, and the basicity of the base is greater than that of the conjugate base formed by the acid.

知识详解

一、酸碱性与分子结构

相同温度下，同种酸的浓度越大，pH 越低。碱同理。如果要比较不同酸或碱的酸碱性强弱，就需要排除浓度的影响。人们通过实验精确地测定了常见酸碱的 pK_a 或 pK_b 值，以达到这一目的，见表 11-1。

表 11-1 部分酸的 K_a 及 pK_a 值

Compound	Formula	K_a value	pK_a value
Acetic acid	CH_3COOH	1.7×10^{-5}	4.75
Carbonic acid	H_2CO_3	4.3×10^{-7}	6.35
	HCO_3^-	4.8×10^{-11}	10.33

续表

Compound	Formula	K_a value	pK_a value
Hydrocyanic acid	HCN	4.9×10^{-10}	9.30
Hydrofluoric acid	HF	6.8×10^{-4}	3.20
Sulfuric acid	H_2SO_4	Large	-3.00
	HSO_4^-	1.1×10^{-2}	1.99
Sulfurous acid	H_2SO_3	1.3×10^{-2}	1.85
	HSO_3^-	6.3×10^{-8}	7.20
Hydrogen sulfide	H_2S	8.9×10^{-8}	7.05
	HS^-	1.2×10^{-19}	19.00
Water	H_2O	10^{-14}	14.00
Amine	NH_3	10^{-35}	35.00
Phosphoric acid	H_3PO_4	6.9×10^{-3}	2.16
	$H_2PO_4^-$	6.2×10^{-8}	7.21
	HPO_4^{2-}	4.8×10^{-13}	12.32

为什么物质会有不同的酸碱性强弱呢？根据酸碱质子理论，酸性强弱的本质是物质产生氢离子的难易程度，碱性强弱的本质是物质接受氢离子的难易程度。因此，可以从分子结构上通过比较氢原子所连接的共价键断裂的难易程度，来比较两种物质的酸性强弱。碱同理。

1. 从酸分子的结构判断酸性

从热力学的角度看，由于断键吸热，连接氢原子的共价键键能越低，酸分子释放氢离子的焓变（正值）越小，ΔG 越小，K_a 就越大，酸性也就越强。以下几组分子的酸性比较验证了该结论：

（1）卤化氢的酸性：HI > HBr > HCl > HF。

由于氟原子到碘原子的原子半径逐渐增大，H—X 键键长逐渐增大，键能逐渐减小[①]。

（2）中心原子相同的无机含氧酸的酸性随中心原子连接的氧原子数量的增加而增强。

无机含氧酸的可电离氢原子一般位于中心原子所连接的羟基中，如硫酸 HO—SO_2—OH，硝酸 HO—NO_2，高氯酸 HO—ClO_3 等。由于氧原子的电负性极强，中心原子的价电子被周围的氧原子"吸走"，这种"吸电子（electron - withdrawing）"的趋势在分子内通过 σ 键可以传导一段距离（通常在 3 个键距离以内），称为"吸电子诱导效

---

① 在其他条件相似的情况下，键的极性与键能一般呈负相关，此处键长对键能的影响超过了极性影响。

应（negative inductive effect）",如图 11-1 所示。

图 11-1 HClO₃ 分子中诱导效应示意图

这种诱导效应会增大羟基内 H—O 键的极性，使其共用电子对更加远离氢原子，导致氢离子更易放出。中心原子所连接的氧原子越多，该效应就越强，分子酸性也就越强。比如氯的含氧酸酸性：$HClO_4 > HClO_3 > HClO_2 > HClO$，如图 11-2 所示。

图 11-2　HClO、HClO₂、HClO₃、HClO₄ 的酸性比较与结构示意图

（3）氧原子数量相同的无机含氧酸的酸性随中心原子的电负性增大而增强。

原理同（2），中心原子的吸电子诱导效应削弱羟基中的 H—O 键。比如硫、硒、碲的最高价含氧酸的酸性：$H_2SO_4 > H_2SeO_4 > H_2TeO_4$，如图 11-3 所示。

图 11-3　碲酸、硒酸、硫酸的酸性比较与结构示意图

（4）羧酸（含有羧基—COOH 的有机含氧酸）的酸性随羧基所连的碳原子周围的电负性较大的原子（如卤素、氧、硫原子等）的数量增加而增强。比如乙酸与其衍生物的酸性：$CCl_3COOH > CHCl_2COOH > CH_2ClCOOH > CH_3COOH$，如图 11-4 所示。

原理同（2）。

图 11-4　CH₃COOH、CH₂ClCOOH、CHCl₂COOH、CCl₃COOH 的酸性比较与结构示意图

2. 从共轭碱的碱性（稳定性）判断酸的酸性

某物质的酸性越强，其共轭碱的碱性就越弱，反之亦然。因此，也可以通过判断共轭碱的碱性强弱，比较对应酸的酸性强弱。

根据路易斯结构和形式电荷的理论，多原子离子所带的电荷位于形式电荷不为零的原子上，如图 11-5 所示。

图 11-5 NH_4^+ 的电荷位于形式电荷为 +1 的 N 上

但是，电荷分布越均匀，离子越稳定，接受或放出氢离子的"意愿"越低（集中的负电荷利于吸引氢离子，集中的正电荷利于放出氢离子），其酸碱性越弱，对应的共轭酸或碱的酸碱性越强。

共振和吸电子诱导效应有利于分散负电荷。比如之前提到过的氯的含氧酸的酸性比较，就可以用其酸根离子（共轭碱）的稳定性来比较，如图 11-6 所示。

Least stable ← → Most stable

图 11-6 ClO^-、ClO_2^-、ClO_3^-、ClO_4^- 的稳定性比较

其中，负电荷位于形式电荷为 -1 的 O 上（图中 4 个结构中最左侧的 O），该负电荷被中心原子 Cl 和其他 O 通过吸电子诱导效应分散。

"给电子诱导效应（positive inductive effect）"有利于分散正电荷，有机分子中的"烃基（alkyl group）"，即碳链或碳环，有"供电子（electron-donating）"的趋势，具有这种效应。

思考 11-2

（1）试从共轭碱稳定性（碱性）角度分别解释 HCl、HBr、HI、$HClO_4$、H_2SO_4、HNO_3 酸性较强的原因。（提示：原子结构、吸电子诱导效应）

（2）试从共轭碱稳定性（碱性）角度解释羧酸呈弱酸性的原因。（提示：共振）

（3）试从共轭酸稳定性（酸性）角度解释胺呈弱碱性的原因，并比较氨气、甲胺、二甲胺的碱性。（提示：给电子诱导效应）

3. 多元酸的酸性分析

对于"多元酸（polyprotic acid）"，即每个分子可电离出的氢离子多于一个的酸，逐个电离出氢离子的难度逐渐增加，即 K_a 逐渐变小（或 pK_a 逐渐增大），这是因为电离出一个氢离子后，该分子就变为带有 -1 电荷的阴离子，对于可电离的第二个带有 $+1$ 电荷的氢离子吸引力增大，以此类推。比如硫酸 H_2SO_4 是强酸，但 HSO_4^- 是弱酸：

$$H_2SO_4 \longrightarrow H^+ + HSO_4^-, \quad K_{a1} \gg 1$$

$$HSO_4^- \rightleftharpoons H^+ + SO_4^{2-}, \quad K_{a2} = 1.1 \times 10^{-2}$$

也就是说，在硫酸溶液中，1 mol 硫酸分子并不能放出 2 mol 氢离子。

二、酸碱反应中的酸碱性

当酸与碱反应时，通式可写作：

$$HA + B \rightleftharpoons A^- + HB^+, \quad K$$

注意该式中的电荷为相对电荷。

当有强酸或强碱参与时，该反应的平衡常数 K 极大，几乎为不可逆反应。但当反应物均为弱酸和弱碱时，该反应的平衡常数一般较小。

初中时学过"强酸制弱酸"的规律，比如盐酸 HCl（aq）与碳酸钙 $CaCO_3$ 的反应：

$$2HCl + CaCO_3 \longrightarrow CaCl_2 + CO_2 + H_2O$$

其中 CO_2 和 H_2O 可以看作是碳酸 H_2CO_3 分解的产物，因此：

$$2HCl + CaCO_3 \longrightarrow CaCl_2 + H_2CO_3$$

可以看到，酸性较强的盐酸通过酸碱反应制取了酸性较弱的碳酸。"强酸制弱酸"的规律总结是有局限性的，实际上可以通过酸碱反应的平衡常数比较反应物与产物的酸碱性强弱。更具体地说，可以比较酸碱反应里，反应物中的酸与产物中的共轭酸的酸性，以及反应物中的碱与产物中的共轭碱的碱性。

酸碱反应的通式中，总反应的平衡常数、酸的电离平衡常数、共轭酸的电离平衡常数表达式分别为：

$$K = \frac{[A^-][HB^+]}{[HA][B]}$$

$$K_{a,HA} = \frac{[H^+][A^-]}{[HA]}$$

$$K_{a,HB^+} = \frac{[H^+][B]}{[HB^+]}$$

不难发现：

$$\frac{K_{a,HA}}{K_{a,HB^+}} = K$$

因此，当 $K > 1$ 时，HA 的 K_a 大于 HB^+ 的 K_a，HA 的酸性强于 HB^+，反之亦然。碱同理。

思考 11-3

思考酸碱反应与氧化还原反应的相似之处，并从宇宙的"偏好"角度理解。

氧化还原反应中，所含元素化合价降低的物质是氧化剂，具有氧化性，自身被还原；所含元素化合价升高的物质是还原剂，具有还原性，自身被氧化。氧化剂被还原后的产物称为还原产物，还原剂被氧化后的产物称为还原产物。比如：

$$Cl_2 + 2Br^- \longrightarrow 2Cl^- + Br_2$$

该反应中 Cl_2 为氧化剂，Cl^- 为还原产物；Br^- 为还原剂，Br_2 为还原产物。该反应为不可逆反应（$K \gg 1$），证明 Cl_2 的氧化性强于 Br_2。

第三节　pH 计算与缓冲剂
pH Calculations and Buffers

考纲定位

8.4 Acid-Base Reactions and Buffers

8.7 pH and pK_a

8.8 Properties of Buffers

8.9 Henderson-Hasselbalch Equation

8.10 Buffer Capacity

重点词汇

1. Buffer 缓冲剂

2. Buffer capacity 缓冲容量

考点简述

1. A **buffer** is the mixture of a conjugate pair.

2. A buffer resists pH change when a small amount of acid or base is added to it. The conjugate acid reacts with the incoming base, and the conjugate base reacts with the incoming acid.

3. The pH of a buffer is related to pK_a of the conjugate acid (or pK_b of the conjugate base) and the concentration ratio of the conjugate pair.

4. ***Buffer capacity*** measures how much acid or base a buffer can handle, and it increases with the increase of concentrations of the conjugate pair.

知识详解

一、酸与碱的 pH

酸与碱的水溶液 pH 与其浓度和酸碱性强弱均有关系。

1. 强酸与强碱

强酸与强碱溶液的 pH 可以直接通过其浓度计算,因为它们完全电离,可以方便地确定氢离子或氢氧根离子浓度。

2. 弱酸与弱碱

弱酸与弱碱溶液的 pH 则需要根据浓度和 K_a 或 K_b,列出三段式来计算。也可以用相同的方法得到弱酸或弱碱分子的"电离百分比(percent ionization)",即发生电离的分子的占比。

显然,K_a 或 K_b 越大,同浓度下酸性或碱性越强,电离百分比越高。同时通过函数关系计算可得,同种弱酸或弱碱,浓度越高,电离出的离子浓度越高,但是电离百分比越低,反之亦然。

比如,某弱酸的 pK_a 为 7.0,若要计算 0.10 M 时该弱酸的 pH 和电离百分比,就需列出三段式:

	HA	H^+	A^-
Initial	0.10 M	0 M	0 M
Change	$-x$	$+x$	$+x$
Equilibrium	$0.10-x$	x	x

$$K_a = \frac{x^2}{0.10-x} = 10^{-pK_a} = 1.0 \times 10^{-7}$$

假设 $x \ll 0.10$,则有

$$K_a \approx \frac{x^2}{0.10} = 1.0 \times 10^{-7}$$

$$x = \sqrt{1.0 \times 10^{-7} \times 0.10} = 10^{-4} \text{mol/L} = [H^+]$$

x 确实远小于 0.10,假设成立:

$$pH = \log[H^+] = 4.0$$

$$Percent\ ionization = \frac{[HA] ionized}{Initial[HA]} = \frac{10^{-4}\ \text{mol/L}}{0.10\ \text{mol/L}} \times 100\% = 0.10\%$$

二、酸碱反应后的 pH

根据酸碱反应后溶液中存在的粒子种类,pH 计算方式不同。主要从是否完全反应和酸碱性强弱两方面分为以下几种情况。

1. 恰好完全反应/强酸或强碱过量

强酸与强碱不恰好完全反应后的溶液 pH 可以根据过量反应物的余量直接计算。

过量强酸与弱碱、过量强碱与弱酸反应后的溶液 pH 也是如此,因为当有强酸或强碱剩余时,其对溶液 pH 的影响远远超过产物中的共轭碱或共轭酸,所以在计算 pH 时只需考虑剩余强酸或强碱所带来的氢离子或氢氧根离子。

强酸与弱碱、强碱与弱酸恰好完全反应后的溶液相当于对应的盐溶液,可根据弱碱的共轭酸或弱酸的共轭碱的 K_a 或 K_b 以及它们的浓度计算 pH。

注意有强酸或强碱参与的酸碱中和反应,其恰好完全反应时反应物的量不因另一反应物的强弱而改变,比如 50 mL 0.1 M HCl(aq)需要 50 mL 0.1 M NaOH 恰好完全中和,50 mL 0.1 M CH_3COOH(aq)也需要 50 mL 0.1 M NaOH 恰好完全中和。

2. 弱酸或弱碱过量

当过量弱酸与强碱、过量弱碱与强酸反应后,溶液中会出现相当数量的共轭酸碱对。比如当 500 mL 0.20 M 的 $HC_2H_3O_2$($K_a = 1.7 \times 10^{-5}$)与 500 mL 0.15 M 的 NaOH 反应后,溶液中生成 0.075 M 的 $NaC_2H_3O_2$(以 Na^+ 和 $C_2H_3O_2^-$ 形式存在),剩余 0.025 M 的 $HC_2H_3O_2$,然后平衡移动以保证 K_a 不变:

	$HC_2H_3O_2$	H^+	$C_2H_3O_2^-$
Initial	0.025 M	$[H^+]_{initial}$	0.075 M
Change	$-x$	$+x$	$+x$
Equilibrium	$0.025 - x$	$[H^+]_{final}$	$0.075 + x$

$$K_a = \frac{[H^+]_{final} \times (0.075 + x)}{0.025 - x} = 1.7 \times 10^{-5}$$

假设设 $x \ll 0.025$,因此有:

$$K_a \approx \frac{[H^+]_{final} \times 0.075}{0.025} = 1.7 \times 10^{-5}$$

$$[H^+]_{final} = 1.7 \times 10^{-5} \times \frac{0.025}{0.075} = 5.7 \times 10^{-6} \text{ mol/L}$$

$$pH = -\log(5.7 \times 10^{-6}) = 5.25$$

在 AP 考试范围中涉及的弱酸弱碱的平衡移动幅度对溶液中粒子浓度的影响,相对于其初始浓度来说都极为有限,因此反应后的共轭酸碱对浓度可以近似看作后续达到平衡的浓度。因此当过量弱酸与强碱反应后,无须考虑平衡再移动,可以直接根据弱酸余量和其共轭碱生成量计算 pH:

$$K_a = \frac{[H^+][A^-]}{[HA]}$$

$$pH = pK_a + \log\left(\frac{[A^-]}{[HA]}\right)$$

弱碱同理：

$$K_b = \frac{[H^+][A^-]}{[HA]}$$

$$pOH = pK_b + \log\left(\frac{[HB^+]}{[B]}\right)$$

以上公式叫作 Henderson–Hasselbalch 方程，该方程除了可以定量计算 pH，还可以根据 pH 和 pK_a（或 pOH 和 pK_b）的相对大小判断共轭酸碱对的浓度相对大小，反之亦然：

(1) 当 $[A^-]$ > $[HA]$ 时，pH > pK_a。

(2) 当 $[A^-]$ < $[HA]$ 时，pH < pK_a。

(3) 当 $[A^-]$ = $[HA]$ 时，pH = pK_a。

碱同理。

三、共轭酸碱对的混合溶液——缓冲剂

上述的共轭酸碱对的混合溶液被称作"缓冲剂"，可分为"酸性缓冲剂（acidic buffer）"（弱酸分子 + 共轭碱离子）和"碱性缓冲剂（basic buffer）"（弱碱分子 + 共轭酸离子）。缓冲剂可以削弱少量强酸强碱的加入所带来的 pH 变化，其原理可以用勒夏特列原理进行理解。

想象某弱酸溶液 HA（aq）。该溶液中存在大量 HA 分子，少量 H^+ 和 A^-。当少量强碱加入后，带来的 OH^- 离子迅速消耗 H^+ 后继续与 HA 分子反应，直到 OH^- 被反应完毕，剩下的 HA 分子重新电离出部分 H^+。该弱酸溶液因此可以削弱强碱所带来的 pH 升高：

$$HA + OH^- \longrightarrow A^- + H_2O$$

但是它不能削弱强酸所带来的 pH 降低。虽然强酸所带来的 H^+ 理论上应该使 HA 的电离平衡左移，削弱 $[H^+]$ 的上升，但是由于溶液中 A^- 很少，导致平衡移动相对于 $[H^+]$ 来说幅度极小，pH 降低仍然明显。因此，假如在该弱酸溶液中额外添加其共轭碱 A^-，就能够保证平衡左移消耗部分强酸带来的 H^+（弱酸 K_a 小，因此逆反应 K 大）：

$$A^- + H^+ \rightleftharpoons HA$$

因此，HA 和 A^- 这对共轭酸碱对的混合溶液既可以通过 HA 和 OH^- 的反应削弱少量强碱所带来的 pH 升高，又可以通过 A^- 和 H^+ 的反应削弱少量强酸所带来的 pH 降低，成为酸性缓冲剂。弱碱与其共轭酸的混合溶液同理。

以酸性缓冲剂为例，缓冲剂的配置方法有以下两种：

（1）弱酸与弱酸盐的直接混合溶液。

（2）过量弱酸与强碱反应后的溶液。

两种方法都能使溶液中含有共轭酸碱对，其 pH 可用 Henderson – Hasselbalch 方程计算。

一般来说，有效的缓冲剂中共轭酸碱对的浓度相等，对强酸和强碱的削弱能力相同，根据 Henderson – Hasselbalch 方程，此时这样的缓冲剂的 pH 等于共轭酸的 pK_a，pOH 等于共轭碱的 pK_b。

缓冲剂对强酸与强碱的削弱能力并不是无限的，当加入强酸或强碱过多，将缓冲剂中的共轭碱或共轭酸消耗完后，缓冲剂就失效了。缓冲剂所能"承受"的强酸和强碱的量称为"缓冲容量（buffer capacity）"[①]。缓冲容量取决于缓冲剂中共轭酸和共轭碱的浓度：共轭酸的浓度越高，缓冲剂对强碱的缓冲容量越大；共轭碱的浓度越高，缓冲剂对强酸的缓冲容量越大。

之前提到，缓冲剂的 pH 与共轭酸碱对的浓度比有关，因此可以同时增大共轭酸碱对的浓度以增加缓冲容量，但只要其浓度比不变，缓冲剂的 pH 就不会改变。

【公式汇总】

1. $\text{pH} = \text{p}K_a + \log\left(\dfrac{[\text{A}^-]}{[\text{HA}]}\right)$

2. $\text{pOH} = \text{p}K_b + \log\left(\dfrac{[\text{HB}^+]}{[\text{B}]}\right)$

第四节　酸碱中和滴定
Acid – Base Titrations

考纲定位

4.6 Introduction to Titration

8.5 Acid – Base Titrations

重点词汇

1. Titration 滴定
2. Analyte 被分析物
3. Titrant 滴定剂
4. Equivalence point 等当量点
5. Endpoint 终点
6. Titration curve 滴定曲线
7. Half – equivalence point 半当量点

[①] AP 考试不涉及缓冲容量的具体定义。

考点简述

Purpose of Titration:

1. ***Titration*** is used to determine the concentration of an ***analyte*** in solution.

2. The ***titrant*** has a known concentration of a species that reacts specifically and quantitatively with the analyte.

3. The ***equivalence point*** of the titration occurs when the analyte is totally consumed by the reacting species in the titrant.

4. The equivalence point is often indicated by a change in a property (such as color) that occurs when the equivalence point is reached. This observable event is called the ***endpoint*** of the titration.

Acid-Base Titration:

1. A ***titration curve*** can be plotted to analyze the pH change and relative amounts of species during acid-base titration.

2. For titrations of weak acids/bases, at ***half-equivalence point***, pH = pK_a.

知识详解

一、滴定操作的目的与步骤

酸与碱反应时，整个反应过程中 pH 会不断变化。人们常利用此性质来测定：

（1）酸或碱溶液的浓度。

（2）弱酸或弱碱的 pK_a 或 pK_b。

这种通过两种溶液的定量反应对溶液浓度或性质进行分析的实验称为"滴定法"①。

当需要测定某物质 A 的溶液浓度时，可以根据 A 和另一物质 B 的反应方程式来确定它们恰好完全反应时的摩尔数之比，进而根据在 A 的溶液中添加的已知浓度的 B 溶液至恰好完全反应的体积，来计算 A 溶液的浓度。A 称为"被分析物"，其溶液浓度未知，已知浓度的 B 的溶液称为"滴定剂"。假设 A 与 B 为 1∶1 反应，那么当它们恰好完全反应时，应有：

$$c_A V_A = c_B V_B$$

在实验中，将已知体积的 A 的溶液（如 25 mL）盛入锥形瓶中，并用滴定管缓慢向锥形瓶中滴加已知浓度的 B 的溶液。对于酸碱反应，A 与 B 完全中和时的 pH 是可以确定的（比如强酸与强碱完全中和时的 pH = 7），因此在实验前会向锥形瓶中滴加 2~3

---

① 见第十三章《实验操作》第九节。

滴"指示剂（indicator）"，合适的指示剂会在 A 与 B 完全中和时溶液的 pH 附近变色，比如"酚酞（phenolphthalein）"经常被用于强酸强碱的滴定，因为它在碱性溶液中呈红色，酸性溶液中呈无色①，如图 11-7 所示。

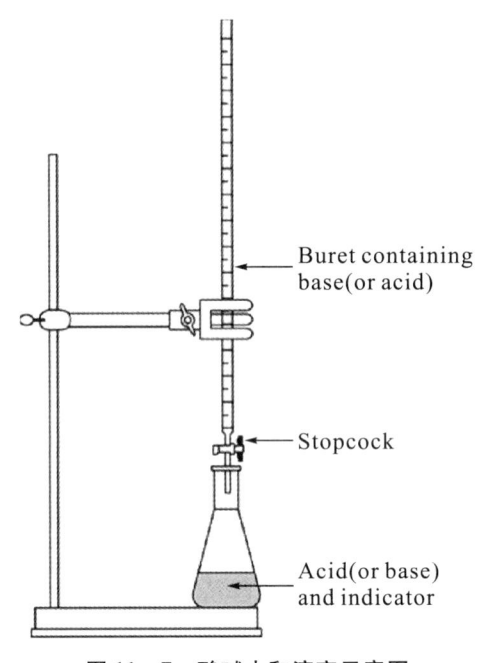

图 11-7　酸碱中和滴定示意图

当指示剂变色时，说明实验到达了"终点（endpoint）"，这是指示剂能表示出的供人们观测的现象。A 与 B 恰好完全反应的状态称为"等当量点（equivalence point）"，此时添加 B 的溶液的体积是可以计算的，是理论值。一个合适的指示剂应当使实验的终点和等当量点尽可能接近，即变色范围尽可能地接近等当量点对应的 pH。

指示剂本身是一种弱酸或弱碱，因此在滴定时不能添加过多，以免影响实验结果。指示剂在溶液中存在共轭酸碱对，且两者颜色不同。由 Henderson - Hasselbalch 方程可知，当指示剂所处溶液的 pH 等于指示剂中共轭酸的 pK_a 时，共轭酸碱对的浓度相同，指示剂位于变色的临界点。因此，指示剂的变色的 pH 范围在指示剂 pK_a 数值附近，滴定实验应选择 pK_a 最接近等当量点时溶液 pH 的指示剂。常见指示剂的变色 pH 范围如图 11-8 所示。

---

① 实际上酚酞的变色 pH 范围为 8.2~10.0。

Indicator	pK_a value	Colour change
universal indicator		
methyl orange	3.7	red — change — yellow
bromophenol blue	4.0	yellow — change — blue
methyl red	5.1	red — change — yellow
bromothymol blue	7.0	yellow — change — blue
phenolphthalein	9.3	colourless — change — red

pH: 0 1 2 3 4 5 6 7 8 9 10 11 12 13 14
very acidic — neutral — very alkaline

图 11-8　常见指示剂的变色 pH 范围

当然，滴定法不限于酸碱中和反应。氧化还原反应的滴定也常用于测定其反应物溶液的浓度，比如 $KMnO_4$ 和 H_2O_2 在酸性条件下反应的离子方程式：

$$2MnO_4^-(aq) + 5H_2O_2(aq) + 6H^+(aq) \longrightarrow 2Mn^{2+}(aq) + 5O_2(g) + 8H_2O(l)$$

该反应中，$KMnO_4$ 溶液呈紫色，其余反应物和产物无色或几乎无色，因此该反应的滴定不需要额外的指示剂。同样的，酸性条件下的高锰酸根离子与亚铁离子、草酸根离子的氧化还原反应也可以用于进行滴定实验。理论上，任何可以确定恰好完全反应状态的溶液反应都可以用于滴定。

二、酸碱中和滴定的滴定曲线分析

如果要进行更全面的酸碱中和滴定的分析，就需要用到"pH 计（pH meter）"而不是指示剂，它利用电信号直接测量并显示溶液的 pH，因此可以将其探针放在锥形瓶中，在滴定过程中持续记录溶液的 pH 变化，最终绘制出"滴定曲线"，如图 11-9 所示。

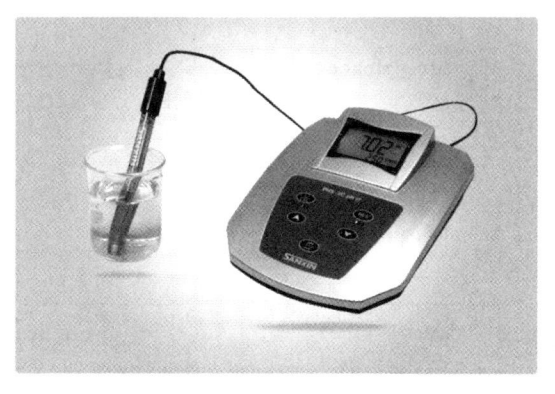

图 11-9　pH 计的工作示意图

（1）强酸与强碱的滴定曲线如图 11-10 所示。

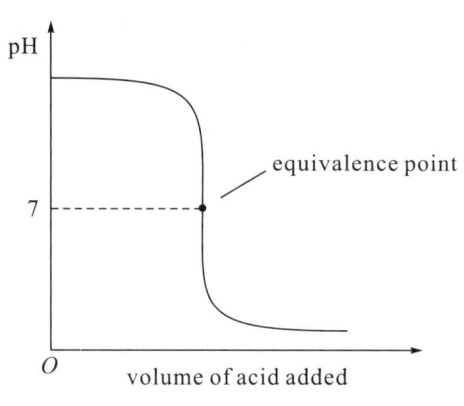

图 11-10　强碱滴入强酸（左）与强酸滴入强碱（右）的滴定曲线示意图

该组图像具有以下特点：

①曲线起点的纵坐标为被分析物的 pH，曲线终点的纵坐标为滴定剂的 pH。AP 考试滴定曲线示意图中一般强酸 pH 为 0~2，强碱 pH 为 12~14。

②滴定开始和结束附近曲线较为平缓，接近等当量点时 pH 突变，曲线有一段几乎竖直的区域。这是 log 函数在自变量接近 0 时的极大斜率导致的。

③等当量点位于竖直区域的中点，此时溶液的 pH 等于 7，呈中性。

④在等当量点附近，一滴滴定剂的加入可能使 pH 变化高达 5 个单位，因此在使用指示剂的滴定实验中，指示剂的变色 pH 范围（其共轭酸的 pK_a 数值）只要处于该实验滴定曲线的竖直区域对应的纵坐标范围，即可得到足够精确的等当量点时滴定剂的加入体积。

(2) 弱酸与强碱的滴定曲线如图 11-11 所示。

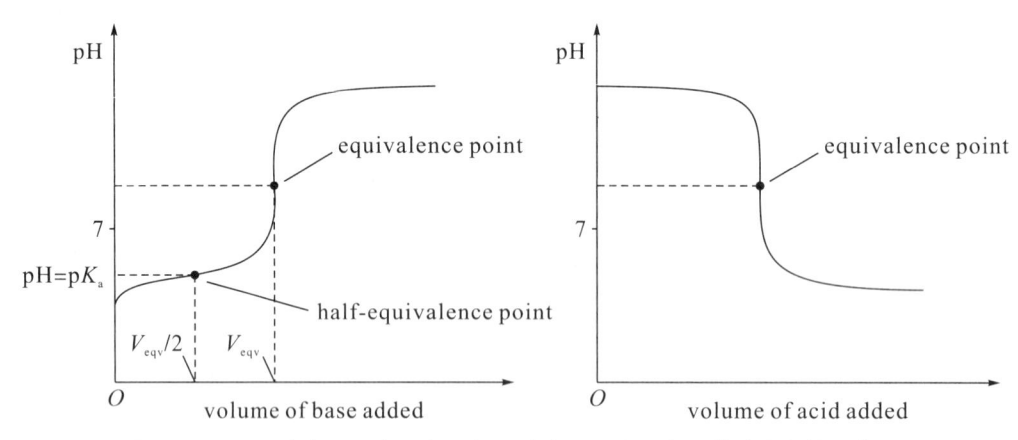

图 11-11　强碱滴入弱酸（左）与弱酸滴入强碱（右）的滴定曲线示意图

该组图像具有以下与（1）中图像的不同点：

①AP 考试滴定曲线示意图中一般弱酸 pH 为 2~4。

②等当量点位于竖直区域的中点，此时溶液的 pH 大于 7，呈碱性。这是由于达到等当量点的溶液本质是强碱弱酸盐的盐溶液。

③当被分析物为弱酸时（左图），曲线起点附近有一段 pH 变化"减速"的区域（斜率变小）。这是由于在等当量点前，强碱不足，溶液中出现弱酸对应的缓冲剂，削弱了强碱加入对 pH 的影响。

④当被分析物为弱酸时（左图），由等当量点时所需的滴定剂体积，可确定"半当量点"在曲线上的位置，即滴定剂体积为等当量点的一半时所对应的曲线上的点。此时锥形瓶中一半的弱酸与强碱反应生成其共轭碱，对应的共轭酸碱对浓度相同，溶液的 pH 等于弱酸的 pK_a。人们常用这种方法测定弱酸的 pK_a。

⑤当被分析物为弱酸时（左图），半当量点前，[HA] > [A$^-$]；半当量点后，等当量点前，[A$^-$] > [HA]；等当量点后，溶液中主要离子仅剩 A$^-$ 和 OH$^-$。

（3）强酸与弱碱的滴定曲线如图 11-12 所示。

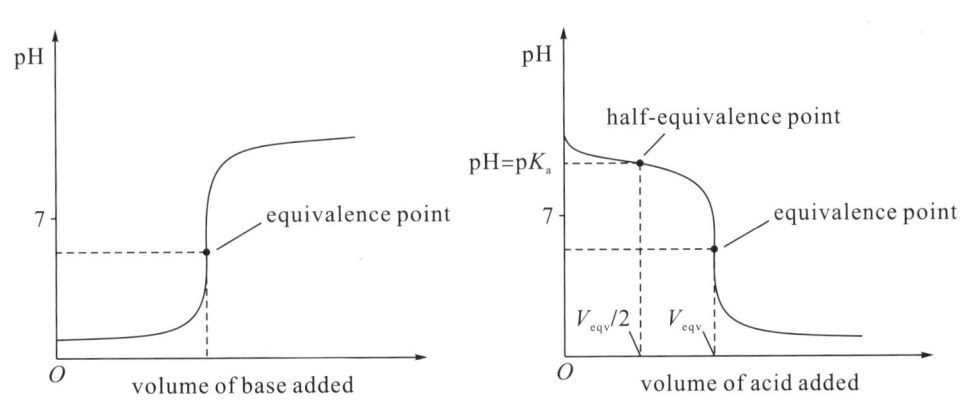

图 11-12　弱碱滴入强酸（左）与强酸滴入弱碱（右）的滴定曲线示意图

该组图像具有以下与（1）中图像的不同点：

①AP 考试滴定曲线示意图中一般弱碱 pH 为 10~12。

②等当量点位于竖直区域的中点，此时溶液的 pH 小于 7，呈酸性。这是由于达到等当量点的溶液本质是强酸弱碱盐的盐溶液。

③当被分析物为弱碱时（右图），曲线起点附近有一段 pH 变化"减速"的区域（斜率变小）。这是由于在等当量点前，强酸不足，溶液中出现弱碱对应的缓冲剂，削弱了强酸加入对 pH 的影响。

④当被分析物为弱碱时（右图），由等当量点时所需的滴定剂体积，可确定"半当量点"在曲线上的位置。此时锥形瓶中一半的弱酸与强碱反应生成其共轭碱，对应的共轭酸碱对浓度相同，溶液的 pOH 等于弱碱的 pK_b（溶液的 pH 等于弱碱共轭酸的 pK_a）。人们常用这种方法测定弱碱的 pK_b。

⑤当被分析物为弱碱时（右图），半当量点前，[B] > [HB$^+$]；在半当量点后，等当量点前，[HB$^+$] > [B]；等当量点后，溶液中主要离子仅剩 HB$^+$ 和 H$^+$。

（4）弱酸与弱碱的滴定曲线如图 11-13 所示。

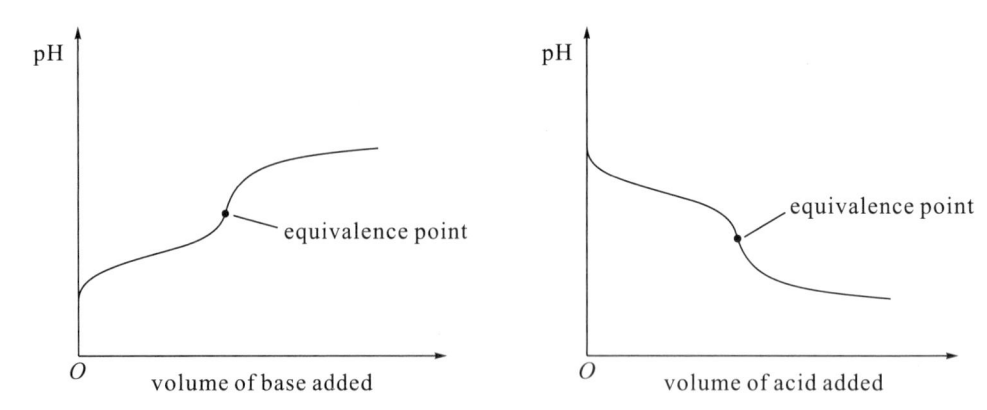

图 11-13 弱碱滴入弱酸（左）与弱酸滴入弱碱（右）的滴定曲线示意图

该组图像具有以下与（1）中图像的不同点：

①没有竖直区域，难以仅从图像确定等当量点。这是由于溶液中始终存在缓冲剂：等当量点前为被分析物对应的缓冲剂，等当量点后为滴定剂对应的缓冲剂。

②等当量点的 pH 由弱酸和弱碱的 pK_a 和 pK_b 决定：如果弱酸的 pK_a 小于弱碱的 pK_b，则等当量点的 pH＜7，呈酸性；如果弱酸的 pK_a 大于弱碱的 pK_b，则等当量点的 pH＞7，呈碱性。

③由于没有竖直区域，无法达到极少量滴定剂的加入导致 pH 突变，指示剂的变色无法精确地帮助确定等当量点。

（5）多元酸与强碱的滴定曲线（以 H_3PO_4 为例）如图 11-14 所示。

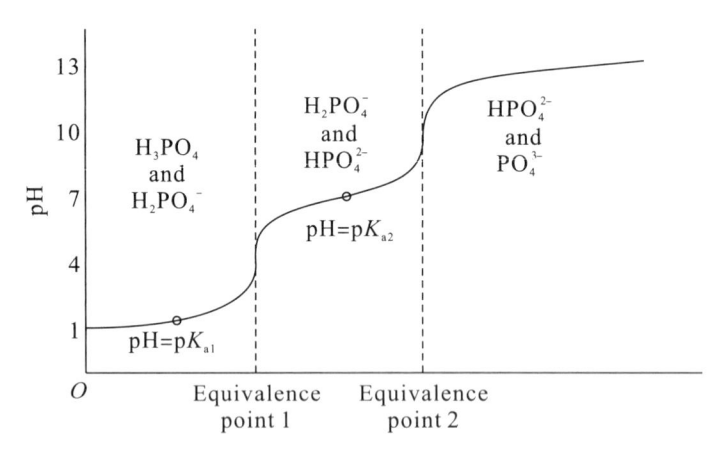

图 11-14 NaOH 滴入 H_3PO_4 的滴定曲线示意图

多元酸可电离出多个氢离子，但是难度逐渐增加，酸性逐渐减小。当被分析物为多元酸，强碱为滴定剂时，多元酸的每一步电离都会对应一个等当量点和半当量点，由半当量点又可以测定多元酸每一步电离的 pK_a。

以 H_3PO_4 为例：

$$H_3PO_4 \rightleftharpoons H^+ + H_2PO_4^-, \quad K_{a1}$$

$$H_2PO_4^- \rightleftharpoons H^+ + HPO_4^{2-}, \quad K_{a2}$$

由于 H_3PO_4 的第三步电离 $HPO_4^{2-} \rightleftharpoons H^+ + PO_4^{3-}$ 的 K_{a3} 过小，几乎没有酸性，第三个等当量点附近没有竖直区域，在滴定曲线中无法体现。

第十二章 化学能与电能——电化学
Chemical Energy and Electric Energy − Electrochemistry

第一节 原电池
Galvanic Cells

考纲定位

9.7 Galvanic (Voltaic) and Electrolytic Cells

9.8 Cell Potential and Free Energy

9.9 Cell Potential Under Nonstandard Conditions

重点词汇

1. Galvanic/voltaic cell 原电池
2. Anode 负极（原电池），阳极（电解池）
3. Cathode 正极（原电池），阴极（电解池）
4. Cell potential 电池电压
5. Reduction potential 还原电势
6. Electrode 电极
7. Nernst equation 能斯特方程

考点简述

Structure and Mechanism of Galvanic Cells：

1. A ***galvanic/voltaic cell*** uses a thermodynamically favorable redox reaction to generate electric power.

2. Oxidation occurs at the ***anode*** and reduction occurs at the ***cathode***.

Galvanic Cells and Thermodynamics：

1. The ***cell potential*** of a galvanic cell can be calculated by the different ***reduction potentials*** of both ***electrodes***.

2. A positive cell potential indicates a thermodynamically favorable reaction, and vice versa.

Galvanic Cells and Equilibria:

1. A cell may operate under nonstandard conditions and/or a working cell will also deviate from standard state, and they will eventually reach equilibrium where $Q = K$ and cell potential reaches zero.

2. Cell potential under nonstandard conditions can be calculated by the **Nernst equation**.

知识详解

一、原电池的结构

在第四章《化学反应》中学过，氧化还原反应的本质是"电子转移反应（electron transfer reactions）"。这些反应可以被拆分成两个"半反应"，分别表示失去电子的氧化反应和得到电子的还原反应。比如锌 Zn(s) 和硫酸铜溶液 $CuSO_4$(aq) 的置换反应：

$$Zn(s) + CuSO_4(aq) \longrightarrow Cu(s) + ZnSO_4(aq)$$

其半反应为：

①$Zn(s) \longrightarrow Zn^{2+}(aq) + 2e^-$, oxidation

②$Cu^{2+}(aq) + 2e^- \longrightarrow Cu(s)$, reduction

可以看到，电子从锌转移到了铜离子上。

在实验中，把锌块放进硫酸铜溶液中，锌块会逐渐变小，红色的铜单质会附着在锌块上，这是因为电子转移的地点在反应物的接触面上——锌块的表面，如图 12-1 所示。

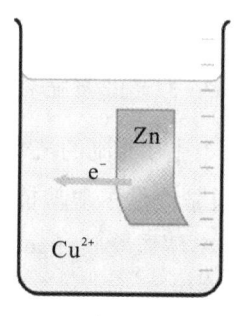

图 12-1　Zn 与 Cu^{2+} 反应中电子转移示意图

电流是电荷定向移动的结果。那么是否可以利用氧化还原反应的电子（带负电荷）移动来产生可以利用的电能呢？

想象利用锌和硫酸铜溶液的电子转移来使一个灯泡亮起。

（1）首先需要做的就是改变电子转移的地点——不能让锌和硫酸铜溶液直接接触，

而要在它们之间连一根导线，灯泡位于导线上，这样才能使电子流过导线点亮灯泡，如图 12-2 所示。

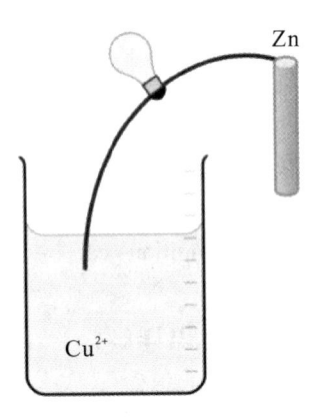

图 12-2 改变电流路径

（2）然而这样并不可能产生电流，因为锌块失去电子后生成的锌离子无处可去。因此第二步将锌块泡在另一个电解质溶液中，这样锌离子就可以脱离锌块游离于电解质溶液中［习惯上使用同种金属的盐溶液，如硫酸锌溶液 $ZnSO_4$（aq）］，如图 12-3 所示。

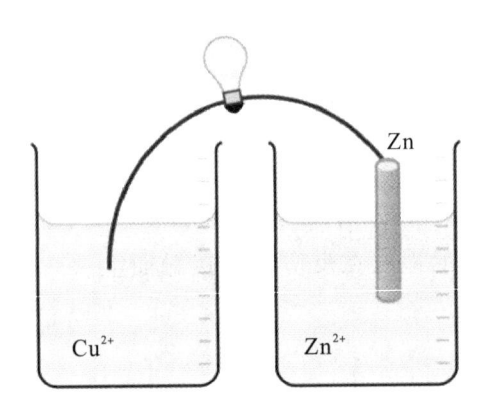

图 12-3 创造反应环境

（3）可是这样仍不能产生电流，因为电流的流动需要闭合的回路，所以需要在两个盐溶液池之间连接某种可导电的通路，称作"盐桥（salt bridge）"，如图 12-4 所示。盐桥一般由不参与该氧化还原反应的电解质凝胶（gel）构成，常用的是氯化钾 KCl(aq) 或硝酸钾 KNO_3(aq)。盐桥有以下两个作用：

①允许内部离子定向移动传导电流。

②保证两个盐溶液池分别呈电中性——$CuSO_4$(aq) 一端的 Cu^{2+} 发生还原反应生成 Cu(s)，溶液中阳离子减少，需要盐桥中的阳离子移动过去补充；$ZnSO_4$(aq) 一端的 Zn(s) 发生氧化反应生成 Zn^{2+}(aq)，溶液中阳离子增加，需要盐桥中的阴离子移动过去补充。

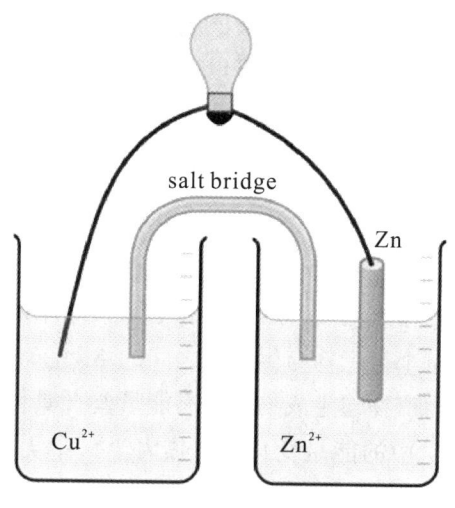

图 12-4 完成闭合回路

（4）最后把 $CuSO_4(aq)$ 一端的导线连接上一个铜块（习惯上与溶液中金属离子对应），将灯泡换成电压表，这样就得到了一个可以显示"电压（voltage）"的"原电池"，成功地将化学反应中的电子转移利用起来，即化学能直接转化为电能，如图 12-5 所示。

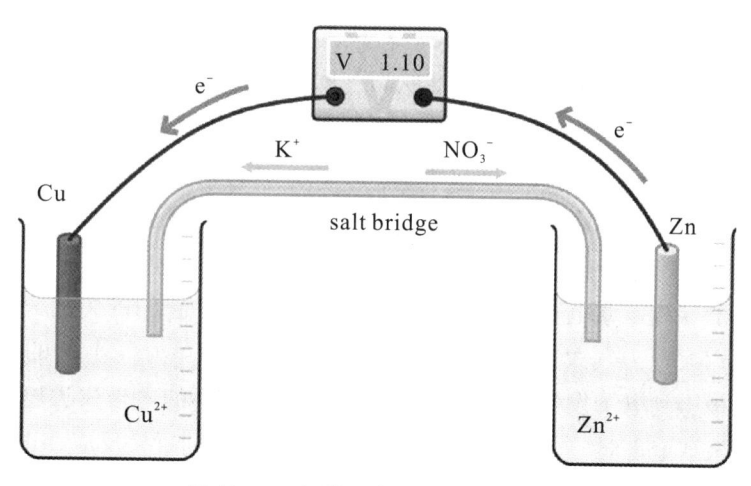

图 12-5 铜锌原电池的结构示意图

以上述原电池为例，锌块和铜块称作"电极"，分别置于其对应的盐溶液中，两端各称为一个"半电池（half-cell）"。盐溶液间由盐桥连接。

该原电池工作时，由于 Zn 比 Cu 活泼，因此 Zn 极将会把电子通过导线经外电路传递给 Cu 极一端溶液中的 Cu^{2+}，置换出 $Cu(s)$ 附着在铜极上，而锌极自身被氧化为 Zn^{2+} 溶于锌极一端的溶液中。

电子流出的一极就是发生氧化反应的一极，即该原电池的锌极，称作"负极"；电

子流入的一极就是发生还原反应的一极，即该原电池的铜极，称作"正极"①。

仔细观察该原电池的工作情况，其实可以发现，正极并不一定是铜，因为此处发生还原反应，是溶液中的 Cu^{2+} 还原成 Cu 附着在正极上，因此只要正极导电即可，可以换成石墨或者铂等。同理，负极溶液并不一定是 Zn 的盐溶液，只要是某种不参与反应的电解质溶液即可。

二、原电池的电压

那么为什么原电池可以输出电能？所产生的电压又由什么决定呢？

放热反应所放出的热量来自产物与生成物之间的焓差。与放热反应一样，氧化还原反应能放出电能，也是因为产物与生成物之间有能量差（具体来说是化学势能差），而这种能量差与第八章《化学中的能量变化——热力学》中提过的吉布斯自由能差有直接关系。

也就是说，原电池能向外提供电能的前提是其总反应 $\Delta G < 0$，即由热力学有利（自发）的反应驱动。在铜锌原电池中，Zn 与 Cu^{2+} 的反应就是自发反应。

初中曾学过金属活动性顺序表，即金属单质的化学活泼性排序。在化学反应中金属一般失去电子，发生氧化反应，还原其他物质。那么就可以粗略地把"活动性顺序"看作"还原性顺序"或"失去电子的能力强弱顺序"②。

反过来，金属还原性越强，被氧化后对应的金属离子的氧化性（得到电子或被还原的能力）就越弱。化学上习惯用标准状态③下的"标准还原电势（standard reduction potential）"来衡量物质的氧化性，即"被还原性"或"得到电子的能力"，符号为 $E°_{reduction}$（简写为 $E°$），单位为 V。对于金属来说，其离子的还原电势越大，表明该金属越"愿意"回到单质状态或更低价的离子状态，其单质就越稳定、越不活泼。

既然物质的还原电势衡量其得到电子的能力，那么在原电池中，不妨把电极的还原电势理解为"沿导线拉回电子的力气"。当两电极连接后，它们的力气大小决定了电子流动的方向：$E°$ 大（力气大）的电极将会把电子从 $E°$ 小（力气小）的电极处拉向自身。$E°$ 大的电极得到电子发生还原反应，为正极；而 $E°$ 小的电极失去电子发生氧化反应，为负极。该结论也对应了之前记忆的口诀。同理，回到置换反应，也可以比较两种金属的还原电势来确定一种金属是否可以自发地将另一种金属从离子状态置换为单质状态。

但是各电极的电势就像"力气"一样，单独讨论其大小是主观的、没有意义的，重要的是它们的相对大小。这就意味着需要设定一个标准，比如把某个电极的电势定为 0，然后把其他电极与之进行比较，测量差异。人们规定氢极（H^+/H_2）的标准还原电势为 0 V，因此其余电极就可以通过和氢极组成原电池并测量其在标准条件下的电压来

---

① 记忆口诀为 AN OX/RED CAT，即 anode is oxidation/cathode is reduction。
② 实际上，金属的金属性、活泼性、还原性由于研究对象和条件不同，并不等价，但顺序几乎相同。
③ 标准状态除了 1 atm 和常用的 25℃ 外，还包括所有溶液的浓度都为 1.0 M。

确定电势差,即电极的相对还原电势,如图 12-6 所示。

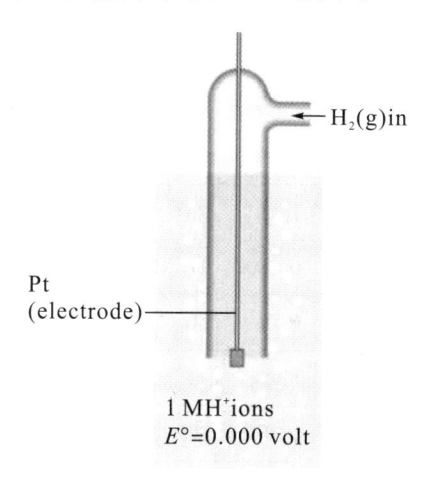

图 12-6 氢极示意图

常见电极(半反应)的标准还原电势见表 12-1。

表 12-1 常见电极(半反应)的标准还原电势

Half-Reaction	$E°(V)$	Half-Reaction	$E°(V)$
$F_2 + 2e^- \longrightarrow 2F^-$	2.87	$O_2 + 2H_2O + 4e^- \longrightarrow 4OH^-$	0.40
$Ag^{2+} + e^- \longrightarrow Ag^+$	1.99	$Cu^{2+} + 2e^- \longrightarrow Cu$	0.34
$Co^{3+} + e^- \longrightarrow Co^{2+}$	1.82	$Hg_2Cl_2 + 2e^- \longrightarrow 2Hg + 2Cl^-$	0.27
$H_2O_2 + 2H^+ + 2e^- \longrightarrow 2H_2O$	1.78	$AgCl + e^- \longrightarrow Ag + Cl^-$	0.22
$Ce^{4+} + e^- \longrightarrow Ce^{3+}$	1.70	$SO_4^{2-} + 4H^+ + 2e^- \longrightarrow H_2SO_3 + H_2O$	0.20
$PbO_2 + 4H^+ + 3e^- \longrightarrow MnO_2 + 2H_2O$	1.69	$Cu^{2+} + e^- \longrightarrow Cu^+$	0.16
$MnO_4^- + 4H^+ + 3e^- \longrightarrow MnO_2 + 2H_2O$	1.68	$2H^+ + 2e^- \longrightarrow H_2$	0.00
$2e^- + 2H^+ + IO_4^- \longrightarrow IO_3^- + H_2O$	1.60		
$MnO_4^- + 8H^+ + 5e^- \longrightarrow Mn^{2+} + 4H_2O$	1.51	$Fe^{3+} + 3e^- \longrightarrow Fe$	-0.036
$Au^{3+} + 3e^- \longrightarrow Au$	1.50	$Pb^{2+} + 2e^- \longrightarrow Pb$	-0.13
$pbO_2 + 4H^+ + 2e^- \longrightarrow pb^{2+} + 2H_2O$	1.46	$Sn^{2+} + 2e^- \longrightarrow Sn$	-0.14
$Cl_2 + 2e^- \longrightarrow 2Cl^-$	1.36	$Ni^{2+} + 2e^- \longrightarrow Ni$	-0.23
$Cr_2O_7^{2-} + 14H^+ + 6e^- \longrightarrow 2Cr^{3+} + 7H_2O$	1.33	$PbSO_4 + 2e^- \longrightarrow Pb + SO_4^{2-}$	-0.35
$O_2 + 4H^+ + 4e^- \longrightarrow 2H_2O$	1.23	$Cd^{2+} + 2e^- \longrightarrow Cd$	-0.40
$MnO_2 + 4H^+ + 2e^- \longrightarrow Mn^{2+} + 2H_2O$	1.21	$Fe^{2+} + 2e^- \longrightarrow Fe$	-0.44

续表

Half-Reaction	$E°(V)$	Half-Reaction	$E°(V)$
$IO_3^- + 6H^+ + 5e^- \longrightarrow \frac{1}{2}I_2 + 3H_2O$	1.20	$Cr^{3+} + e^- \longrightarrow Cr^{2+}$	-0.50
$Br_2 + 2e^- \longrightarrow 2Br^-$	1.09	$Cr^{3+} + 3e^- \longrightarrow Cr$	-0.73
$VO_2^+ + 2H^+ + e^- \longrightarrow VO^{2+} + H_2O$	1.00	$Zn^{2+} + 2e^- \longrightarrow Zn$	-0.76
$AuCl_4^- + 3e^- \longrightarrow Au + 4Cl^-$	0.99	$2H_2O + 2e^- \longrightarrow H_2 + 2OH^-$	-0.83
$NO_3^- + 4H^+ + 3e^- \longrightarrow NO + 2H_2O$	0.96	$Mn^{2+} + 2e^- \longrightarrow Mn$	-1.18
$ClO_2 + e^- \longrightarrow ClO_2^-$	0.954	$Al^{3+} + 3e^- \longrightarrow Al$	-1.66
$2Hg^{2+} + 2e^- \longrightarrow Hg_2^{2+}$	0.91	$H_2 + 2e^- \longrightarrow 2H^-$	-2.23
$Ag^+ + e^- \longrightarrow Ag$	0.80	$Mg^{2+} + 2e^- \longrightarrow Mg$	-2.37
$Hg_2^{2+} + 2e^- \longrightarrow 2Hg$	0.80	$La^{3+} + 3e^- \longrightarrow La$	-2.37
$Fe^{3+} + e^- \longrightarrow Fe^{2+}$	0.77	$Na^+ + e^- \longrightarrow Na$	-2.71
$O_2 + 2H^+ + 2e^- \longrightarrow H_2O_2$	0.68	$Ca^{2+} + 2e^- \longrightarrow Ca$	-2.76
$MnO_4^- + e^- \longrightarrow MnO_4^{2-}$	0.56	$Ba^{2+} + 2e^- \longrightarrow Ba$	-2.90
$I_2 + 2e^- \longrightarrow 2I^-$	0.54	$K^+ + e^- \longrightarrow K$	-2.92
$Cu^+ + e^- \longrightarrow Cu$	0.52	$Li^+ + e^- \longrightarrow Li$	-3.05

回顾原电池的结构，当导线上连接电压表时，电压表将会显示该原电池所产生的电压。不妨将电压表看作一个水闸，电子看作水流：两边电极会以不同的力拉动电子，如同拔河一样，而电压表"感受"到并且显示的电压实际上是"合力"，即两边电极的"力气差"，即"电势差（potential difference）"。

还原电势的差异导致的自发反应是原电池产生电能的驱动力，也决定了原电池能够产生的电压。标准状态下，一个原电池所产生的"电池电压（cell potential）"，符号为 $E°_{cell}$，简写为 $E°$，单位为 V，值一定大于 0。此外也可以用"电动势（electromotive force，emf）"来表示，其计算方法与结果相同①。

$$E°_{cell} = E°_{cathode} - E°_{anode}$$

需要注意的是，还原电势与电势差衡量的是给出电子的"能力"或"意愿"及其差距，所以在条件相同的情况下，电极的标准还原电势与原电池所产生的电压与电极尺寸大小或每摩尔反应转移的电子多少（反应的系数）没有关系。

也就是说，电势不是状态函数。但是标准还原电势可以进行部分数学运算，比如其所对应的半反应的逆反应，即电极的氧化反应，氧化电势与其还原电势数值相等，符号

---

① 实际上，电动势、电压、电势差有定义上的区别，但在 AP 阶段不考虑电阻，因此数值相等。

相反；电势也可以随反应方程式一起相加或相减，但是不考虑系数。

因此，在计算电势差（电池电压）时，可以先将负极的 $E°$ 对应的反应方程式写作逆反应，氧化电势 $E°_{oxidation} = -E°_{reduction}$，再将正极的还原反应方程式和负极的氧化反应方程式相加（可能需要乘以系数以抵消电子），最后将正极的还原电势和负极的氧化电势相加（不乘以系数）。这样的加法比减法更加直观，并不易出错。

比如，已知银极与锌极的还原电势：

$$Ag^+(aq) + e^- \longrightarrow Ag(s), \quad E° = +0.80 \text{ V}$$
$$Zn^{2+}(aq) + 2e^- \longrightarrow Zn(s), \quad E° = -0.76 \text{ V}$$

银极的 $E°$ 更大，因此在原电池中为负极，锌极为正极。银极发生还原反应，与其 $E°$ 对应的反应顺序一致；锌极发生氧化反应，是其 $E°$ 对应反应的逆反应：

① $Ag^+(aq) + e^- \to Ag(s)$， $E° = +0.80$ V

② $Zn(s) \to Zn^{2+}(aq) + 2e^-$， $E° = +0.76$ V

①$+2×$②以抵消电子，电势直接相加：

$$Zn(s) + 2Ag^+(aq) \longrightarrow Zn^{2+}(aq) + 2Ag(s), \quad E° = 0.80 + 0.76 = 1.56 \text{ V}$$

之前提到，电极电势差的本质是吉布斯自由能差，它们之间的关系为：

$$\Delta G°_{rxn} = -nFE°_{cell}$$

式中，$\Delta G°_{rxn}$ 为总反应的吉布斯自由能变化，n 为每摩尔反应中电子转移的摩尔数，F 为法拉第常数[①] 96485 C/mol，$E°_{cell}$ 为电池电压。需要注意的是，ΔG 的常用单位为 kJ/mol，而 $-nFE$ 的单位为 J/mol，在计算时要注意单位换算。

与之前的分析一致，热力学有利的反应可以产生正的电压。

三、原电池的反应条件与化学平衡

电压表的电阻是极大的，因此当原电池导线连接电压表时，"水闸"是关闭的状态，这样它才可以"感受"到电子流动过来的"挤压"。因此电压表虽然有读数，但是电流是没有流动的，这也代表着氧化还原反应并没有进行，电压会是恒定的。但是在实际原电池工作中，电流需要流动，两电极的溶液浓度也会发生改变，根据常识，原电池最终放电完毕，电压为 0。

考虑以下原电池总反应方程式：

$$Cu(s) + 2Ag^+(aq) \longrightarrow Cu^{2+}(aq) + 2Ag(s)$$

虽然根据符号看这是一个非可逆反应，但是在第十章《宇宙的"偏爱"——化学平衡》中提到，"不可逆"反应严谨来说其实是"K 极大"的可逆反应。因此该式的反应商为：

$$Q = \frac{[Cu^{2+}]}{[Ag^+]^2}$$

---

① 法拉第常数是指 1 mol 电子所携带的总电量。1 faraday = $e × N_A$ ≈ 96485 C/mol。

标准状态时，所有溶液的浓度均为 1.0 M，$Q=1$。

原反应为自发反应，$\Delta G < 0$，根据吉布斯自由能变化 ΔG 与平衡常数 K 的关系：

$$\Delta G = -RT\ln K$$

可以得到 $K>1$，因此 $Q<K$。在电路通畅的情况下，反应会向右进行产生电流。随着反应的进行，$[Ag^+]$ 减小，$[Cu^{2+}]$ 增大，原电池状态脱离标准状态，因此其电压也会发生改变。

处于非标准状态的原电池电压可由"能斯特方程（Nernst equation）"计算：

$$E_{cell} = E°_{cell} - \left(\frac{RT}{nF}\right)\ln Q$$

式中，E_{cell} 为任意条件下某原电池的电压，$E°_{cell}$ 为该原电池标准状态下的电压，R 为理想气体常数 8.314 J/mol·K，T 为开尔文温度，n 为每摩尔反应中电子转移的摩尔数，F 为法拉第常数 96485 C/mol，Q 为反应商。

随着反应的进行，Q 逐渐增大，直到最终电压为 0，$Q = K$，即：

$$0 = E°_{cell} - \left(\frac{RT}{nF}\right)\ln K$$

由此推出：

$$RT\ln K = nFE°_{cell} = -\Delta G°$$

上式成立，因此该结论成立。

【公式汇总】

1. $E°_{cell} = E°_{cathode} - E°_{anode}$

2. $\Delta G°_{rxn} = -nFE°_{cell}$

3. $E_{cell} = E°_{cell} - \left(\frac{RT}{nF}\right)\ln Q$

第二节　电解池、电解与电量计算
Electrolytic Cells, Electrolysis, and Calculations

考纲定位

9.10 Electrolysis and Faraday's Law

重点词汇

1. Electrolytic cell 电解池
2. Electrolysis 电解
3. Electroplate 电镀
4. Faraday's law 法拉第定律

考点简述

Structure and Mechanism of Electrolytic Cells:

1. An *electrolytic cell* consumes electrical power to drive a thermodynamically unfavorable redox reaction.

2. *Electrolysis* is an application of electrolytic cells to extract metals from ores, *electroplate*, etc.

Calculations In Cell Operations:

Faraday's law is used to calculate the current, time elapsed, and mass of material deposited or removed from an electrode in galvanic and electrolytic cells.

知识详解

一、电解池的结构

原电池的驱动力来自热力学有利的氧化还原反应，将化学能直接转化为电能。那么是否可以反过来将电能转化为化学能，用外接电源"强迫"本来热力学不利的反应进行呢？"电解"就是这样的一种过程。

当水或熔融状态下的氯化钠被施加高压电时，水中的两电极上会分别生成氢气和氧气，而氯化钠中两电极上会分别生成钠单质和氯气。以氯化钠 NaCl 为例，其电解的反应方程式为：

$$2NaCl\ (l) \longrightarrow 2Na\ (l) + Cl_2\ (g)$$

其半反应方程式为：

① $Na^+ + e^- \longrightarrow Na$，$E°_{reduction} = -2.71\ V$

② $2Cl^- \longrightarrow Cl_2 + 2e^-$，$E°_{oxidation} = -1.36\ V$

$$E°_{cell} = -2.71 + (-1.36) = -4.07\ V$$

可以看到，该反应 $E° < 0$，因此 $\Delta G° > 0$，为热力学不利反应，在常温常压下，NaCl 不会分解生成 Na 和 Cl_2，但是当两电极插入熔融状态下的氯化钠中，并施以大于 4.07 V 的电压时，该反应就会进行，如图 12 - 7 所示。

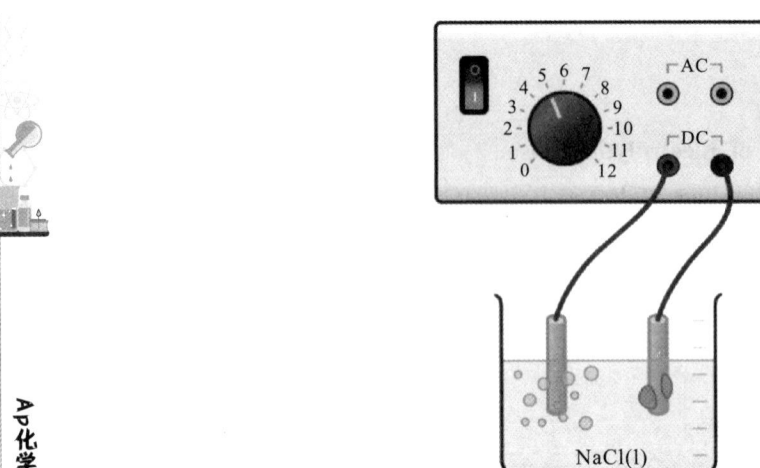

图 12-7 电解 NaCl 示意图

同样地，一个原电池中，当把外电路中的电压表换成外接电源，产生与原电池电流方向相反①的电压，并且数值大于原电池电压时，原反应就会逆转方向进行，如图 12-8 所示。

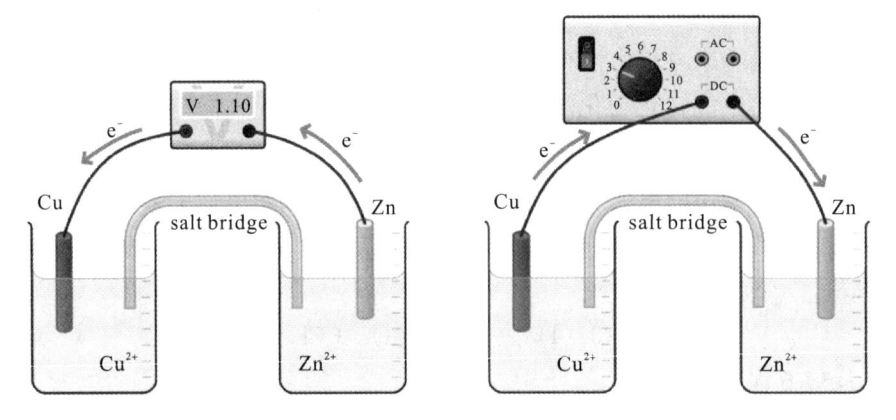

图 12-8 铜锌原电池（左）与电解池（右）对比图

右侧电解池中铜极由于发生氧化反应，电极会逐渐溶解，质量变小；而锌极表面会由于溶液中 Zn^{2+} 发生还原反应而附着 Zn（s），质量变大，与原电池工作时现象相反。

像图 12-7 和图 12-8 右侧这样，依靠外接电源驱动一个热力学不利的氧化还原反应，将电能直接转化为化学能的装置叫作"电解池（electrolytic cell）"。电解池中，电子流出的一极称为"阳极"，电子流入的一极称为"阴极"②。

二、电量计算

工业上常用电解法从矿石中提炼活泼金属，因为活泼金属的还原大多是常态下热力

---

① 物理学中规定，电流方向为电子移动的反方向。
② 英文名称中，anode 与 cathode 在电子出入方面的含义相同，但中文名称"相反"：原电池中的负极对应电解池中的阳极，正极对应阴极。

学不利的反应；同时还可利用电解池的反应现象进行"电镀"，即把某金属作为电解池的阴极，使阴极溶液中的金属离子发生还原反应后均匀附着在其表面。为了计算成本与利润，需要知道提炼某质量的金属或电镀的耗电量。相关的物理电学公式为法拉第定律：

$$q = It = nF$$

式中，q 为电量，单位是 C；I 为电流，单位是 A；t 为时间，单位是 s；n 为每摩尔反应电子转移的摩尔数，单位是 mol；F 为法拉第常数 96485 C/mol。

通过法拉第定律，可以通过耗电量计算电子转移数量，从而计算出反应物、产物的量的变化。同时除了电解池，该公式同样可以计算原电池中的电流与反应物或产物的量。

【公式汇总】

$$q = It = nF$$

第十三章 实验操作
Practicals

第一节 常用玻璃仪器
Common Glass Apparatus In Laboratory

实验室中最常用的是玻璃仪器。玻璃化学性质稳定，透明，方便观察，常被用来制作盛装容器、反应容器、量取仪器。

1. 烧杯（beaker）（见图 13-1）

图 13-1 烧杯

1）仪器形态

烧杯呈圆柱形，顶部的一侧开有一个槽口，便于倾倒液体。有些烧杯外壁还标有刻度，可以粗略地估计烧杯中液体的体积。

2）仪器用途

烧杯一般都可以加热。烧杯常用来配制溶液和作为较大量的试剂的反应容器。

2. 锥形瓶（Erlenmeyer flask 或 conical flask）（见图 13-2）

图 13-2　锥形瓶

1）仪器形态

锥形瓶外观呈平底圆锥状，下阔上狭，有一圆柱形颈部，上方有一较颈部阔的开口，可用由软木或橡胶制作成的塞子封闭。瓶身上多有数个刻度，以标示所能盛载的粗略容量。

2）仪器用途

锥形瓶口小、底大，不易倾倒。在滴定过程振荡时，液体不易溅出。锥形瓶常用作反应容器。

3. 试管（test tube）（见图 13-3）

图 13-3　试管

1）仪器形态

试管呈细长的圆底圆柱形。

2）仪器用途

试管常用作少量试剂的反应容器，可加热。

4. 量筒（graduated cylinder 或 measuring cylinder）（见图 13-4）

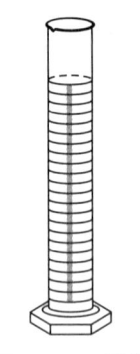

图 13-4 量筒

1) 仪器形态

量筒呈竖长的圆筒形，上沿一侧有嘴，便于倾倒，下部有宽脚，以保持稳定。筒壁自下而上印有刻度。

2) 仪器用途

量筒用于体积定量量取液体，准确度一般。量筒不能用作反应器，绝对不能加热，也不能用于配制溶液或溶液的稀释。

5. 移液管（pipet）（见图 13-5）

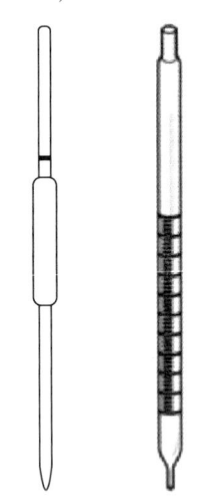

图 13-5 移液管（左）和吸量管（右）

1) 仪器形态

移液管有普通移液管（volumetric pipet）和吸量管（graduated pipet）之分。

普通移液管是一根中间有一膨大部分的细长玻璃管。其下端为尖嘴状，上端管颈处刻有一标线，是所取的准确体积的标志。

吸量管是具有刻度的直形玻璃管。

2）仪器用途

移液管是用来准确转移一定体积的溶液的量器，在使用时需用洗耳球在上方吸取液体。移液管的精度很高，特别是只有一个刻度的普通移液管。

6. 容量瓶（volumetric flask）（见图 13-6）

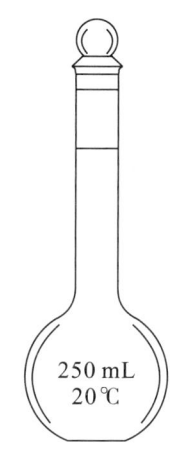

图 13-6　容量瓶

1）仪器形态

容量瓶是带有磨口玻璃塞的细长颈、梨形的平底玻璃瓶，颈上有一个刻度，并标有容积与适用温度。

2）仪器用途

容量瓶是为配制准确浓度的溶液用的精确仪器。容量瓶不能用于盛装试剂或作为反应容器。

7. 滴定管（buret）（见图 13-7）

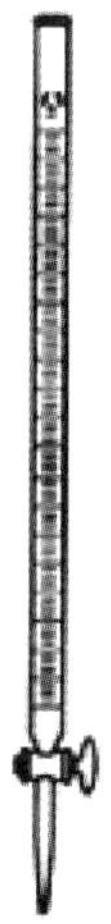

图 13-7　滴定管

1）仪器形态

滴定管的主要部分管身是由内径均匀并具有精确刻度的玻璃管制成的，下端连接控制液体流出速度的玻璃旋塞，底端再连接一个尖嘴玻璃管。

2）仪器用途

滴定管主要用于滴定实验，将滴定剂定量加入被分析物溶液中，精度较高。此外，滴定管也可用于转移一定体积的液体。

第二节 配制溶液 Preparation of Solutions

实验前思考：

（1）容量瓶的细颈有什么作用？

（2）为什么容量瓶要标温度？需要标明温度的仪器有什么特点？

（3）容量瓶有几个刻度？这样的仪器有什么特点？

操作步骤：

配制 100 mL 1.00 mol/L NaCl 溶液。

（1）计算需要 NaCl 固体的质量：_____ g。

（2）根据计算结果，称量 NaCl 固体。

（3）将称好的 NaCl 固体放入烧杯中，加入适量蒸馏水，用玻璃棒搅拌，使 NaCl 固体全部溶解。

（4）将烧杯中的溶液沿玻璃棒注入 100 mL 容量瓶，并通过洗瓶（wash bottle）用少量蒸馏水洗涤烧杯内壁和玻璃棒 2~3 次，将洗涤液也都注入容量瓶。轻轻摇动容量瓶，使溶液混合均匀。

（5）将蒸馏水注入容量瓶，当液面离容量瓶颈部的刻度线 1~2 cm 时，改用胶头滴管滴加蒸馏水至溶液的凹液面与刻度线相切。盖好瓶塞，反复上下颠倒，摇匀。

（6）将配制好的溶液倒入试剂瓶中，并贴好标签。

配制标准溶液的实验步骤如图 13-8 所示。

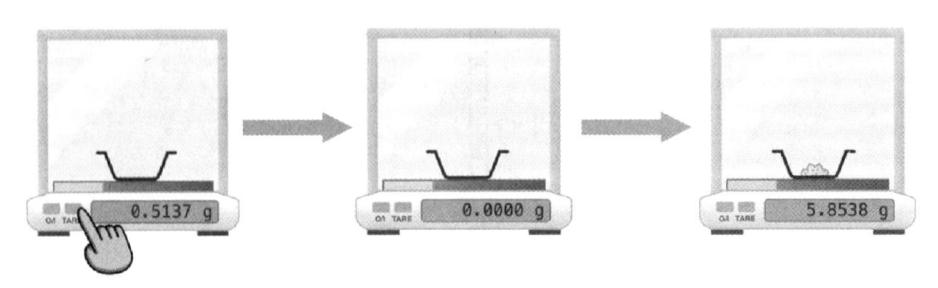

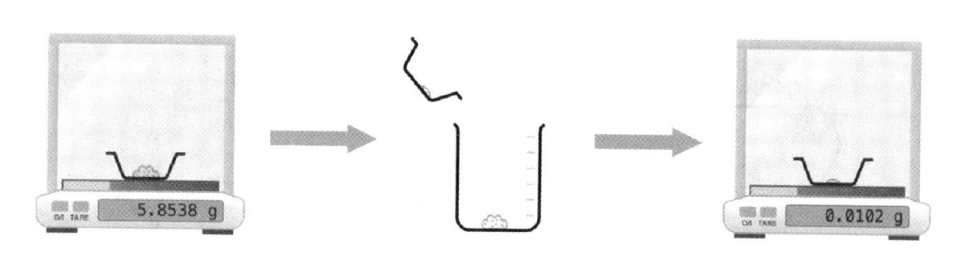

Weighing by Difference

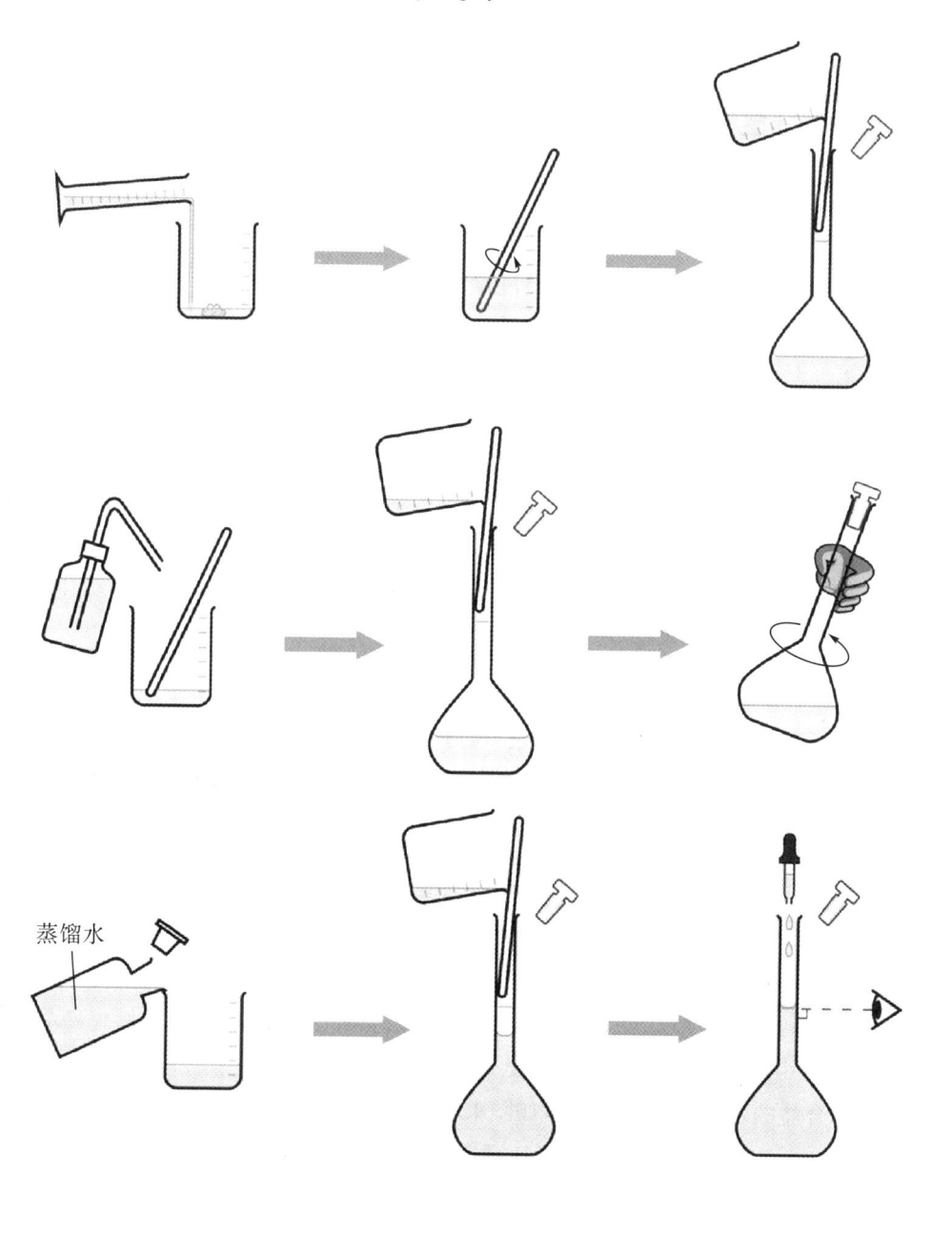

蒸馏水

第十三章 实验操作

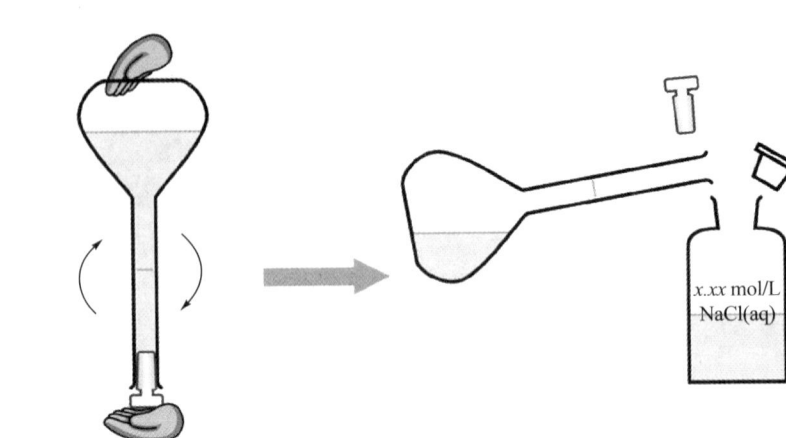

图 13-8 配制标准溶液的实验步骤

实验后思考:

(1) 按图 13-8 中天平所示,最终配制出的 NaCl 溶液的物质的量浓度是多少?

(2) 还有什么称量方式可以更准确地配制 1.00 mol/L 浓度的 NaCl 溶液?

(3) 第（3）步中,加入蒸馏水的量有什么需要注意的地方?

(4) 第（4）步中,为什么要用蒸馏水洗涤烧杯内壁和玻璃棒 2~3 次,并将洗涤液也都注入容量瓶?不操作此步会对最终溶液的浓度有何影响?

(5) 如果将烧杯中的溶液转移到容量瓶时不慎洒到容量瓶外,最后配成的溶液中溶质的实际浓度比所要求的大了还是小了?

(6) 如果在读数时,仰视或者俯视容量瓶上的刻度线,最后配成的溶液中溶质的实际浓度比所要求的大了还是小了?

第三节　水合盐中水含量的测定
Determination of the Water Content in Hydrated Salts

操作步骤:

(1) 称量一个干燥坩埚（crucible）的质量。

(2) 转移 3~5 g 水合盐至坩埚中并称量。

(3) 在烤箱中或酒精灯上加热坩埚 1 min。冷却后重新称量坩埚。

(4) 重复步骤（3）,直到坩埚质量不再改变。

测定水合盐的水含量的实验步骤如图 13-9 所示。

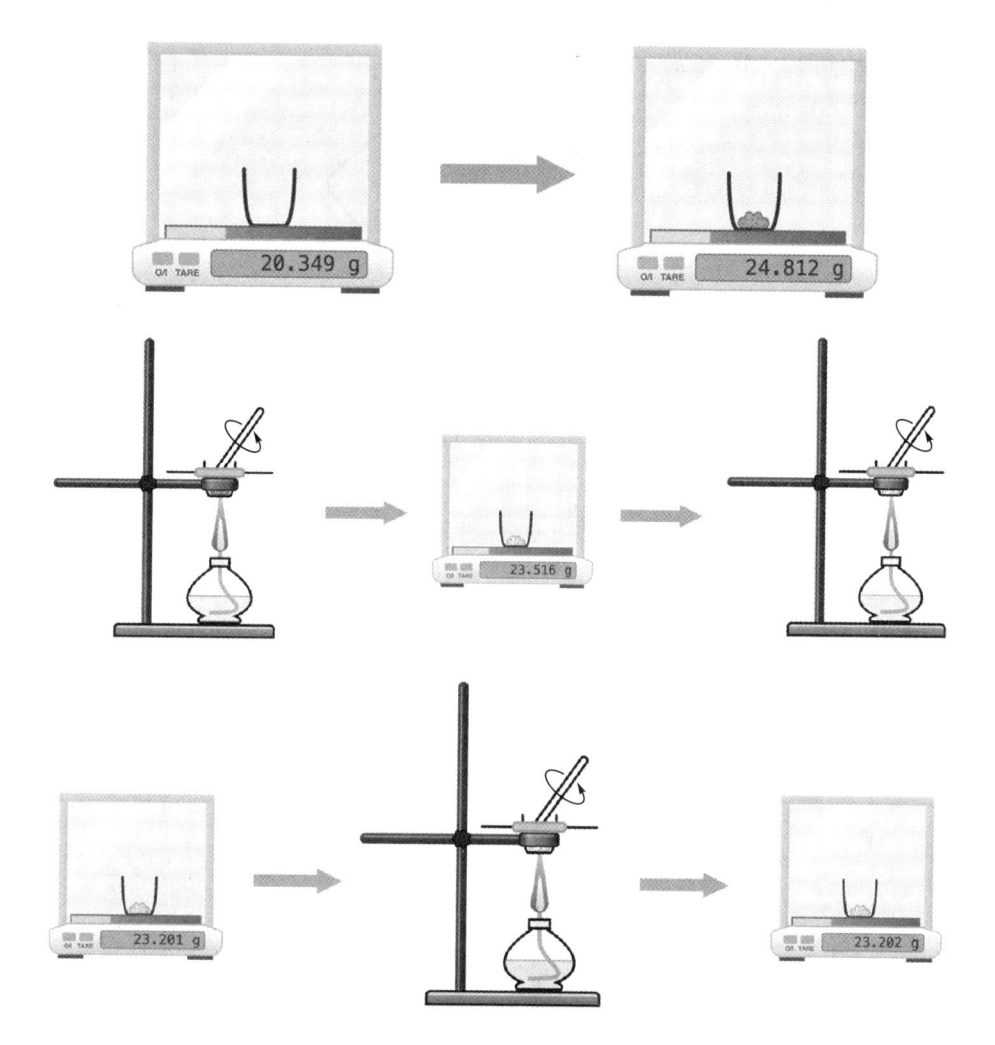

图 13-9　测定水合盐的水含量的实验步骤

实验后思考：

（1）步骤（4）的目的是什么？

（2）假如图 13-9 中的数据是在进行水合硫酸铜固体 $CuSO_4 \cdot xH_2O$ 的相关实验时得到的，请计算得到水合硫酸铜的化学式。

（3）如果在加热坩埚的过程中，部分固体溅出坩埚外，x 的值会受到什么影响？

第四节　物理分离法
Physical Separation Methods

1. 过滤（Filtration）

适用范围：分离不溶固体与液体。

过滤操作如图 13 - 10 所示。

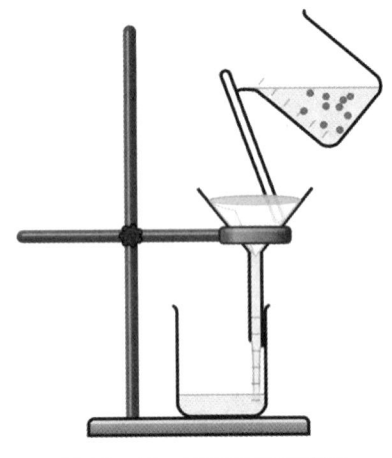

图 13 - 10　过滤操作示意图

2. 蒸发（Evaporation）

适用范围：分离可溶固体与液体（溶剂）。

蒸发操作如图 13 - 11 所示。

图 13 - 11　蒸发操作示意图

3. 蒸馏（Distillation）

适用范围：分离不同沸点的液体。

蒸馏装置如图 13 - 12 所示。

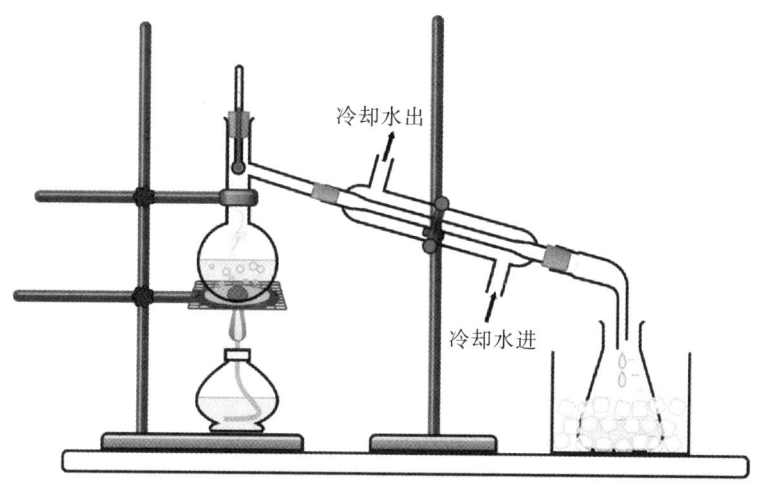

图 13-12 蒸馏装置示意图

4. 萃取（Extraction）

适用范围：将溶质从溶解度较低的溶剂中转移到溶解度较高的溶剂中，且两个溶剂不互溶（immiscible）。

萃取操作如图 13-13 所示。

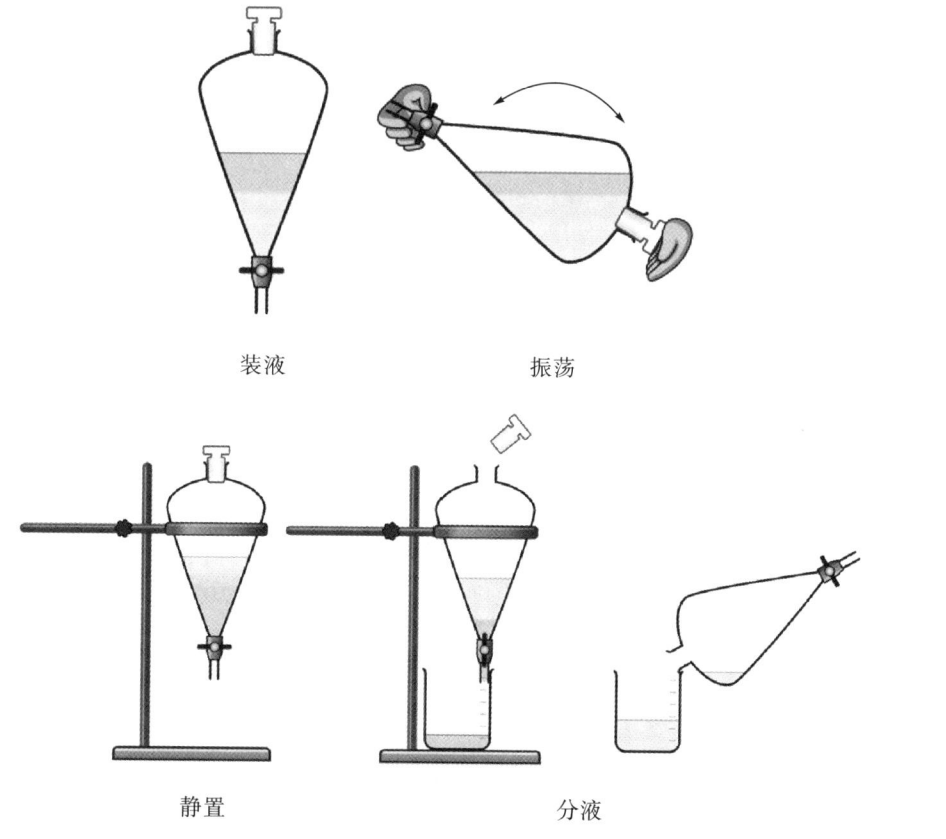

装液　　　　　振荡

静置　　　　　分液

图 13-13 萃取操作示意图

第五节　重结晶
Recrystallization

操作步骤：
（1）在烧杯中用尽可能少的热的溶剂中溶解不纯的样本。
（2）趁热抽滤。
（3）静置冷却滤液至室温，等待结晶。
（4）冰浴冷却，继续结晶。
（5）抽滤，并在过程中用冷的溶剂冲洗固体。
（6）收集并干燥滤出的固体。

重结晶的实验步骤如图 13-14 所示。

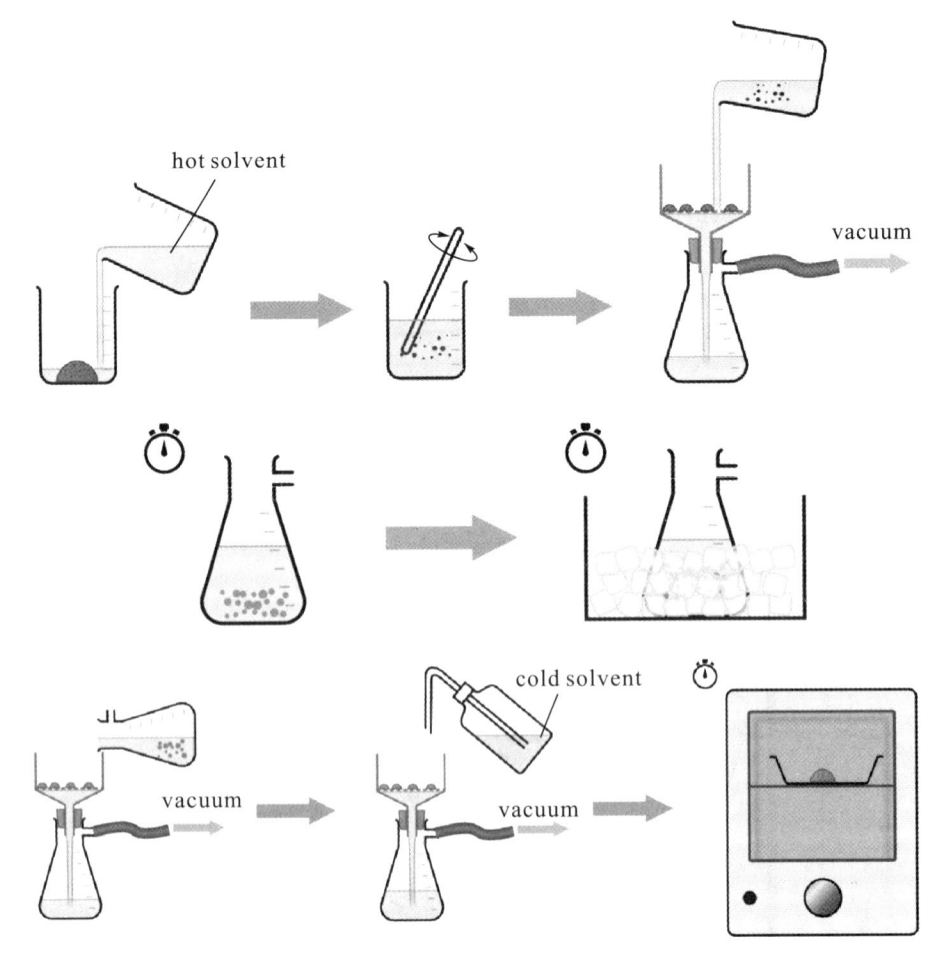

图 13-14　重结晶的实验步骤

实验后思考：

（1）在步骤（1）中为何要使用尽可能少的溶剂？

（2）在步骤（1）中为何要使用热的溶剂？

（3）步骤（2）的目的是什么？

（4）步骤（5）的目的是什么？

（5）为什么可以通过重结晶得到更纯的样本？

第六节　层析法
Chromatography

背景知识：

层析法利用液体混合物中组分的极性差异将其分离。硅胶（silica），即二氧化硅 SiO_2 的水合物被固定在某载体上作为"固定相"，具有较高的极性。因此，当"流动相"，即"洗脱剂"携带混合物样本在固定相上移动时，样本中极性较大的组分移动速度较慢，极性较小的组分移动速度较快。样本在固定相上的移动时间称为"保留时间（retention time）"。

层析法常用于颜料的分离，因为其组分的颜色在分离过程中可见，便于操作。比如，黑色的颜料是由多种颜色、具有不同极性的颜料混合而成的。但是，无色的样本及其组分仍然可以通过照射紫外光或化学染色定位。

操作步骤：

根据实验目的和固定相的载体形式，AP 阶段主要有以下常见的层析法。

1）薄层层析法（Thin-layer chromatography，TLC）

硅胶喷涂在玻璃片或塑料片的一面上形成薄层作为固定相。这种层析法只能装载少量样本，因此常用来初步检测样本中的组分数量与相对极性，以及选择合适的洗脱剂。TLC 一般是真正的分离步骤的前置操作，其实验步骤如图 13-15 所示。

（1）用铅笔在硅胶板底部上方约 0.5 cm 处画一根水平线。

（2）用移液枪头（pipet tip）或毛细管（capillary tube）转移少量混合物样本到水平线中点处。

（3）将硅胶板竖放至盛装有少量非极性洗脱剂（如正己烷 hexane）的烧杯中。洗脱剂液面不能达到或超过水平线，接触到样本。

（4）等待洗脱剂通过"毛细现象（capillary action）"在硅胶板上向上"爬动"或浸润。

（5）当洗脱剂爬至距离硅胶板顶部约 0.5 cm 处时取出硅胶板，用铅笔在硅胶板上标注洗脱剂的最高位置。

（6）向硅胶板照射紫外光，确认各组分的相对位置。如果各组分相距很近且爬动距离均较短，则重复步骤（1）~（6），但增大洗脱剂极性，比如加入5%甲醇（methanol）的正己烷混合液。

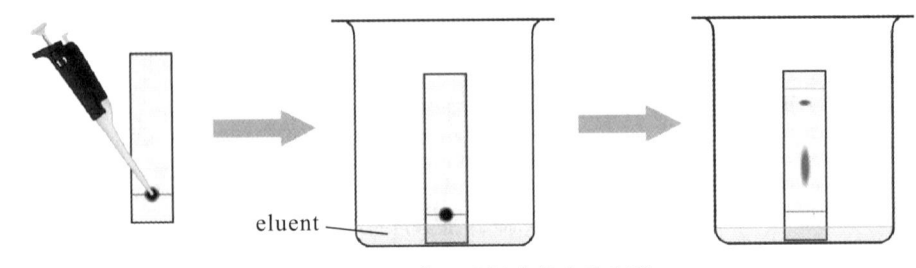

图 13-15 薄层层析法的实验步骤

洗脱剂在硅胶板上爬动的距离以两次铅笔记号的距离为准，各组分在硅胶板上爬动的距离则是它们与第一次铅笔记号的距离。各组分的极性由"保留因子（retention factor, R_f）"衡量：

$$\text{Retention factor}(R_f \text{ value}) = \frac{\text{Distance traveled by the component}}{\text{Distance traveled by the eluent}}$$

R_f值越大，说明在硅胶板上爬动的距离越远，与固定相（大极性的硅胶）间的亲和力小，因此极性越小，反之亦然。R_f值还可以用来与数据库中相同条件下的各物质的已知R_f值进行对比，初步确定组分身份。比如在步骤图中，靠上的组分R_f值较大，说明极性较小。

2）纸层析法（paper chromatography）

纸层析法与薄层层析法基本一致，但是固定相载体为纸片。纸层析法的实验步骤如图 13-16 所示。

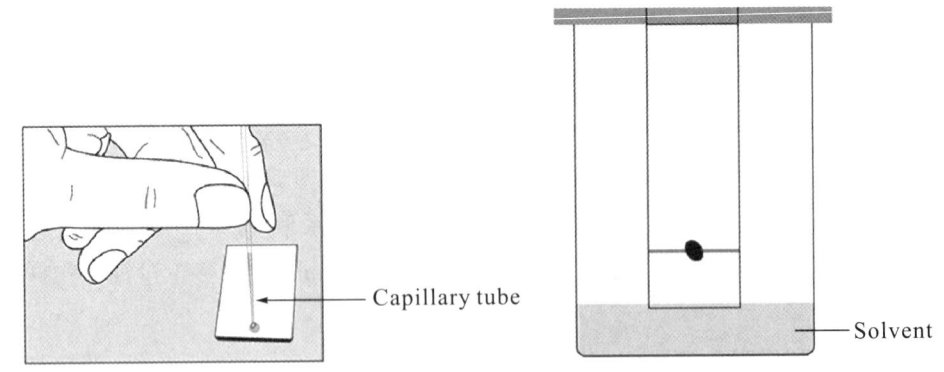

图 13-16 纸层析法的实验步骤

3）柱层析法（column chromatography）

硅胶装填于层析柱中，可以进行较大量样本的分离，是层析分离的真正操作，使用的洗脱剂一般由薄层层析确定。柱层析法的实验步骤如图 13-17 所示。

(1) 层析柱中装填一定量的硅胶粉末。
(2) 将正己烷从柱上方倒入，通过重力或上方加压浸润层析柱中的硅胶粉末，挤出所有空气，最终正己烷液面保持与硅胶液面平行。
(3) 将混合物样本从上方用胶头滴管注入层析柱中，通过重力使液面下沉至硅胶液面。
(4) 将合适的洗脱剂从上方加入层析柱。
(5) 等待洗脱剂和混合物样本通过重力或上方加压在柱中的硅胶里向下移动，保持上方洗脱剂持续注入以免硅胶变干。
(6) 在层析柱下方收集各组分，极性较小的组分先流出。

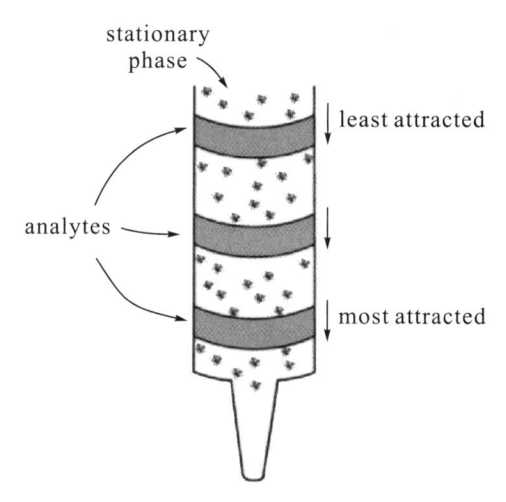

图 13-17 柱层析法的实验步骤

实验后思考：
(1) 薄层层析法的步骤 (1) 中为什么用铅笔画线？
(2) 薄层层析法的步骤 (3) 中为什么洗脱剂不能直接接触混合物样本？
(3) 薄层层析法的步骤 (5) 中为什么在洗脱剂爬到顶端前取出硅胶板？
(4) 为什么薄层层析法的步骤 (6) 中可以通过增加洗脱剂极性改善组分分离结果？
(5) 如果固定相和流动相的极性互换，会出现什么结果？

第七节　吸光光度法
Spectrophotometry

操作步骤：
(1) 分光光度计设定为只照射样本溶液吸光度最高的波长的光（通过紫外/可见光光谱得到）。

(2) 将盛装有纯溶剂的比色皿放入分光光度计中，校准仪器。

(3) 将样本溶液转移至一干净的比色皿中。

(4) 将比色皿放入分光光度计中，保证亮面朝向光的进出方向。

(5) 读取吸光度，计算浓度。

分光光度计的工作示意如图 13-18 所示，内部示意如图 13-19 所示。

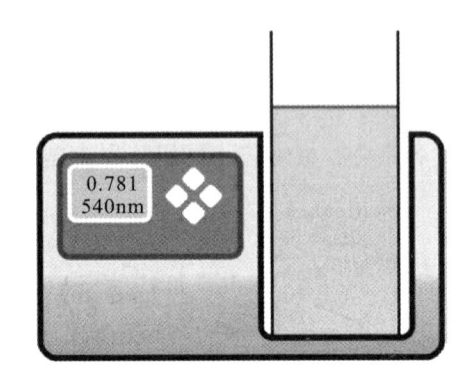

图 13-18 分光光度计的工作示意图

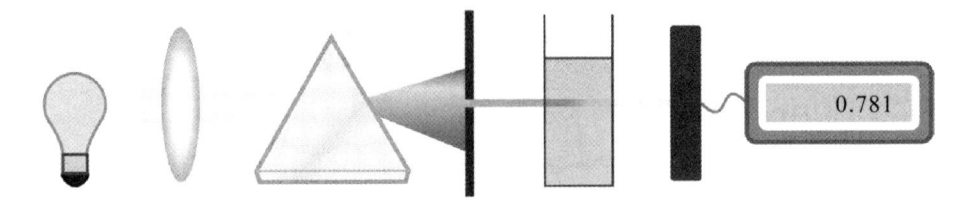

图 13-19 分光光度计的内部示意图

实验后思考：

(1) 步骤（2）的目的是什么？

(2) 如果不校准仪器，测算的溶液浓度会有何影响？

(3) 步骤（4）中，如果磨砂的一面朝向光的进出方向，测算的溶液浓度会有何影响？

(4) 步骤（4）中，如果亮面上留下了指纹，测算的溶液浓度会有何影响？

(5) 回忆比尔—朗伯特定律：$A = \varepsilon bc$，若 b 和 ε 未知，如何测算溶液的浓度？

第八节 热力计实验
Calorimetry

操作步骤：

1）热平衡热力计

(1) 在两个聚苯乙烯水杯中分别装入 20.0 mL 热水和 10.0 mL 冷水，并盖上盖子，插入温度计。

（2）在读数稳定后记录两者温度。

（3）迅速打开盖子，将冷水倒入热水所在的杯子中，盖上盖子并监测温度。

（4）在读数稳定后记录两者温度。

热平衡热力计的实验步骤如图13-20所示。

图13-20 热平衡热力计的实验步骤

2）溶液反应热力计

（1）在两个聚苯乙烯水杯中分别装入20.0 mL 0.10 M的NaOH（aq）和20.0 mL 0.10 M的HCl（aq），并盖上盖子，插入温度计。

（2）在读数稳定后记录两者温度。

（3）迅速打开盖子，将NaOH（aq）倒入HCl（aq）所在的杯子中，盖上盖子并监测温度。

（4）在读数稳定后记录两者温度。

（5）计算反应的焓变。

溶液反应热力计的实验步骤如图13-21所示。

图13-21 溶液反应热力计的实验步骤

3）燃烧反应热力计

（1）在烧杯中盛装150 mL的蒸馏水，盖上盖子并加装隔热罩，插入温度计。

（2）在读数稳定后记录初始温度。

（3）称量酒精灯初始质量。

（4）点燃酒精灯加热烧杯中的水并监测水温，整个装置周围有隔热罩更好。

（5）当温度升高约20℃时，熄灭酒精灯并迅速记录最终水温。

（6）称量酒精灯的最终质量。

(7) 计算酒精燃烧的焓变。

燃烧反应热力计的实验步骤如图13-22所示。

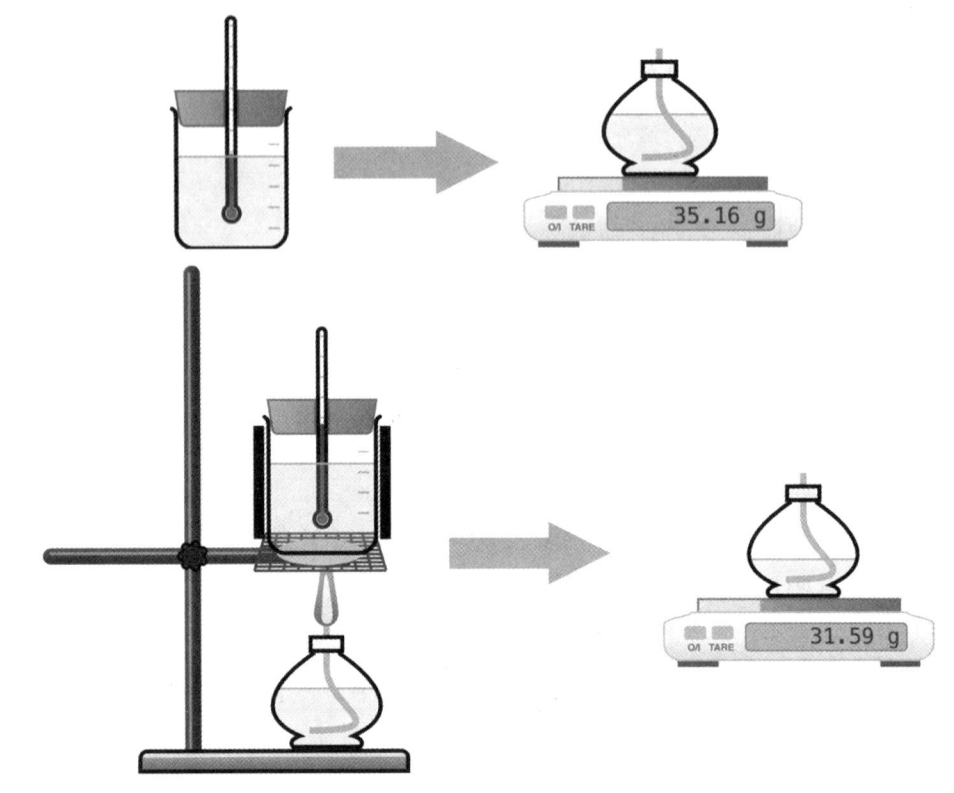

图 13-22　燃烧反应热力计的实验步骤

实验后思考：

(1) 对于实验2)和实验3)，对比实验数据和数据库中的焓变，计算百分误差。

(2) 有哪些因素导致了误差？（提示：主要有两点）

第九节　滴定法
Titration

操作步骤：

1) 用指示剂确定实验终点

(1) 用蒸馏水清洗50 mL滴定管。

(2) 用滴定剂清洗50 mL滴定管2~3次，或将滴定管晾至完全干燥。

(3) 关闭滴定管旋钮，通过漏斗向滴定管中注入滴定剂至水面略超过零刻度线。

(4) 移除漏斗，将一烧杯放置于滴定管下。

(5) 打开滴定管旋钮，让滴定剂向下流出，排出滴定管尖端空气。

（6）排出尖端全部空气后关闭旋钮，记录初始读数。将烧杯中的滴定剂废弃。

（7）通过移液管转移 20 mL 被分析物溶液至一 100 mL 锥形瓶中。

（8）在锥形瓶中加入 2~3 滴指示剂。

（9）将锥形瓶放置在滴定管下，打开滴定管旋钮让滴定剂流入锥形瓶中。

（10）当指示剂变色时，迅速关闭旋钮并记录最终读数，此时得到的是粗略终点。

（11）计算滴定剂的添加体积（最终读数－初始读数）。

（12）清洗所有装置并重复步骤（2）~（9）。

（13）当加入的滴定剂体积靠近粗略终点（约比粗略终点的滴定剂体积小 5 mL）时，旋转旋钮至滴定剂以水滴状滴入锥形瓶中。

（14）滴加滴定剂时，持续通过洗瓶用蒸馏水冲刷溅在杯壁上的溶液。

（15）接近等当量点时，滴加滴定剂会使锥形瓶中的指示剂短暂变色，并在摇晃锥形瓶后褪去。此时逐滴加入滴定剂，并在加入每一滴后关闭旋钮，摇晃锥形瓶至指示剂颜色褪去。

（16）当锥形瓶中的指示剂在滴加一滴滴定剂，摇晃后不褪色时，记录最终读数。

（17）计算滴定剂的添加体积。

（18）重复步骤（12）~（16）直到至少获得两个"一致结果（concordant result）"，即相差不超过 0.1 mL。

（19）用结果的平均值计算被分析物溶液的浓度。

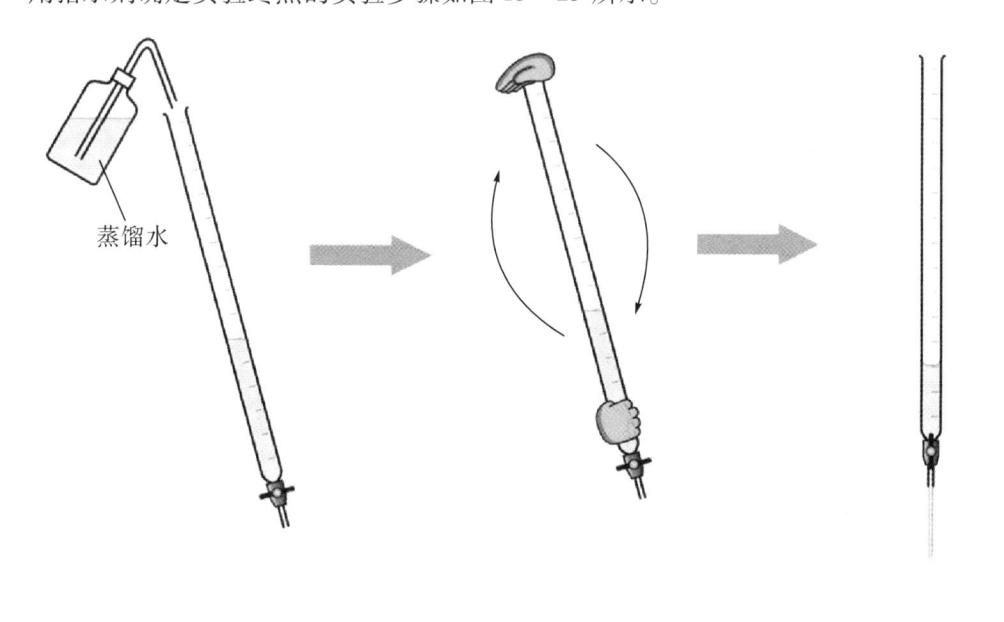

用指示剂确定实验终点的实验步骤如图 13-23 所示。

20 mL HCl+
2 drops of Phenolphthalein

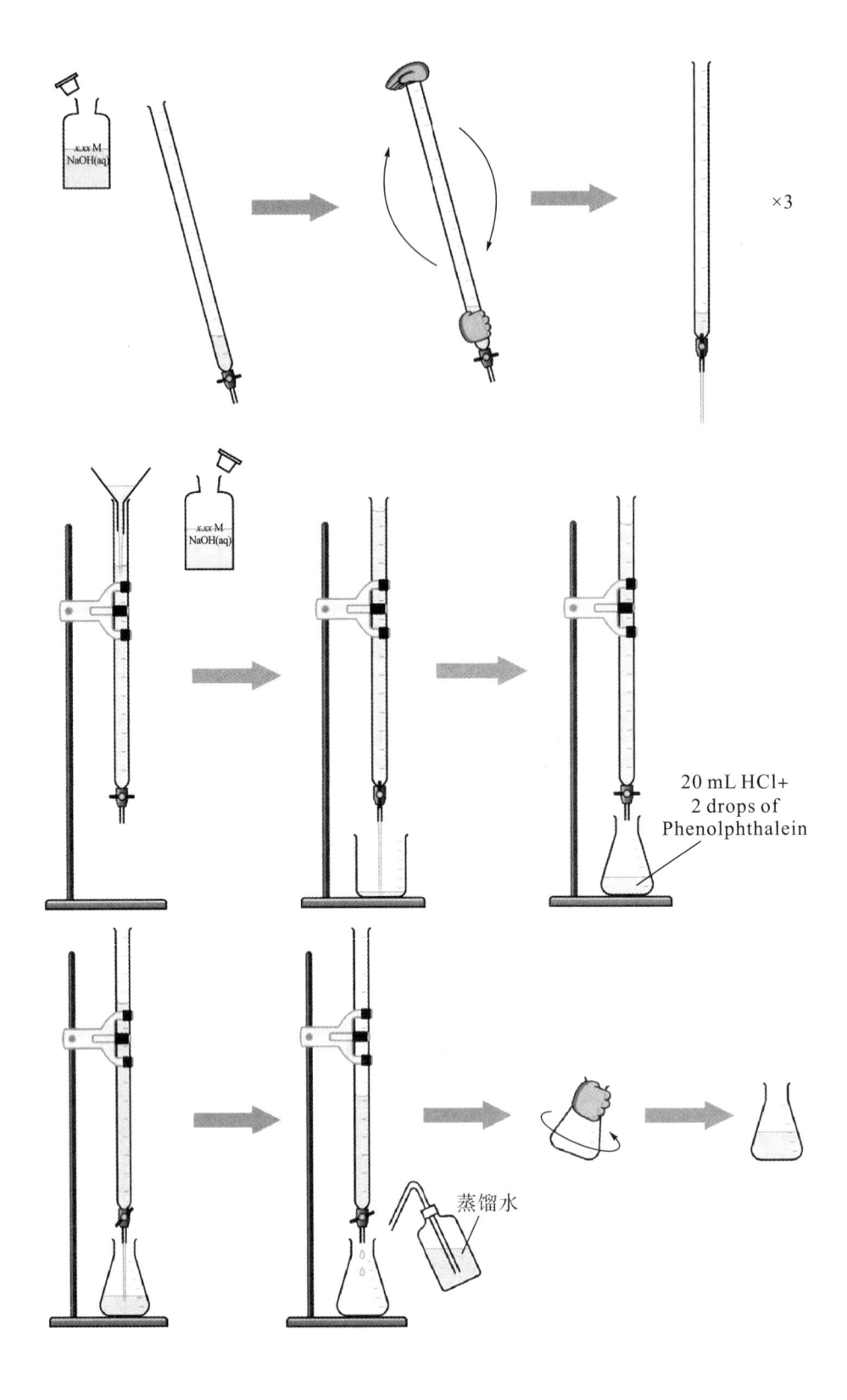

蒸馏水

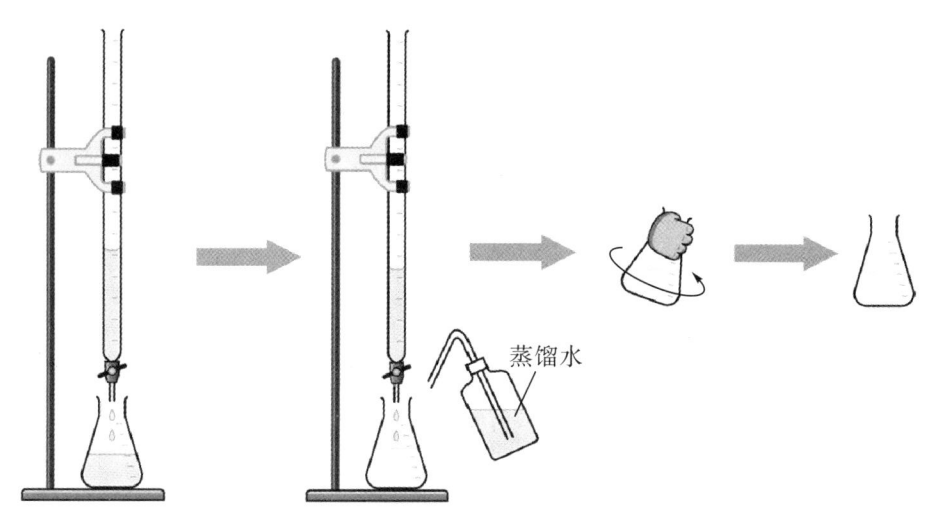

图 13-23 用指示剂确定实验终点的实验步骤

2）用 pH 计绘制滴定曲线

（1）~（7）与实验 1）一致。

（8）用 pH 计测量至少 2 份不同的已知 pH 的缓冲剂以校准 pH 计。

（9）清洗、擦干 pH 计的探针并将其放置于锥形瓶中。在读数稳定后记录初始 pH。

（10）在锥形瓶中一次滴加 1 mL 滴定剂，并在每次滴加后摇匀，或用"磁搅拌子（magnetic stirring bar）"在锥形瓶中持续搅拌，等待读数稳定后记录 pH。

（11）当 pH 开始突变（加入 1 mL 滴定剂后 pH 变化超过 1 个单位），每次滴加体积改为 0.1 mL，并在每次滴加后摇匀，或用"磁搅拌子（magnetic stirring bar）"在锥形瓶中持续搅拌，等待读数稳定后记录 pH。

（12）当 pH 变化开始减速时，每次滴加体积恢复为 1 mL，并在每次滴加后摇匀，或用"磁搅拌子（magnetic stirring bar）"在锥形瓶中持续搅拌，等待读数稳定后记录 pH。

（13）当 pH 接近滴定剂 pH（约 1 个单位）时，停止实验。

（14）用记录的数据绘制滴定曲线。

用 pH 计绘制滴定曲线的实验装置如图 13-24 所示。

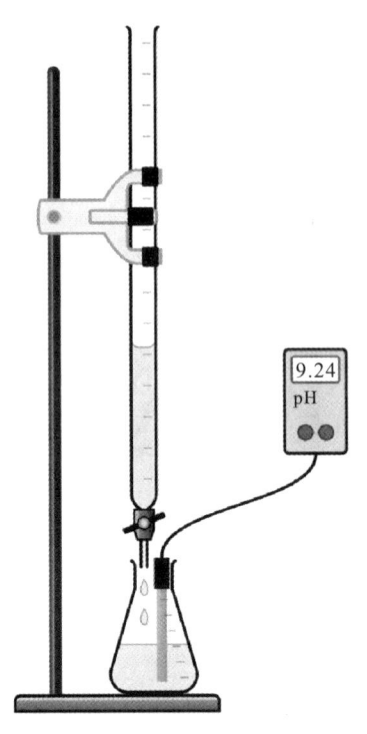

图 13-24 用 pH 计绘制滴定曲线的实验装置示意图

实验后思考：

（1）若省略实验 1) 的步骤（2），会对计算出的被分析物溶液的浓度有什么影响？

（2）为什么在步骤（3）中将滴定剂液面加至略高于零刻度线？

（3）若实验 1) 步骤（4）中未移除漏斗，可能会对计算出的被分析物溶液的浓度有什么影响？

（4）若省略实验 1) 的步骤（5），会对计算出的被分析物溶液的浓度有什么影响？

（5）为什么实验 1) 需要先测定粗略终点？

（6）实验 1) 中，若滴定剂浓度低于其标识浓度，会对计算出的被分析物溶液的浓度有什么影响？

（7）实验 1) 步骤（15）中，为什么会出现指示剂短暂变色又褪色的现象？

（8）实验 1) 步骤（14）的目的是什么？为什么对计算出的被分析物溶液的浓度没有影响，甚至可以提高其准确度？

（9）实验 2) 中，为什么不能像实验 1) 步骤（14）一样对杯壁进行冲刷？

（10）实验 2) 中，为什么在 pH 开始突变后，每次滴加体积降低为 0.1 mL？